U0185721

向为创建中国卫星导航事业

并使之立于世界最前列而做出卓越贡献的北斗功臣们

致以深深的敬意！

“十三五”国家重点出版物
出版规划项目

卫星导航工程技术丛书

主　编　杨元喜
副主编　蔚保国

卫星导航系统工程测试技术

The Test Technology of Navigation Satellite System

赵文军　楚恒林　王宏兵　编著

国防工业出版社
·北京·

内 容 简 介

本书对卫星导航系统工程测试技术进行了全面介绍，内容涵盖卫星导航系统中导航卫星、地面运控系统、应用终端的测试技术及工程研制中星地对接试验、卫星在轨测试等重大测试任务的相关技术。

本书结合我国北斗卫星导航系统工程研制建设的工作实践，既解决了系统建设中测试评估的方法理论问题，也解决了测试评估中的操作实施问题，可作为从事卫星导航系统总体设计、系统建设和运行维护工作者的工具书，也可作为卫星导航领域相关专业的参考书。

图书在版编目(CIP)数据

卫星导航系统工程测试技术 / 赵文军，楚恒林，王宏兵编著. —北京：国防工业出版社，2021.3
(卫星导航工程技术丛书)
ISBN 978-7-118-12149-0

Ⅰ.①卫… Ⅱ.①赵… ②楚… ③王… Ⅲ.①卫星导航-系统工程-工程测试 Ⅳ.①TN967.1

中国版本图书馆 CIP 数据核字(2020)第 137280 号

※

国防工业出版社出版发行
(北京市海淀区紫竹院南路 23 号　邮政编码 100048)
天津嘉恒印务有限公司印刷
新华书店经售

*

开本 710×1000　1/16　**插页** 8　**印张** 14¾　**字数** 270 千字
2021 年 3 月第 1 版第 1 次印刷　**印数** 1—2000 册　**定价** 108.00 元

国防书店：(010)88540777　　书店传真：(010)88540776
发行业务：(010)88540717　　发行传真：(010)88540762

孙家栋院士为本套丛书致辞

探索中国北斗自主创新之路
凝练卫星导航工程技术之果

当今世界，卫星导航系统覆盖全球，应用服务广泛渗透，科技影响如日中天。

我国卫星导航事业从北斗一号工程开始到北斗三号工程，已经走过了二十六个春秋。在长达四分之一世纪的艰辛发展历程中，北斗卫星导航系统从无到有，从小到大，从弱到强，从区域到全球，从单一星座到高中轨混合星座，从 RDSS 到 RNSS，从定位授时到位置报告，从差分增强到精密单点定位，从星地站间组网到星间链路组网，不断演进和升级，形成了包括卫星导航及其增强系统的研究规划、研制生产、测试运行及产业化应用的综合体系，培养造就了一支高水平、高素质的专业人才队伍，为我国卫星导航事业的蓬勃发展奠定了坚实基础。

如今北斗已开启全球时代，打造“天上好用，地上用好”的自主卫星导航系统任务已初步实现，我国卫星导航事业也已跻身于国际先进水平，领域专家们认为有必要对以往的工作进行回顾和总结，将积累的工程技术、管理成果进行系统的梳理、凝练和提高，以利再战，同时也有必要充分利用前期积累的成果指导工程研制、系统应用和人才培养，因此决定撰写一套卫星导航工程技术丛书，为国家导航事业，也为参与者留下宝贵的知识财富和经验积淀。

在各位北斗专家及国防工业出版社的共同努力下，历经八年时间，这套导航丛书终于得以顺利出版。这是一件十分可喜可贺的大事！丛书展示了从北斗二号到北斗三号的历史性跨越，体系完整，理论与工程实践相结合，突出北斗卫星导航自主创新精神，注意与国际先进技术融合与接轨，展现了“中国的北斗，世界的北斗，一流的北斗”之大气！每一本书都是作者亲身工作成果的凝练和升华，相信能够为相关领域的发展和人才培养做出贡献。

“只要你管这件事，就要认认真真负责到底。”这是中国航天界的习惯，也是本套丛书作者的特点。我与丛书作者多有相识与共事，深知他们在北斗卫星导航科研和工程实践中取得了巨大成就，并积累了丰富经验。现在他们又在百忙之中牺牲休息时间来著书立说，继续弘扬“自主创新、开放融合、万众一心、追求卓越”的北斗精神，力争在学术出版界再现北斗的光辉形象，为北斗事业的后续发展鼎力相助，为导航技术的代代相传添砖加瓦。为他们喝彩！更由衷地感谢他们的巨大付出！由这些科研骨干潜心写成的著作，内蓄十足的含金量！我相信这套丛书一定具有鲜明的中国北斗特色，一定经得起时间的考验。

我一辈子都在航天战线工作，虽然已年逾九旬，但仍愿为北斗卫星导航事业的发展而思考和实践。人才培养是我国科技发展第一要事，令人欣慰的是，这套丛书非常及时地全面总结了中国北斗卫星导航的工程经验、理论方法、技术成果，可谓承前启后，必将有助于我国卫星导航系统的推广应用以及人才培养。我推荐从事这方面工作的科研人员以及在校师生都能读好这套丛书，它一定能给你启发和帮助，有助于你的进步与成长，从而为我国全球北斗卫星导航事业又好又快发展做出更多更大的贡献。

2020 年 8 月

祝贺卫星导航工程技术丛书

圆满出版

杨元喜

于 2019 年第十届中国卫星导航年会期间题词。

期待卫星导航工程技术丛书
助力中国北斗系统发展

于 2019 年第十届中国卫星导航年会期间题词。

卫星导航工程技术丛书
编审委员会

卫星导航工程技术丛书
编写委员会

丛书序

宇宙浩瀚、海洋无际、大漠无垠、丛林层密、山峦叠嶂，这就是我们生活的空间，这就是我们探索的远方。我在何处？我之去向？这是我们每天都必须面对的问题。从原始人巡游狩猎、航行海洋，到近代人周游世界、遨游太空，无一不需要定位和导航。

正如《北斗赋》所描述，乘舟而惑，不知东西，见斗则寤矣。又戒之，瀚海识途，昼则观日，夜则观星矣。我们的祖先不仅为后人指明了“昼观日，夜观星”的天文导航法，而且还发明了“司南”或“指南针”定向法。我们为祖先的聪颖智慧而自豪，但是又不得不面临新的定位、导航与授时（PNT）需求。信息化社会、智能化建设、智慧城市、数字地球、物联网、大数据等，无一不需要统一时间、空间信息的支持。为顺应新的需求，“卫星导航”应运而生。

卫星导航始于美国子午仪系统，成形于美国的全球定位系统（GPS）和俄罗斯的全球卫星导航系统（GLONASS），发展于中国的北斗卫星导航系统（BDS）（简称“北斗系统”）和欧盟的伽利略卫星导航系统（简称“Galileo 系统”），补充于印度及日本的区域卫星导航系统。卫星导航系统是时间、空间信息服务的基础设施，是国防建设和国家经济建设的基础设施，也是政治大国、经济强国、科技强国的基本象征。

中国的北斗系统不仅是我国 PNT 体系的重要基础设施，也是国家经济、科技与社会发展的重要标志，是改革开放的重要成果之一。北斗系统不仅“标新”“立异”，而且“特色”鲜明。标新于设计（混合星座、信号调制、云平台运控、星间链路、全球报文通信等），立异于功能（一体化星基增强、嵌入式精密单点定位、嵌入式全球搜救等服务），特色于应用（报文通信、精密位置服务等）。标新立异和特色服务是北斗系统的立身之本，也是北斗系统推广应用的基础。

2020 年 6 月 23 日，北斗系统最后一颗卫星发射升空，标志着中国北斗全球卫星导航系统卫星组网完成；2020 年 7 月 31 日，北斗系统正式向全球用户开通服务，标志着中国北斗全球卫星导航系统进入运行维护阶段。为了全面反映中国北斗系统建设成果,同时也为了推进北斗系统的广泛应用,我们紧跟北斗工程的成功进展,组织北斗系统建设的部分技术骨干,撰写了卫星导航工程技术丛书,系统地描述北斗系统的最新发展、创新设计和特色应用成果。丛书共26个分册,分别介绍如下:

卫星导航定位遵循几何交会原理,但又涉及无线电信号传输的大气物理特性以及卫星动力学效应。《卫星导航定位原理》全面阐述卫星导航定位的基本概念和基本原理,侧重卫星导航概念描述和理论论述,包括北斗系统的卫星无线电测定业务(RDSS)原理、卫星无线电导航业务(RNSS)原理、北斗三频信号最优组合、精密定轨与时间同步、精密定位模型和自主导航理论与算法等。其中北斗三频信号最优组合、自适应卫星轨道测定、自主定轨理论与方法、自适应导航定位等均是作者团队近年来的研究成果。此外,该书第一次较详细地描述了"综合 PNT"、"微 PNT"和"弹性 PNT"基本框架,这些都可望成为未来 PNT 的主要发展方向。

北斗系统由空间段、地面运行控制系统和用户段三部分构成,其中空间段的组网卫星是系统建设最关键的核心组成部分。《北斗导航卫星》描述我国北斗导航卫星研制历程及其取得的成果,论述导航卫星环境和任务要求、导航卫星总体设计、导航卫星平台、卫星有效载荷和星间链路等内容,并对未来卫星导航系统和关键技术的发展进行展望,特色的载荷、特色的功能设计、特色的组网,成就了特色的北斗导航卫星星座。

卫星导航信号的连续可用是卫星导航系统的根本要求。《北斗导航卫星可靠性工程》描述北斗导航卫星在工程研制中的系列可靠性研究成果和经验。围绕高可靠性、高可用性,论述导航卫星及星座的可靠性定性定量要求、可靠性设计、可靠性建模与分析等,侧重描述可靠性指标论证和分解、星座及卫星可用性设计、中断及可用性分析、可靠性试验、可靠性专项实施等内容。围绕导航卫星批量研制,分析可靠性工作的特殊性,介绍工艺可靠性、过程故障模式及其影响、贮存可靠性、备份星论证等批产可靠性保证技术内容。

卫星导航系统的运行与服务需要精密的时间同步和高精度的卫星轨道支持。《卫星导航时间同步与精密定轨》侧重描述北斗导航卫星高精度时间同步与精密定轨相关理论与方法,包括:相对论框架下时间比对基本原理、星地/站间各种时间比对技术及误差分析、高精度钟差预报方法、常规状态下导航卫星轨道精密测定与预报等;围绕北斗系统独有的技术体制和运行服务特点,详细论述星地无线电双向时间比对、地球静止轨道/倾斜地球同步轨道/中圆地球轨道(GEO/IGSO/MEO)混合星座精密定轨及轨道快速恢复、基于星间链路的时间同步与精密定轨、多源数据系统性偏差综合解算等前沿技术与方法；同时，从系统信息生成者角度，给出用户使用北斗卫星导航电文的具体建议。

北斗卫星发射与早期轨道段测控、长期运行段卫星及星座高效测控是北斗卫星发射组网、补网，系统连续、稳定、可靠运行与服务的核心要素之一。《导航星座测控管理系统》详细描述北斗系统的卫星/星座测控管理总体设计、系列关键技术及其解决途径，如测控系统总体设计、地面测控网总体设计、基于轨道参数偏置的MEO和IGSO卫星摄动补偿方法、MEO卫星轨道构型重构控制评价指标体系及优化方案、分布式数据中心设计方法、数据一体化存储与多级共享自动迁移设计等。

波束测量是卫星测控的重要创新技术。《卫星导航数字多波束测量系统》阐述数字波束形成与扩频测量传输深度融合机理，梳理数字多波束多星测量技术体制的最新成果，包括全分散式数字多波束测量装备体系架构、单站系统对多星的高效测量管理技术、数字波束时延概念、数字多波束时延综合处理方法、收发链路波束时延误差控制、数字波束时延在线精确标校管理等，描述复杂星座时空测量的地面基准确定、恒相位中心多波束动态优化算法、多波束相位中心恒定解决方案、数字波束合成条件下高精度星地链路测量、数字多波束测量系统性能测试方法等。

工程测试是北斗系统建设与应用的重要环节。《卫星导航系统工程测试技术》结合我国北斗三号工程建设中的重大测试、联试及试验，成体系地介绍卫星导航系统工程的测试评估技术，既包括卫星导航工程的卫星、地面运行控制、应用三大组成部分的测试技术及系统间大型测试与试验，也包括工程测试中的组织管理、基础理论和时延测量等关键技术。其中星地对接试验、卫星在轨测试技术、地面运行控制系统测试等内容都是我国北斗三号工程建设的实践成果。

卫星之间的星间链路体系是北斗三号卫星导航系统的重要标志之一，为北斗系统的全球服务奠定了坚实基础，也为构建未来天基信息网络提供了技术支撑。《卫星导航系统星间链路测量与通信原理》介绍卫星导航系统星间链路测量通信概念、理论与方法，论述星间链路在星历预报、卫星之间数据传输、动态无线组网、卫星导航系统性能提升等方面的重要作用，反映了我国全球卫星导航系统星间链路测量通信技术的最新成果。

自主导航技术是保证北斗地面系统应对突发灾难事件、可靠维持系统常规服务性能的重要手段。《北斗导航卫星自主导航原理与方法》详细介绍了自主导航的基本理论、星座自主定轨与时间同步技术、卫星自主完好性监测技术等自主导航关键技术及解决方法。内容既有理论分析,也有仿真和实测数据验证。其中在自主时空基准维持、自主定轨与时间同步算法设计等方面的研究成果,反映了北斗自主导航理论和工程应用方面的新进展。

卫星导航"完好性"是安全导航定位的核心指标之一。《卫星导航系统完好性原理与方法》全面阐述系统基本完好性监测、接收机自主完好性监测、星基增强系统完好性监测、地基增强系统完好性监测、卫星自主完好性监测等原理和方法,重点介绍相应的系统方案设计、监测处理方法、算法原理、完好性性能保证等内容,详细描述我国北斗系统完好性设计与实现技术,如基于地面运行控制系统的基本完好性的监测体系、顾及卫星自主完好性的监测体系、系统基本完好性和用户端有机结合的监测体系、完好性性能测试评估方法等。

时间是卫星导航的基础,也是卫星导航服务的重要内容。《时间基准与授时服务》从时间的概念形成开始:阐述从古代到现代人类关于时间的基本认识,时间频率的理论形成、技术发展、工程应用及未来前景等;介绍早期的牛顿绝对时空观、现代的爱因斯坦相对时空观及以霍金为代表的宇宙学时空观等;总结梳理各类时空观的内涵、特点、关系,重点分析相对论框架下的常用理论时标,并给出相互转换关系;重点阐述针对我国北斗系统的时间频率体系研究、体制设计、工程应用等关键问题,特别对时间频率与卫星导航系统地面、卫星、用户等各部分之间的密切关系进行了较深入的理论分析。

卫星导航系统本质上是一种高精度的时间频率测量系统,通过对时间信号的测量实现精密测距,进而实现高精度的定位、导航和授时服务。《卫星导航精密时间传递系统及应用》以卫星导航系统中的时间为切入点,全面系统地阐述卫星导航系统中的高精度时间传递技术,包括卫星导航授时技术、星地时间传递技术、卫星双向时间传递技术、光纤时间频率传递技术、卫星共视时间传递技术,以及时间传递技术在多个领域中的应用案例。

空间导航信号是连接导航卫星、地面运行控制系统和用户之间的纽带,其质量的好坏直接关系到全球卫星导航系统(GNSS)的定位、测速和授时性能。《GNSS空间信号质量监测评估》从卫星导航系统地面运行控制和测试角度出发,介绍导航信号生成、空间传播、接收处理等环节的数学模型,并从时域、频域、测量域、调制域和相关域监测评估等方面,系统描述工程实现算法,分析实测数据,重点阐述低失真接收、交替采样、信号重构与监测评估等关键技术,最后对空间信号质量监测评估系统体系结构、工作原理、工作模式等进行论述,同时对空间信号质量监测评估应用实践进行总结。

北斗系统地面运行控制系统建设与维护是一项极其复杂的工程。地面运行控制系统的仿真测试与模拟训练是北斗系统建设的重要支撑。《卫星导航地面运行控制系统仿真测试与模拟训练技术》详细阐述地面运行控制系统主要业务的仿真测试理论与方法,系统分析全球主要卫星导航系统地面控制段的功能组成及特点,描述地面控制段一整套仿真测试理论和方法,包括卫星导航数学建模与仿真方法、仿真模型的有效性验证方法、虚-实结合的仿真测试方法、面向协议测试的通用接口仿真方法、复杂仿真系统的开放式体系架构设计方法等。最后分析了地面运行控制系统操作人员岗前培训对训练环境和训练设备的需求,提出利用仿真系统支持地面操作人员岗前培训的技术和具体实施方法。

卫星导航信号严重受制于地球空间电离层延迟的影响,利用该影响可实现电离层变化的精细监测,进而提升卫星导航电离层延迟修正效果。《卫星导航电离层建模与应用》结合北斗系统建设和应用需求,重点论述了北斗系统广播电离层延迟及区域增强电离层延迟改正模型、码偏差处理方法及电离层模型精化与电离层变化监测等内容,主要包括北斗全球广播电离层时延改正模型、北斗全球卫星导航差分码偏差处理方法、面向我国低纬地区的北斗区域增强电离层延迟修正模型、卫星导航全球广播电离层模型改进、卫星导航全球与区域电离层延迟精确建模、卫星导航电离层层析反演及扰动探测方法、卫星导航定位电离层时延修正的典型方法等,体系化地阐述和总结了北斗系统电离层建模的理论、方法与应用成果及特色。

卫星导航终端是卫星导航系统服务的端点,也是体现系统服务性能的重要载体,所以卫星导航终端本身必须具备良好的性能。《卫星导航终端测试系统原理与应用》详细介绍并分析卫星导航终端测试系统的分类和实现原理,包括卫星导航终端的室内测试、室外测试、抗干扰测试等系统的构成和实现方法以及我国第一个大型室外导航终端测试环境的设计技术,并详述各种测试系统的工程实践技术,形成卫星导航终端测试系统理论研究和工程应用的较完整体系。

卫星导航系统 PNT 服务的精度、完好性、连续性、可用性是系统的关键指标,而卫星导航系统必然存在卫星轨道误差、钟差以及信号大气传播误差,需要增强系统来提高服务精度和完好性等关键指标。卫星导航增强系统是有效削弱大多数系统误差的重要手段。《卫星导航增强系统原理与应用》根据国际民航组织有关全球卫星导航系统服务的标准和操作规范,详细阐述了卫星导航系统的星基增强系统、地基增强系统、空基增强系统以及差分系统和低轨移动卫星导航增强系统的原理与应用。

与卫星导航增强系统原理相似,实时动态(RTK)定位也采用差分定位原理削弱各类系统误差的影响。《GNSS 网络 RTK 技术原理与工程应用》侧重介绍网络 RTK 技术原理和工作模式。结合北斗系统发展应用,详细分析网络 RTK 定位模型和各类误差特性以及处理方法、基于基准站的大气延迟和整周模糊度估计与北斗三频模糊度快速固定算法等,论述空间相关误差区域建模原理、基准站双差模糊度转换为非差模糊度相关技术途径以及基准站双差和非差一体化定位方法,综合介绍网络 RTK 技术在测绘、精准农业、变形监测等方面的应用。

GNSS 精密单点定位(PPP)技术是在卫星导航增强原理和 RTK 原理的基础上发展起来的精密定位技术,PPP 方法一经提出即得到同行的极大关注。《GNSS 精密单点定位理论方法及其应用》是国内第一本全面系统论述 GNSS 精密单点定位理论、模型、技术方法和应用的学术专著。该书从非差观测方程出发,推导并建立 BDS/GNSS 单频、双频、三频及多频 PPP 的函数模型和随机模型,详细讨论非差观测数据预处理及各类误差处理策略、缩短 PPP 收敛时间的系列创新模型和技术,介绍 PPP 质量控制与质量评估方法、PPP 整周模糊度解算理论和方法,包括基于原始观测模型的北斗三频载波相位小数偏差的分离、估计和外推问题,以及利用连续运行参考站网增强 PPP 的概念和方法,阐述实时精密单点定位的关键技术和典型应用。

GNSS 信号到达地表产生多路径延迟,是 GNSS 导航定位的主要误差源之一,反过来可以估计地表介质特征,即 GNSS 反射测量。《GNSS 反射测量原理与应用》详细、全面地介绍全球卫星导航系统反射测量原理、方法及应用,包括 GNSS 反射信号特征、多路径反射测量、干涉模式技术、多普勒时延图、空基 GNSS 反射测量理论、海洋遥感、水文遥感、植被遥感和冰川遥感等,其中利用 BDS/GNSS 反射测量估计海平面变化、海面风场、有效波高、积雪变化、土壤湿度、冻土变化和植被生长量等内容都是作者的最新研究成果。

伪卫星定位系统是卫星导航系统的重要补充和增强手段。《GNSS 伪卫星定位系统原理与应用》首先系统总结国际上伪卫星定位系统发展的历程,进而系统描述北斗伪卫星导航系统的应用需求和相关理论方法,涵盖信号传输与多路径效应、测量误差模型等多个方面,系统描述 GNSS 伪卫星定位系统(中国伽利略测试场测试型伪卫星)、自组网伪卫星系统(Locata 伪卫星和转发式伪卫星)、GNSS 伪卫星增强系统(闭环同步伪卫星和非同步伪卫星)等体系结构、组网与高精度时间同步技术、测量与定位方法等,系统总结 GNSS 伪卫星在各个领域的成功应用案例,包括测绘、工业控制、军事导航和 GNSS 测试试验等，充分体现出 GNSS 伪卫星的“高精度、高完好性、高连续性和高可用性”的应用特性和应用趋势。

GNSS 存在易受干扰和欺骗的缺点，但若与惯性导航系统（INS）组合，则能发挥两者的优势，提高导航系统的综合性能。《高精度 GNSS/INS 组合定位及测姿技术》系统描述北斗卫星导航/惯性导航相结合的组合定位基础理论、关键技术以及工程实践，重点阐述不同方式组合定位的基本原理、误差建模、关键技术以及工程实践等，并将组合定位与高精度定位相互融合，依托移动测绘车组合定位系统进行典型设计，然后详细介绍组合定位系统的多种应用。

未来 PNT 应用需求逐渐呈现出多样化的特征，单一导航源在可用性、连续性和稳健性方面通常不能全面满足需求，多源信息融合能够实现不同导航源的优势互补，提升 PNT 服务的连续性和可靠性。《多源融合导航技术及其演进》系统分析现有主要导航手段的特点、多源融合导航终端的总体构架、多源导航信息时空基准统一方法、导航源质量评估与故障检测方法、多源融合导航场景感知技术、多源融合数据处理方法等，依托车辆的室内外无缝定位应用进行典型设计，探讨多源融合导航技术未来发展趋势，以及多源融合导航在 PNT 体系中的作用和地位等。

卫星导航系统是典型的军民两用系统，一定程度上改变了人类的生产、生活和斗争方式。《卫星导航系统典型应用》从定位服务、位置报告、导航服务、授时服务和军事应用 5 个维度系统阐述卫星导航系统的应用范例。“天上好用，地上用好”，北斗卫星导航系统只有服务于国计民生，才能产生价值。

海洋定位、导航、授时、报文通信以及搜救是北斗系统对海事应用的重要特色贡献。《北斗卫星导航系统海事应用》梳理分析国际海事组织、国际电信联盟、国际海事无线电技术委员会等相关国际组织发布的 GNSS 在海事领域应用的相关技术标准，详细阐述全球海上遇险与安全系统、船舶自动识别系统、船舶动态监控系统、船舶远程识别与跟踪系统以及海事增强系统等的工作原理及在海事导航领域的具体应用。

将卫星导航技术应用于民用航空，并满足飞行安全性对导航完好性的严格要求，其核心是卫星导航增强技术。未来的全球卫星导航系统将呈现多个星座共同运行的局面，每个星座均向民航用户提供至少 2 个频率的导航信号。双频多星座卫星导航增强技术已经成为国际民航下一代航空运输系统的核心技术。《民用航空卫星导航增强新技术与应用》系统阐述多星座卫星导航系统的运行概念、先进接收机自主完好性监测技术、双频多星座星基增强技术、双频多星座地基增强技术和实时精密定位技术等的原理和方法，介绍双频多星座卫星导航系统在民航领域应用的关键技术、算法实现和应用实施等。

本丛书全面反映了我国北斗系统建设工程的主要成就，包括导航定位原理，工程实现技术，卫星平台和各类载荷技术，信号传输与处理理论及技术，用户定位、导航、授时处理技术等。各分册：虽有侧重，但又相互衔接；虽自成体系，又避免大量重复。整套丛书力求理论严密、方法实用，工程建设内容力求系统，应用领域力求全面，适合从事卫星导航工程建设、科研与教学人员学习参考，同时也为从事北斗系统应用研究和开发的广大科技人员提供技术借鉴，从而为建成更加完善的北斗综合 PNT 体系做出贡献。

最后，让我们从中国科技发展史的角度，来评价编撰和出版本丛书的深远意义，那就是：将中国卫星导航事业发展的重要的里程碑式的阶段永远地铭刻在历史的丰碑上！

杨元喜

2020 年 8 月

前 言

全球卫星导航系统的基本原理是用户终端接收已知位置(地面运控系统上注)卫星传来的信号,测量同一时刻用户终端到多颗卫星的伪距,采用空间距离后方交会方法确定用户的三维坐标。由于卫星、信号传播、地面运控系统和用户终端都会对测量产生误差,所以卫星导航系统提供正式服务前,或者系统及设备更新升级时,都必须对卫星、地面运控系统和用户终端进行严格的测试。

本书全面地对卫星导航系统工程测试技术进行介绍,内容涵盖卫星导航系统中导航卫星、地面运控系统、应用终端测试技术及工程研制中星地对接试验、卫星在轨测试等重大测试任务的相关技术,编写的目的是更好地向从事卫星导航工程研制建设技术人员介绍卫星导航系统工程从系统到卫星、地面和应用终端的测试技术,期望帮助读者全面了解卫星导航系统工程建设情况。本书主要内容为作者二十多年来从事卫星导航系统工程研制建设的工作实践经验,大部分内容已在我国北斗卫星导航系统工程建设中得到了检验。

本书共 8 章:第 1 章介绍国内外卫星导航系统测试的发展情况,以及卫星导航系统工程各阶段测试应考虑的问题,其中大量内容为编者近年来对国外资料搜集整理的成果;第 2 章介绍卫星导航测试基础理论与方法;第 3 ~5 章重点介绍卫星导航系统中导航卫星、地面运控系统及应用终端三大组成部分的测试技术,包括测试项目、测试评估方法及测试设备等,有助于读者深入了解卫星导航工程各大系统从设备单机到分系统、系统级的测试技术;第 6 章介绍卫星导航系统工程的星地对接试验情况,可帮助读者了解系统间开展大型试验的情况;第 7 章介绍卫星导航系统服务性能及应用性能测试评估技术;第 8 章介绍卫星导航系统设备时延测试技术,让读者更深入认识这一卫星导航系统工程测试中的关键问题。

本书在编写过程中引用了从事我国卫星导航系统工程建设的诸多领导、同事及有关专家的研究成果与资料,他们是我国卫星导航系统研制建设的共同参与者,也视为本书的共同编著者,在此表示感谢。

本书在编写过程中得到了北斗系统工程卫星、地面运控及应用验证等几大系统研制建设一线工程技术人员及相关单位的大力支持和帮助，在此感谢张天桥、蒋东方、沙海、高扬、刘昌洁、李春霞、范建军、金国平、范媚君、王梦丽、王礼亮、冯晓超等，为本书编写进行了资料收集和内容整理，并对本书工程实践方面内容进行了校正。感谢国防科技大学黄文德副教授，中国电子科技集团公司第五十四研究所魏海涛高级工程师，中国空间技术研究院刘斌高级工程师，他们为本书的编写提供了各自专业领域的技术资料，进行了专业的修订。感谢丛书发起者——中国电子科技集团公司第五十四研究所蔚保国研究员，受益于他的积极组织、协调和帮助，本书才得始终。感谢国防工业出版社，为本书的顺利出版提供了帮助。

由于编者水平和工程实践经验有限，书中的错误在所难免，恳请广大读者批评指正。

作者

2020 年 8 月

目 录

第1章　绪　　论

卫星导航系统测试评估是对卫星导航系统空间段、地面段、用户设备及应用服务性能进行的试验、测试和鉴定过程，它要求极高的测量精度，而且测试内容广泛，涵盖导航系统及应用的各个环节。卫星导航系统测试是系统研制、运行、服务与应用的重要保障。随着卫星导航技术的发展，尤其是新一代卫星导航系统与应用服务的发展，卫星导航系统测试越来越彰显出其重要性。

测试评估与试验验证，对任何卫星系统工程建设来说都是必不可少的环节和重要任务。全球定位系统（GPS）从概念提出到系统完全建成的二十余年期间，对系统体制、运行控制模式、性能指标等方面进行了大量的测试评估研究工作，对关键技术和关键设备开展了大量的测试验证工作。欧盟 Galileo 系统从建设之初就非常重视测试评估工作，并为此建立了 GSTB（Galileo 系统测试床）-V1 和 GSTB-V2 等测试系统。2006 年底，欧洲空间局（ESA）通过 GIOVE（Galileo 系统在轨验证部件卫星）-A 的在轨测试，对 Galileo 卫星时钟特性、有效载荷处理、精密定轨与时间同步等进行了测试评估。我国北斗卫星导航系统研制建设一直重视系统测试工作，在北斗系统建设中，视其为与总体设计、设备研制工作具有同等重要的地位。

卫星导航系统作为一个复杂、庞大的系统工程，测试评估工作贯穿于系统研制建设的全过程，既有卫星导航系统、空间卫星系统、地面运控系统等系统级的测试与联试，也有分系统级、设备级的测试。测试评估与试验验证工作在卫星导航系统工程建设的不同阶段承担着重要的任务：在卫星导航系统研制建设前的关键技术攻关与试验验证阶段，该任务是进行工程大系统总体方案设计确定的系统体制和性能指标、系统内各类导航信号格式、工程系统之间的信号与信息接口关系等正确性试验及系统性能验证；在工程建设阶段，该任务则是进行卫星、运控、终端、测控等工程系统功能、指标、接口等方面的对接测试和试验验证及进行工程各大系统接口规范和信号、信息流的试验验证；在系统运行维护阶段，该任务则是进行全球导航系统出现运行故障的辅助故障定位诊断试验和验证及现代化升级换代技术的先期试验验证。测试评估与试验验证贯穿卫星导航系统技术攻关、建设、运行、发展的全寿命过程，为卫星导航系统工程建设、运行和发展过程中的系统接口与主要关键技术攻关成果、大系统指标、各系统共性和关键指标、新技术和新体制等提供测试评估和试验验证保障，各阶段任务和内容有所侧重,并不断丰富和完善。

1.1 测试的基本概念和分类

卫星导航系统测试评估涵义广泛,根据不同的目的、不同的方法和不同的要求,本书在测试技术方面使用的名称规范如下:

测试:目的是确认被测对象确定的功能或技术指标,通常采用经过计量的专用测试仪器和标准的测试方法。

评估:目的是确定被测对象的功能或性能指标,但由于测试仪器设备或测试环境等因素限制无法达到测试标定精度要求。

联试:目的是确定两个或多个被试设备间接口匹配及联合运行处理流程的正确性。

卫星导航系统工程测试大致可以分为以下几类:

根据系统不同可分为卫星导航系统服务性能测试、卫星测试、地面运控系统测试、应用终端测试等。

根据设备所处不同阶段可以分为方案阶段测试、初样测试、正样测试等。

根据设备规模大小和参与程度可以分为单机设备测试、分系统测试、系统测试等。

1.2 卫星导航系统测试发展简介

1.2.1 测试发展情况

卫星导航系统极其庞大而又复杂,耗资多、风险大。美国、俄罗斯和欧盟在发展GPS、全球卫星导航系统(GLONASS)和Galileo系统时,都曾经历过多年的技术实验、在轨验证试验和组网试验。在开拓和摸索过程中,他们虽然没有走过太大弯路,也没有出现颠覆性的重大失误,但仍然在系统验证、图纸设计和地面仿真中遇到许多难以预料的问题。有些问题(如相对论效应)只有通过在轨验证试验才能暴露出来;而有些难题(如时间同步和轨道精确测定,中圆地球轨道(MEO)卫星轨道辐射环境,太阳光压影响,卫星钟对温度的极端敏感性等)只有通过在轨验证试验才能不断积累适合本系统所需的模型和经验,用于完善系统和卫星设计[1]。

美国GPS从概念提出到宣布系统完全建成前后历时二十余年,期间对系统的基本概念和原理、系统运行体制等都做了大量的试验验证工作。GPS概念提出是在20世纪70年代,在方案设计阶段就通过地面仿真和机载试验测试等多种手段验证了系统原理与方案。美国在1974年前后曾对GPS空间段所需卫星有效载荷的关键技术与设备都进行了充分的地面试验与在轨测试。1974—1979年,美国发射了2颗导航

技术卫星(NTS),主要验证星载铷原子钟、星载铯原子钟、伪随机码发生器和星载计算机等技术,导航技术卫星的测控利用海军测时计划的地面系统完成,运行控制则由海军实验室完成,因此,当GPS计划进入实施阶段时,这些关键技术与设备已基本解决。在导航技术卫星完成验证任务后,美国启动GPS导航研发卫星(Block Ⅰ)的研制,共研制生产了11颗,主要目标是逐步确定卫星技术状态,完成用户设备的初始运行能力(IOC)测试与评估,开始提供初始服务以支持用户设备的生产,并建立二维有限的运行能力。经历了15年的在轨验证后,美国于1989年发射部署Block Ⅱ正式产品卫星,于1994年具备完全运行能力(FOC)。在GPS建设和现代化进程中,循序渐进的方式在GPS卫星技术状态的演进上体现得尤为突出,这样既保障了系统连贯服务,又充分吸收了先进技术,使得系统的功能和性能呈阶梯状发展。GPS卫星由Block Ⅱ开始,经历了Block Ⅱ A、Block Ⅱ R、Block Ⅱ R-M、Block Ⅱ F四种技术状态的变化。若以Block Ⅱ为技术状态基线,Block Ⅱ A卫星提高了星上自主处理能力和星载原子钟的精度,部分卫星增加了激光反射阵列,改进了卫星测定轨精度,Block Ⅱ R卫星将设计寿命由7.5年提升到12年,并增加卫星自主导航功能,Block Ⅱ R-M卫星增加了L1和L2频段M码军用信号以及L2C频段民用信号,提供更优异的导航性能,Block Ⅱ F卫星增加了L5频段,提高了民用信号的导航定位精度。在GPS Ⅲ的建设中,仍是按照技术发展的规律,分三步开展研制工作:在Block Ⅱ F的基础上完善军用M码对地面的覆盖,实现与Galileo系统在L1C信号上的互操作,形成GPS Ⅲ A状态,并进行星间链路试验;在GPS Ⅲ A状态上增加定向星间链路天线,增强精度、完好性、导航战能力,形成GPS Ⅲ B状态,并开展战区点波束试验;在GPS Ⅲ B状态上增加战区点波束功能,形成GPS Ⅲ C状态,实现现代化目标。

为建成Galileo系统,欧洲空间局发射了2颗试验卫星和4颗在轨验证卫星开展卫星关键单机、系统技术体制等试验验证工作,以降低系统研制建设的风险。欧盟发展伽利略系统,采取谨慎而又稳妥的发展途径,尽管对GPS了解很深,系统方案论证比较透彻,航天技术实力雄厚且经验丰富,但也不敢轻易跨越在轨验证阶段。在实施Galileo计划之前,欧洲航天局早已提前启动Galileo卫星所需关键技术与设备的研究开发工作,当进入方案论证第二阶段时,相关的卫星钟(铷钟、氢钟)、导航信号生成装置和卫星导航天线等关键设备已在开发或已取得突破性进展。欧洲空间局采用了增量式系统开发方法,即以预先发展地面段和空间段的关键组成部分为基础,允许实用系统在关键设计完成前尽早验证系统的设计。Galileo寿命周期增量系统的开发分为三个阶段:在详细设计阶段,部署地面段以及空间段(Galileo系统测试床)的试验设施,为完成详细设计并降低主要设计风险树立信心;在轨验证(IOV)阶段,部署地面段和空间段的首批运行系统;在FOC阶段,部署完全运行的地面段和空间段,用于全面系统验证。详细设计阶段于2002年系统初步设计审查后启动,于2008年完成系统关键设计审查后结束。该阶段开始时,曾进行了一次风险评估,从技术的角度分析,Galileo计划的潜在风险主要包括:地面段算法达到定轨、时间同步以及完好性要求的能力;新开发的 Galileo 有效载荷技术,特别是星载原子钟(铷原子频标和无源氢钟)的在轨性能;缺乏对中高轨道环境的了解,需要对该环境的现有模型进行验证;接收机处理 Galileo 新信号,以及在实际条件下达到终端用户所需性能的能力。为了降低这些风险,欧洲空间局开始了 GSTB 试验项目,包括研制一套地面任务段样机,发射两颗试验卫星和研制试验型测试接收机,对这些技术进行验证以降低风险。伽利略系统将配备专门的地面任务段,用于生成卫星轨道和钟差参数,以便为终端用户提供服务。为了测试相关的地面算法和同时监测试验卫星上的星载钟性能,欧洲空间局研制和部署了两版专用的任务段样机。第一版采用地面站网络收集全球的 GPS 测量数据,并利用预先开发的地面处理算法离线处理这些数据,以验证伽利略的授时、导航与完好性概念。这一项目是与国际 GNSS 服务(IGS)和协调世界时(UTC)组织协作完成的。第二版地面任务段样机,是 2005 年第一版的升级版,旨在处理 GIOVE 卫星的测量数据。为此,部署了由 12 个 Galileo 试验监测站(GESS)组成的全球网络,并利用国际激光服务(ILRS)组织的 14 个激光观测站,协助进行GIOVE-A、GIOVE-B 卫星的精密定轨与时间同步,以及卫星钟性能评估试验。

1.2.2 测试设备发展情况

任何测试评估工作都由测试设备与被测设备两部分完成。测试设备包括通用测量仪器、专用测试设备(如卫星无线电导航业务(RNSS)信号源等)、专用测试软件等,也包括用于环境构建、条件保障等支持被测对象开展测试的设备。本章所涉及的测试设备仅限于卫星导航系统信号及信道性能测试技术。

卫星导航测试设备的分类主要是依据卫星导航系统的测试任务和研制过程中大量的试验与测试工作进行的。研制过程中的试验与测试工作包括:为研究工作服务的研究性试验;为设计和研制服务的方案性试验和检验性试验;为系统性能检验开展的核实性试验。系统在整个研制阶段,按照所处阶段不同,测试工作分为方案原理性测试、初样测试、正样测试、进场安装测试。对系统级测试而言,还包括研制阶段的集成联调测试以及应用阶段的监测。测试工作按照系统结构层级分为部件级测试、设备级测试、分系统级测试与大系统级测试。

根据测试设备的应用方向不同,测试设备可分为卫星测试设备、运控测试设备、应用测试设备等。测试设备主要有研发和采购两种来源,研发的测试设备主要是针对系统特定测试与试验需要研制的专用测试设备;采购的测试设备主要为通用仪器。

对任何系统工程来说,没有一个单机或设备是不经过测试和试验就可以付诸应用的,卫星导航系统的研制建设过程中,卫星、运控、测控、应用各系统的最终系统及设备都是经过大量的试验与测试工作后最终确定投入应用的。系统研制中的试验与测试工作是为了检验设计的正确性,以便优化方案,改进设计,是实现最初设计目标的重要手段。试验与测试工作是为研究、设计、研制和应用服务的,贯穿于系统建设

和运行应用全过程。从预先研究开始，通过设计和研制，直到设备最终定型投入应用，全过程都离不开大量的试验和测试工作。测试设备作为基础，支持整个卫星导航系统的测试评估与试验验证工作。

1.2.3 卫星导航系统测试场

美国和欧洲非常重视卫星导航测试试验环境的建设，已成为系统建设和应用产业开发的重要环节，而卫星导航系统测试场则是系统测试试验的基础。国外主要的卫星导航测试场包括美国在GPS发展过程中建设的尤马试验场（YPG）（基于地面的GPS信号的测距测试环境）、逆推GPS测试场（IGR）系统以及惯性与导航测试场（CIGTF），德国的Galileo测试环境（GATE）系统（功能相当于YPG和IGR的结合体）。此外，欧洲在意大利罗马建设了Galileo测试场（GTR）[2]。（表1.1）

表1.1 国外主要卫星导航测试场

名称	功能	信号类型	应用	扩展
YPG	GPS接收机试验	GPS	窄	强
IGR	GPS信号试验	GPS现代化	中	中
GATE	Galileo接收机试验与开发	Galileo系统	中	中
GTR	评估Galileo系统性能	Galileo系统	广	强

1）美国IGR

美国IGR类似于GPS发展早期美国YPG场的作用。在当时没有（缺乏）真实卫星信号的情况下，美国在亚利桑那州尤马（Yuma）试验场内，在沙漠地面上布置以太阳能供电的地基发射机来模拟GPS卫星，进行了大量的信号测试，并由此发展了最早的伪卫星技术。随着美国开始实施GPS现代化等系列计划，为了解决难以实时获得真实GPS现代化信号的问题，美国在Holloman基地建造了一座“逆推GPS测试场”，其目标是支持新型军用或民用GPS卫星（包括Block ⅡR、Block ⅡF）信号的测试。

IGR提供了一个具有良好成本效益的现代化GPS信号和接收机场地测试环境。IGR的重要任务是对新型GPS信号的仿真。IGR采用了一种集中式的体系结构，如图1.1所示。即使在存在故意干扰的环境中也能提供对L1、L2与L5频段地面发射信号授时的精确和连续控制。这种高度灵活的IGR设计方案，能够有效地简化操作和维护程序、分类信息处理，以及对未来军用与民用信号的改进和升级。

美国IGR包括一个设在白沙导弹测试场的控制中心，以及分布在Holloman空军基地的一块20英里×20英里（1英里≈1.609km）的测试场中的8部地面发射机。IGR可以通过模拟空间GPS卫星播发信号进行测试，也可以和真实卫星信号一起使用进行混合模式的测试。用户可以利用IGR设施验证当前GPS和现代化GPS信号在用户设备上的兼容性，并且评估信号对诱骗和干扰的脆弱性。

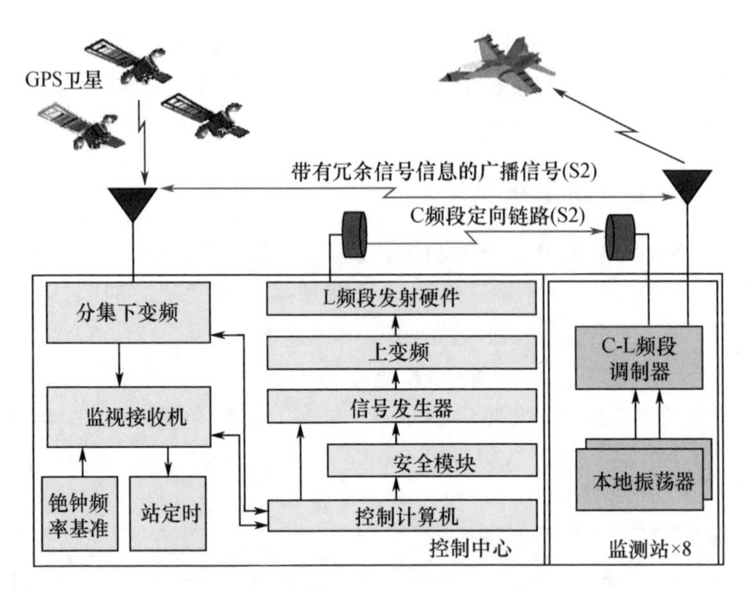

图 1.1 美国 IGR 体系结构(见彩图)

2)美国惯性与导航测试场(CIGTF)

美国 CIGTF 位于美国空军基地,与白沙导弹测试场比邻。CIGTF 具有全国最完备的大型精确离心机与环境测试床,可以提供在实验室、地面、飞行或高速跟踪条件下的各种低、中、高动态测试以及 GPS 干扰测试。CIGTF 的地理位置具备良好的震动条件,与白沙导弹测试场比邻而居则提供了良好的灵活性,适于开发和执行各种动态飞行场景来演练各种 GPS 误差源,同时也避免了执行飞行试验时对邻近航空交通管理的影响。而对 GPS 用户设备、GPS/INS(惯性导航系统)组合系统和精确制导弹药的干扰飞行测试也不会对当地频谱造成干扰。

CIGTF 的主要功能包括 GPS 信号监测能力、GPS 干扰测试能力、导航测试评估能力。

3)德国 GATE 测试场

德国的 GATE 是一种地基卫星导航测试基础设施,位于德国南部的 Berchtesgaden 地区,由 6 台地面固定的发射机发射“真实”Galileo 信号,从而在 Galileo 计划的早期阶段实现硬件和软件的实地测试。

GATE 的主要组成包括发射段、任务段(监视接收机、GATE 处理设施)、控制段(监控设施、时间设施、存档与数据服务器)、支持段(任务支持设施、GATE 信号实验室、GATE 用户终端)和用户段(伽利略用户终端)。

GATE 是 Galileo 系统产品的开发和商业化的重要工具,主要功能包括:开展新的 Galileo 信号结构与特性试验验证活动;支持接收机算法测试以及系统与接收机间的端到端测试;为用户提供测试接收机的服务,尤其是多模 GPS/Galileo 导航接收机。GATE 体系结构如图 1.2 所示。

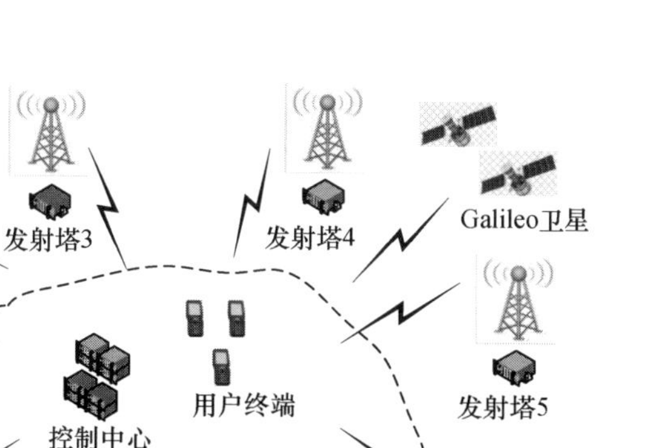

图 1.2 GATE 体系结构

4）GTR

GTR 项目是意大利拉齐奥大区和欧洲空间局合作的一项卫星导航领域科研创新计划。GTR 可以分为空间段、地面段和用户段，其主要技术构成包括伪卫星、导航实验室和控制中心、传感器站、差分参考站、用来验证信号性能和实验设备的测试区域。

GTR 是一个多功能测试研发平台，其目标是评估伽利略系统性能，支持系统演进与未来 GNSS，支持不同 GNSS 之间的互操作性评估，支持科研机构和中小企业的 GNSS 应用研发活动，以及在最终具备 Galileo 信号之前，在受控环境中测试 Galileo 接收机和相关应用[2]。

1.2.4 卫星导航测试设备

1）导航信号模拟源

卫星导航信号模拟源能够对系统导航信号模拟仿真和精确建模，对卫星与接收机载体运动轨迹进行模拟，可同时生成导航仿真数据和射频信号。国外对卫星导航模拟器的研究起步较早，1977 年美国 TI 公司就研制出第一台 GPS 模拟器，目前以 SPIRENT 公司为代表的国外 GNSS 卫星信号模拟器功能日臻完善，性能更加先进，不仅可以模拟单点定位卫星信号，还可以模拟差分信号、姿态测量信号。

导航信号模拟源根据其产品对应的导航系统，可以分为单体制模拟源和多体制模拟源两类，前者只能实现单个系统的导航信号模拟，后者则可以实现多系统兼容的信号模拟，以支持多模技术研究和设备的开发。

目前，国外以 GPS 信号体制模拟源居多，并涉及多个生产厂商，包括美国的 SPIRENT 公司、Aeroflex 公司、Agilent 公司、Litepoint 公司，芬兰的 Naviva 公司等，主要为 GPS 厂商提供产品测试设备。国外导航信号模拟源技术在技术体制上已从真实信号采集回放式发展为强实时式,在技术特征上已从单体制单系统发展为多体制多系统。多体制软件建模仿真,及基于硬件的实时射频信号生成技术,已成为模拟源的主要技术特点。国外应用测试评估技术正朝着标准化、高逼真、自动化、远程化和协作化的方向发展。此外,网络系统级的测试平台也是一个重要的测试技术发展方向。

导航信号模拟源是最重要的应用测试设备,随着北斗卫星导航系统的建设与应用推广,用户终端测试技术快速发展,国内众多厂家涉足导航信号模拟源及用户终端测试技术的研发,目前已形成了成熟的产品和解决方案。国内导航信号模拟源技术水平发展迅速,部分产品已达到国际先进水平,并走向国际市场。目前,导航信号源国内研制单位包括国防科技大学、中国电子科技集团公司第五十四研究所、北京理工大学、航天恒星科技有限公司等,研制的导航信号源均具有四系统射频导航信号模拟及多用户的仿真能力。国防科技大学研制的北斗二号导航信号模拟器系列产品已被30多家单位采用,受到业内广泛认可。国防科技大学和湖南矩阵电子科技有限公司研制的导航信号源已发展为系列产品,可供不同需求的用户使用,在民用市场的占有率较大,同时部分型号产品出口美国。以导航信号源为基础,针对国内应用终端批量测试及不同场景测试需求,各研制厂家开发了针对不同需求的系列测试系统,包括卫星导航用户设备检定系统、组合导航实时仿真测试系统、多波束抗干扰天线测试系统等,可完成不同需求应用终端设备的批量自动检定,大幅提高应用终端设备的测试计量水平及测试效率。

2）干扰模拟源

俄罗斯从20世纪80年代起就开展GPS和GLONASS干扰及反干扰技术的研究,已成功研制数代压制式、复制转发欺骗式GPS干扰机。最近俄罗斯成功研制出一种新型GPS干扰机,能对美国现有GPS的4个频段实施有源干扰,可有意识地干扰“战斧”导弹的正常发射和飞行。

目前,国外导航系统干扰信号模拟源主要用于GPS、GLONASS等的导航接收机抗干扰测试,以压制式干扰和转发式欺骗干扰为主,具有多个通道和多种干扰样式模拟能力。欧美以SPIRENT公司为代表,已经形成一批功能相对复杂的干扰模拟仿真平台。美国SPIRENT公司的GSS7765 GNSS测试系统可以模拟500MHz～2GHz频段范围的GPS/GLONASS/Galileo系统等卫星导航系统干扰模拟信号,具有连续波、调幅、调频、噪声、扫频、脉冲等样式的干扰信号模拟能力,噪声带宽1Hz～48MHz,调频带宽1～20MHz,最多可扩展4个射频通道。

针对国内应用抗干扰性能测试的需求,国内抗干扰及干扰信号模拟源技术也得到了快速发展,已经研制建设了若干抗干扰测试平台或环境。国内厂家已研发具备产生导航频段单载波、调制、扫频、脉冲、宽带白噪声、扩频/匹配干扰、欺骗、组合干扰等干扰信号的功能,各干扰信号类型、发射功率、时间等参数可实时控制的干扰源,并支持开展了北斗系统强抗干扰性能测试。此外,我国抗干扰测试场也相应发展,在洛

阳拥有大型测试场地,配有飞机、车辆、标校塔等多种干扰源载体,可开展大型的复杂电磁环境抗干扰性能测试与试验。

3）地面运控系统测试设备

为进行北斗地面运控系统的测试,研制了专门的模拟测试系统,系统组成由数学仿真、RNSS 射频信号仿真、卫星无线电测定业务(RDSS)射频信号仿真、测试评估、显示控制、干扰信号仿真、测试环境七个部分组成,如图 1.3 所示。利用模拟测试系统可从信号环路和信息环路两个大环路对地面运控系统进行测试。

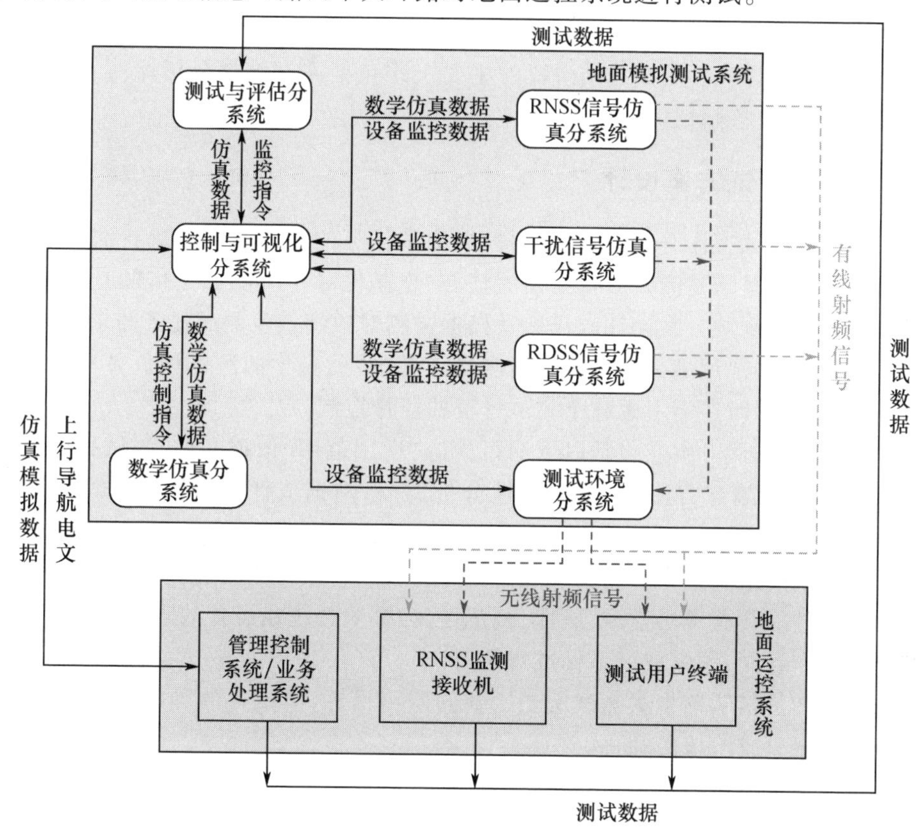

图 1.3 北斗系统地面模拟测试系统组成(见彩图)

信号环路测试是通过 RNSS 仿真分系统产生卫星导航信号对监测接收机、测试终端的测量精度、误码率、捕获时间、抗多(路)径性能、干扰抑制性能等进行测试,并对系统零值进行标定。

模拟测试系统按照系统信息格式和接口要求向地面运控业务处理系统和管理控制系统发送模拟的监测站观测数据和工况数据,同时,模拟测试系统接收管理控制系统发送的规划和控制指令并作出相应反应。业务处理系统的结果反馈到模拟测试系统,由模拟测试系统的测评分系统对系统的站间时间同步、星地时间同步、精密定轨、电离层延迟处理、广域差分及完好性处理等功能和指标进行测试与评估。模拟测试系统同时对管控系统的卫星有效载荷的管理与维护功能、任务规划与调度功能、外场站监视与控制功能进行测试与评估。

1.3 测试工作流程管理

测试工作从流程上分为测试准备、测试实施、测试总结三个阶段。测试准备阶段的主要工作包括测试方案、测试大纲等依据文件编制，测试机构组建及人员培训，测试设备及条件准备等。测试实施阶段的主要工作包括组织测试、测试数据采集管理、测试过程问题处理等。测试总结阶段的主要工作包括测试结果分析评估、测试报告编制、测试数据复核归档等。

1.3.1 测试方案设计

任何一项测试工作开始前，都必须根据测试任务的目的与要求进行测试方案设计。编制测试方案既是测试准备工作的核心，也是保障整个测试工作顺利开展和圆满完成的基础。测试方案设计的目标是根据被测对象特点及测试任务需求选择合理可行的测试方案，选用满足测试需求的测试设备，明确科学的测试评价方法，制定完备的测试计划，同时还需考虑整个测试过程的质量控制。

一般而言，测试方案应包括以下纲目内容：适用范围、依据文件、测试目的、测试设备、测试项目、测试方法、测试覆盖性分析、合格判据或评价准则、测试组织与计划等。

适用范围是指规范本次测试或试验任务的被测对象及所属的阶段。

依据文件应具有顶层性、权威性、公正性，如被测系统或设备的研制技术状态、装备研制或生产合同、国家或行业标准规范等。

测试目的是指明确本次测试所要达到的期望目标，测试目的可根据不同被测对象进行测试要素或阶段的细化。

测试方法是测试方案设计的核心。

1.3.2 测试设备

测试设备及仪器需满足：

(1) 研制的设备要经过独立测试；

(2) 测试仪器的性能应满足被测试设备各技术指标所要求的测量范围和精度；

(3) 测试仪器应符合国家规定的有关标准并有国家法定计量部门的有效鉴定；

(4) 测试仪器在测试前需经规定时间的预热和自校。

1.3.3 测试组织

科学、高效、完善的测试组织管理及实施机制是大型工程测试任务顺利实施的前

提和保障。常规而言,测试组织结构由领导指挥、技术决策、任务实施三部分组成。领导指挥是测试任务的顶层领导和重大问题决策机构;技术决策是测试任务的专家团队,负责技术分析、把关和决策;任务实施是具体实施测试任务的试验团队,在领导指挥及技术决策机构的领导和指导下,按要求开展相应的测试工作。对于卫星导航工程的星地系统级重大测试任务,领导指挥机构应设置相应的协调组,对所涉多部门、厂家及机构进行协调,确保测试任务实施的多方联动及步调一致。

试验团队在测试任务实施中,应根据任务设置相应的岗位分工,通常包括记录、操作、审核及数据处理等,各岗位严格按照测试细则或实施方案履职测试。

测试记录是测试报告的原始根据,数据记录必须真实反映系统的客观情况。

测试数据填入相应的测试记录表格。测试数据由测试记录员记录,测试记录必须有测试要求、测试结果、合格判定、测试结论、测试记录人员、测试复核人员以及测试日期等。

通过计算机采集数据的测试项目,原始数据应刻盘保存,并标注测试日期、测试项目、测试记录人员等信息。

参考文献

[1] 石卫平. 国外卫星导航定位技术发展现状与趋势[J]. 航天控制, 2004(4):30-35.

[2] 蔚保国,甘兴利,李隽. 国际卫星导航系统测试试验场发展综述[C]//第一届中国卫星导航学术年会论文集. 北京:中国卫星导航学术年会组委会,2010.

第2章　卫星导航测试基础理论与方法

2.1　测试基础理论

2.1.1　误差与精度

由于设备的不完善以及空间、地面系统运行环境的影响,被测物理量与其真值之间不可避免存在着差异,这一差异在数值上即表现为误差。所谓真值就是物理量值的真实大小,是一个理想概念,在现实测试条件下通常是无法获取的。因此在实际的测试过程中,常用被测物理量的实际值代替真值。实际值定义为满足规定精确度,用来代替真值的量值,可直接采用高一等级精度的实际测量值。

根据误差在测试过程中的表现形式,可将其分为系统误差、随机误差和粗大误差三类。其中粗大误差值较大,超出了规定条件下的预期测量值,可直接从采集数据中剔除。在对同一物理量进行的多次测试中,随机误差表现为误差绝对值和符号以不确定方式变化,只能从统计意义上确定相应的误差特性;系统误差表现为绝对值和符号在同一测试条件下保持不变,在条件改变时,按一定规律变化,需要根据不同被测物理量的系统误差来源,采用相应的数据处理方法或实验方法对系统误差进行标定。

精度在数值上的表现为物理量测试结果与真值的偏离程度,可用误差的大小来评估精度的高低。根据误差的同步类型,精度可分为准确度、精密度以及精确度。准确度反映物理量的测试结果中系统误差的影响程度,精密度反映随机误差的影响程度,精确度则反映了系统误差和随机误差对测试结果的综合影响。

2.1.2　物理量精度评估

卫星导航系统测试中的精度评估通常是对被测物理量精密度的评估,即系统运行中的随机误差对被测物理量的影响。对精密度的评估以测试数据中不含有系统误差为前提,因此首先需要对测试数据中的系统误差进行标定或消除。

2.1.2.1　系统误差消除

根据系统误差的变化规律,系统误差主要分为常值系统误差、线性系统误差以及周期系统误差,对于其他非规则变化的系统误差,在足够短的测试时间内,可近似为常值或线性系统误差。分析系统运行过程中系统误差的产生机理可有效确定系统误差的具体类型。

1）常值系统误差消除

抵消法是消除常值系统误差的有效方法。这种方法要求对同一物理量 d 进行两次反向测试，得到测试结果 $d_{12}=d+\Delta$ 和 $d_{21}=d-\Delta$，其中系统误差等大、反号，取两次结果的算术平均值作为最终测试结果即可消除系统误差，即

$$\frac{d_{12}+d_{21}}{2}=d \tag{2.1}$$

对于非定常、慢变化的系统误差，在一有限的测试间隔内，系统误差变化足够小，可按常值系统误差进行剔除。

2）线性系统误差消除

线性系统误差是指测试过程中系统误差随时间线性变化，如图 2.1 所示。以某时刻 t_3 为对称中心，则对称点系统误差算术平均值皆相等，即

$$\frac{\Delta l_1+\Delta l_5}{2}=\frac{\Delta l_2+\Delta l_4}{2}=\Delta l_3 \tag{2.2}$$

将测试过程对称安排，取对称点两次测试结果的算术平均值为测试值，得到最终的测试序列，此时其中的系统误差转化为常值系统误差。

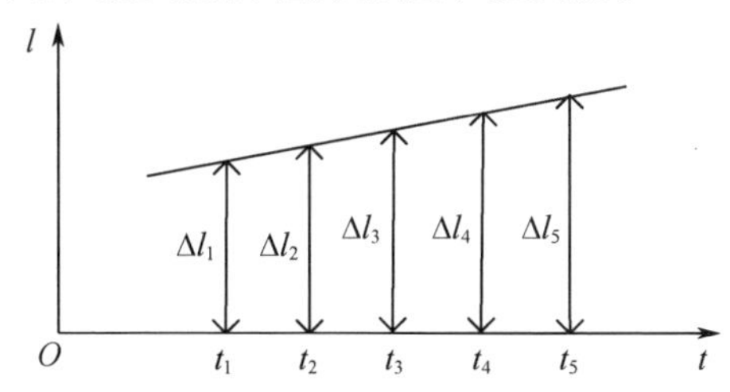

图 2.1　线性系统误差

3）周期系统误差消除

周期系统误差，即测试过程中系统误差随时间周期性变化，通过系统误差来源可分析有效确定误差周期。对周期误差的消除，可间隔半个周期进行两次测试取算术平均值，即半周期法。

周期系统误差一般表示为

$$\Delta l=a\sin\varphi \tag{2.3}$$

设第一次测试的系统误差为

$$\Delta l_1=a\sin\varphi_1 \tag{2.4}$$

间隔半周期，其系统误差为

$$\Delta l_2=a\sin(\varphi_1+\pi)=-a\sin\varphi_1=-\Delta l_1 \tag{2.5}$$

取算术平均为

$$\frac{\Delta l_1+\Delta l_2}{2}=\frac{\Delta l_1-\Delta l_1}{2}=0 \tag{2.6}$$

以上的系统误差消除方法均是基于多次单点测试，并且被测物理量保持为常值，

在实际的测试过程中,被测物理量通常是时变的,因此要求多次单点测试在足够短的时间内完成。对于周期系统误差的半周期法要单点测试间隔为半周期,当误差周期较大时,可采用常值系统误差和线性系统误差消除方法进行处理。

2.1.2.2 精度评估指标

在消除测试结果中的系统性误差后,要进行精度评估,即对测试数据中的随机误差进行评估。对于不含系统误差和粗大误差的测试序列,其随机误差一般具有以下几个特征[1]:

对称性:绝对值相等的正误差和负误差出现次数相等。

单峰性:绝对值小的误差比绝对值大的误差出现次数多。

有界性:一定测试条件下,随机误差绝对值不超过一定界限。

抵偿性:随着测试次数的增加,随机误差算术平均值趋于零。

1)测试的标准差

在以上四个特征的约束下,通常认为测试中的随机误差服从正态分布。设被测物理量真值为 l_0,测试序列为 l_i,随机误差

$$\delta_i = l_i - l_0 \qquad i = 1,2,\cdots,n \tag{2.7}$$

密度函数和分布函数分别为

$$f(\delta) = \frac{1}{\sigma\sqrt{2\pi}} e^{-\delta^2/2\sigma^2}$$

$$F(\delta) = \frac{1}{\sigma\sqrt{2\pi}} \int_{-\infty}^{\delta} e^{-\delta^2/2\sigma^2} d\delta \tag{2.8}$$

数学期望为

$$E = \int_{-\infty}^{\infty} \delta f(\delta)\, d\delta = 0 \tag{2.9}$$

方差为

$$\sigma^2 = \int_{-\infty}^{\infty} \delta^2 f(\delta)\, d\delta \tag{2.10}$$

标准差或均方根误差 σ 表征了测试序列随机误差的散布特性,在测试中用来作为衡量被测物理量精度的指标。在一系列等精度测试中获得 n 个测试结果,则此次物理量测试的标准差可按下式计算:

$$\sigma = \sqrt{\frac{\sum_{i=1}^{n} \delta_i^2}{n}} \tag{2.11}$$

式中:δ_i 为被测物理量的测试结果与其真值之差,$\delta_i = l_i - l_0$。

当被测物理量真值无法获取时,则用残余误差 v_i 代替真误差 δ_i,即

$$v_i = l_i - \bar{l}$$

$$\bar{l} = \frac{\sum_{i=1}^{n} l_i}{n} \tag{2.12}$$

标准差估计值为

$$\sigma = \sqrt{\frac{\sum_{i=1}^{n} v_i^2}{n-1}} \tag{2.13}$$

2）测试的极限误差

被测物理量的极限误差也可称为极端误差，相应地，测试结果的误差不超过该极端误差的置信度为 P。

对于正态分布的随机误差，误差值落在 $-\delta$ 和 $+\delta$ 之间的概率为

$$P(\pm\delta) = \frac{1}{\sigma\sqrt{2\pi}}\int_{-\delta}^{+\delta} e^{-\delta^2/2\sigma^2}\mathrm{d}\delta = \frac{2}{\sigma\sqrt{2\pi}}\int_{0}^{+\delta} e^{-\delta^2/2\sigma^2}\mathrm{d}\delta \tag{2.14}$$

令 $\delta = t\sigma$，则

$$P(\pm\delta) = \frac{2}{\sqrt{2\pi}}\int_{0}^{t} e^{-t^2/2}\mathrm{d}t = 2\Phi(t) \tag{2.15}$$

因此置信概率为 $P(\pm\delta)$ 时的极限误差为

$$\delta_{\lim}x = \pm t\sigma \tag{2.16}$$

通常取 $t=3$，极限误差为

$$\delta_{\lim}x = \pm 3\sigma \tag{2.17}$$

相应的置信概率为 99.73%。

2.1.2.3　误差传递

在卫星导航系统测试中，若无法得到某一被测物理量的直接测量值，可采用间接测试，将其转换为多个可测物理量的函数，一般表达式为

$$y = f(x_1, x_2, \cdots, x_n) \tag{2.18}$$

对所有可测物理量进行 N 次测量，记第 i 个可测物理量在第 j 次测试中的随机误差为 $x_{i,j}(i=1,2,\cdots,n, j=1,2,\cdots,N)$，则物理量 y 在第 j 次测试中的随机误差为

$$\delta y_j = \sum_{i=1}^{n}\frac{\partial f}{\partial x_i}\delta x_{i,j} \qquad j = 1,2,\cdots,N \tag{2.19}$$

进而可得物理量 y 的方差为

$$\sigma_y^2 = \sum_{i=1}^{n}\left(\frac{\partial f}{\partial x_i}\right)^2\sigma_{x_i}^2 + 2\sum_{1\leqslant i<j}^{n}\left(\frac{\partial f}{\partial x_i}\frac{\partial f}{\partial x_j}\rho_{ij}\sigma_{x_i}\sigma_{x_j}\right) \tag{2.20}$$

式中

$$\rho_{ij} = \frac{\sum_{k=1}^{N}\delta x_{i,k}\delta x_{j,k}}{N\sigma_{x_i}\sigma_{x_j}} \tag{2.21}$$

为物理量 i 和 j 的误差相关系数；$\partial f/\partial x_i$ 为误差传递系数。当不同的可测物理量相互独立，即 $\rho_{ij}=0$ 时，y 的方差简化为

$$\sigma_y^2 = \sum_{i=1}^{n}\left(\frac{\partial f}{\partial x_i}\right)^2 \sigma_{x_i}^2 \tag{2.22}$$

当各个可测物理量的随机误差均满足正态分布时,y 的极限误差为

$$\delta_{\lim} y = \pm\sqrt{\sum_{i=1}^{n}\left(\frac{\partial f}{\partial x_i}\right)^2 \delta_{\lim}^2 x_i} \tag{2.23}$$

2.2 物理量测试评估方法

2.2.1 动态范围测试方法

灵敏度、抗干扰性能以及电平范围等指标均属于评估被测物理量动态范围的极限指标。例如:接收灵敏度指使接收设备信号稳定正常、工况状态稳定的最小接收信号功率;接收设备抗干扰性能可用使接收设备误码率不满足指标要求、信号失锁或锁定不稳定的最小干信比表征。将针对这一类指标的测试方法归纳为物理量动态范围测试方法。

以被测物理量 x 为系统激励,θ 为限定测试条件的物理量,相应的输出物理量为 y,输入-输出的函数关系可表示为

$$y = f(x;\theta) \tag{2.24}$$

假设满足指标要求的系统输出范围为$[y_{\min}, y_{\max}]$,控制测试条件为 θ_0,调整输入激励,记录当系统输出满足 $y \in [y_{\min}, y_{\max}]$ 时的输入$[x_{\min}, x_{\max}]$,则$[x_{\min}, x_{\max}]$即条件 θ_0 下,系统输出满足指标要求的被测物理量动态范围。

2.2.2 精度测试方法

物理量精度测试本质上是对物理量的误差进行统计分析的过程,其主要测试工作是获取被测物理量的误差序列,并采用前述误差指标进行评估。根据求取误差序列所采用“真值”的不同,将物理量精度测试方法分为理论值比对法和实测数据比对法。

2.2.2.1 理论值比对法

将采集的测试结果与由仿真模型计算的理论结果进行对比,即理论值比对法。通常情况下,对于有解析公式或高精度仿真模型的物理量,其仿真计算结果即可作为理论值。理论值比对法的具体流程如图 2.2 所示。

2.2.2.2 实测数据比对法

对于可借助第三方系统或测量手段获取高精度实测值的物理量,可将从被测系统采集的测试结果与高一精度等级的实测数据进行比对的结果作为被测物理量的误差,在此基础上进行误差分析,即为实测数据比对法。实测数据比对法具体流程如图 2.3所示。

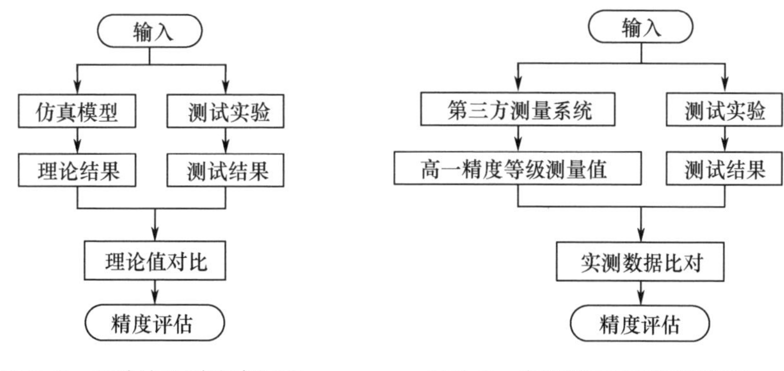

图 2.2　理论值比对法流程图　　图 2.3　实测数据比对法流程图

2.3　通用测量仪器测试方法

2.3.1　测量仪器的选用原则

选用测量仪器应从技术性和经济性出发,使其计量特性(如最大允许误差、稳定性、测量范围、灵敏度、分辨率等)适当地满足预定的要求,既要够用,又不过高。

1）技术性

在选择测量仪器的最大允许误差时,通常应为测量对象所要求误差的 1/5 ~ 1/3,若条件不许可,也可为 1/2,当然此时测量结果的置信水平就相应下降了。在选择测量仪器的测量范围时,应使其上限与被测量值相差不大而又能覆盖全部量值。在选择灵敏度时,应注意灵敏度过低会影响测量准确度,过高又难以及时达到平衡状态。在正常使用条件下,测量仪器的稳定性很重要,它表征测量仪器的计量特性随时间长期不变的能力。一般来说,人们都要求测量仪器具有高的可靠性,在极重要的情况下,为确保万无一失,有时还要准备两套相同的测量仪器。在选择测量仪器时,应注意该仪器的额定操作条件和极限条件。这些条件给出了被测量值的范围、影响量的范围以及其他重要的要求,以使测量仪器的计量特性处于规定的极限之内。此外,还应尽量选用标准化、系列化、通用化的测量仪器,以便于安装、使用、维修和更换。

2）经济性

测量仪器的经济性是指该仪器的成本,它包括基本成本、安装成本及维护成本。基本成本一般是指设计制造成本和运行成本。对于连续生产过程中使用的测量仪器,安装成本中还应包括安装时生产过程的停顿损失费(停机费)。通常认为,首次检定费应计入安装成本,而周期检定费应计入维护成本。这就意味着,应考虑和选择易于安装、容易维修、互换性好、校准简单的测量仪器。测量准确度的提高,通常伴随着成本的上升。如果提出过高的要求,采用超越测量目的的高性能的测量仪器,而又不能充分利用所得的数据,那将是很不经济,也是毫无必要的。此外,从经济上来说,应选用误差分配合理的测量仪器来组成测量装置。

2.3.2 通用仪器测试系统体系结构

通用仪器仪表作为通用型测试设备,对关键单机和自研设备的主要电信号指标进行自校,确保输出信号的正确性和稳定性。通用仪器包括标准信号源、时间间隔计数器、频谱分析仪、矢量网络分析仪、示波器、相位噪声/稳定度测试仪等通用化测量、测试设备。目前,通用仪器的使用正向着集成化、自动化的方向发展,而测试系统的搭建是核心。测试系统体系结构如图2.4所示,测试系统体系结构是指测试系统的分层、各层协议和层间接口的集合,即测试系统及其部件所应完成的功能的精确定义。

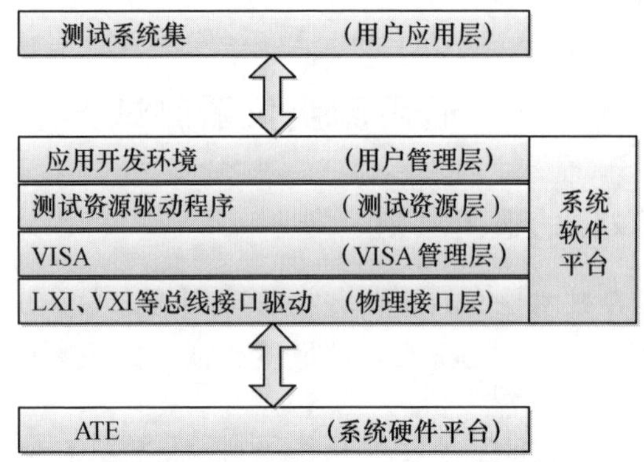

VISA—虚拟仪器软件结构;ATE—自动测试装备。

图2.4 测试系统体系结构

系统硬件平台包括系统测试资源、适配器等所有自动测试系统的硬件资源。应用开发环境、测试资源驱动程序、VISA、总线接口驱动构成系统的软件开发平台,为事务处理系统实现对自动测试装备(ATE)的控制提供支持。

物理接口层提供测控计算机与仪器间的物理连接,计算机与仪器设备的连接通过插在计算机内的接口控制卡,接口控制卡提供通用接口总线(GPIB),接口控制卡的驱动程序提供对接口控制卡的输入输出操作。

虚拟仪器软件结构管理层,通过VISA由不同硬件接口连接的仪器设备可以集成到一个系统中,统一完成对多个总线类型仪器设备的控制。

测试资源层,主要由测试仪器驱动软件组成。每台仪器对应一个测试驱动软件,驱动软件符合VISA要求。

用户管理层,是用户软件开发的主要工作所在,也是软件对资源高度集中管理的体现,具有一定的通用性。测试系统集成时,需要考虑的问题是:需求分析和功能定义,测试系统中的通信技术,标准总线,被测系统接口,硬件平台选择,软件平台选择,测试软件设计和文档编制。下面简要说明测试系统集成的主要内容。

(1)确定测试任务和需求分析。根据对自动测试系统的要求和有关的标准和规

范,分析被测参数的形式(电量,非电量,模拟量,数字量等)和数量,被测参数的性能指标(精度,速度等),系统的功能,激励信号及应用环境的要求等,确定集成测试系统的总体结构框架和测试思路。

(2) 测试系统中的通信技术。数字通信是传输数据的一种通信方式,它常用在计算机与计算机,计算机与终端,终端与终端间进行通信。在集成测试系统中,仪器与通用计算机之间,仪器与仪器之间,均采用数字通信技术。

(3) 标准总线。集成测试系统首先要解决互联设备在机械、电气、功能上的兼容,以保证各种命令和测试数据在互联设备间无误地传递。可程控设备的标准接口总线解决了这一问题。目前可供选择的标准接口总线,有 LXI、CAMAC、IEEE488、VXI、PXI、IEEE1394 总线等。

(4) 硬件平台。硬件平台如图 2.5 所示,主要包括测控计算机,测试仪器资源(如 LXI 仪器模块,GPIB 总线仪器或其他通用型仪器或模块),标准接口,系列适配器和被测设备或单元。上述各部分共同完成集成测试系统的信号调制与采集功能、数据分析和处理功能、参数设置与结果表达。

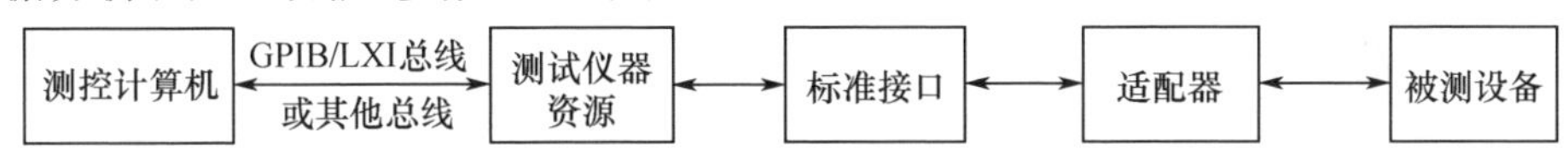

图 2.5 通用仪器集成测试系统硬件平台基本组成

(5) 软件平台。可编程仪器标准命令(SCPI)和仪器驱动器是解决测试软件标准化的有力工具。SCPI 可解决可程控仪器编程标准化,提高程控命令和响应消息的标准化程度,然而,SCPI 标准是面对消息基仪器的,不适用于寄存器基的仪器,例如,VXI 仪器。仪器驱动器也称为仪器驱动程序,是针对某一特定仪器进行控制和通信的一种底层软件的集合,是测试应用程序实现仪器控制的桥梁。从功能上看,一个通用的仪器驱动器一般由函数体,I/O 接口,子程序接口,编程开发接口和交互式操作接口等几部分组成,如图 2.6 所示。其中,函数体是仪器驱动器的功能主体,是针对不同仪器,不同控制代码的具体的底层控制程序。I/O 接口负责仪器驱动器与仪器之间的通信。子程序接口是用于调用其他的软件模块、操作系统、格式文件、程控代码库及分析函数,以完成仪器驱动器的某些任务。编程开发接口为测试应用程序与仪器驱动器的接口,是为了便于主程序对仪器驱动器的调用和操作。交互式操作接口是仪器驱动器的操作面板,用户可以通过该面板直接使用和操作仪器驱动器。

(6) 测试软件设计开发。①基于文本模式的测试软件开发环境。早期的测试软件采用的是面向过程的编程语言来开发,如 BASIC 语言、C 语言等。在开发大型、复杂测试软件时,这些基于文本模式的,面向过程的编程语言难以胜任。②基于 Windows 图形模式的测试软件开发环境。常用的有 Visual C ++ 、Visual Basic 等可视化编程软件,有代表性的用于测试软件开发的可视化编程软件是 LabWindows/CVI。

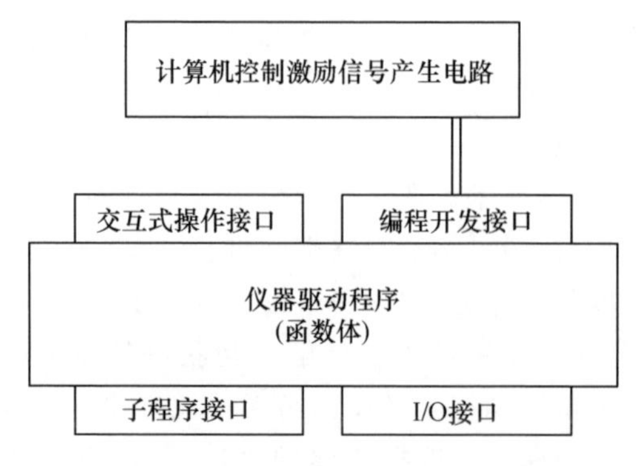

图 2.6　通用仪器驱动器的外部模型

2.3.3　通用仪器集成测试方案

通用仪器集成测试设备系统组成如图 2.7 所示。

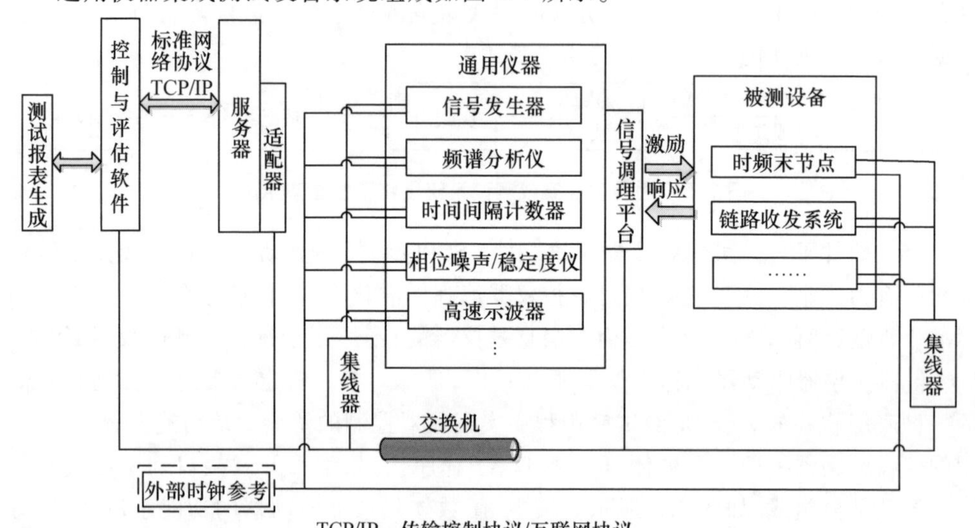

TCP/IP—传输控制协议/互联网协议。

图 2.7　通用仪器集成测试系统组成图

对于用户应用层而言,该自动化测试系统可完成从程控指令控制信号发送到通用仪器基本电性能测量,再至评估软件进行数据处理和分析整个测试过程,如需打印报表,仅需单击报表打印按钮即可生成;除此之外,还可实现对单一通用仪器的控制和管理等特色服务。将工作流程和注意事项叙述如下:

(1) 将待测设备接入测试系统,通过控制与评估软件发送程控指令,对测试流程进行控制。

(2) 采用 LXI 总线构建测试系统,为适应系统中不同仪器的数传速率,采用了异步通信,通信数据速率可在较宽的范围内自动调节。模拟源和通用仪器参考时钟可采用外部原子钟输入。

(3) 根据不同的测试要求,调用相应的测试仪器资源。例如,时频末节点测试中需要用到的通用仪器包括相噪仪、时间间隔计数器、示波器等。相噪仪可以对10MHz频率准确度、单边带相位噪声、短期稳定性等关键指标进行测试。时间间隔计数器对1秒脉冲(1PPS)信号的定时精度、锁定频率准确度等进行测试。时频末节点脉冲信号的脉冲宽度、前沿宽度等指标通过数字示波器进行检核。

(4) 对采集信号进行数据处理,将测试结果以报表和文档的形式表示。对于自动化测试软件而言,软件框架如图2.8所示。

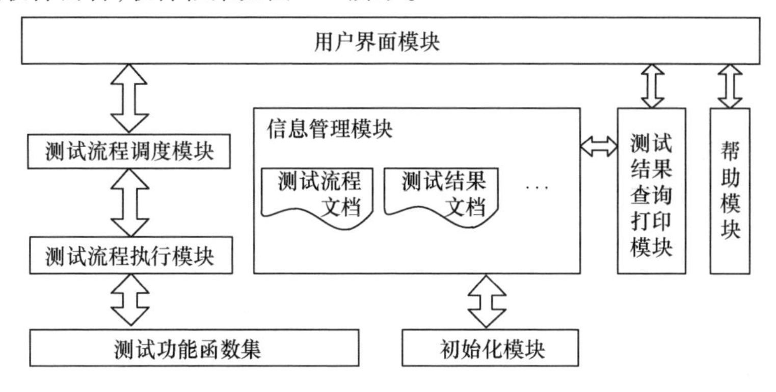

图2.8　测试应用软件框架

对于所有的测试任务,测试程序的执行过程都可以抽象为以下3个步骤:测试项目的获得、测试项目的分析、测试项目的执行。其中测试项目的执行与具体的测试任务密切相关,需要调用测试功能函数。图2.8将以上3个步骤分离,由信息管理模块从测试流程文档中提取测试项目,交给测试流程调度模块进行分析,最后由测试流程执行模块完成测试。当测试需求改变时,只需要修改测试流程文档,并根据具体测试任务修改测试流程执行模块、添加测试功能函数集即可。测试各模块划分及功能说明如表2.1所列。

表2.1　软件架构模块列表

模块名称	功能说明
用户界面模块	实现与测试人员的人机交互
信息管理模块	管理测试过程中的信息,包括测试流程、测试结果等
测试流程调度模块	解析信息管理模块提供的测试流程信息,完成自动测试流程控制,并将测试结果返回信息管理模块
测试流程执行模块	根据流程调度结果,调用相应的测试功能函数,执行测试流程,返回测试结果
测试功能函数集	测试功能对应的操作函数集合
测试结果查询打印模块	浏览测试结果并以Word文档形式打印
初始化模块	完成自动测试系统初始化、自检
帮助模块	测试系统使用帮助

用户界面模块是用户和软件进行交互的接口，图 2.9 是用户界面的执行过程以及调用关系。用户启动测试应用程序后，首先进入欢迎界面，输入密码后进入系统初始化界面。初始化界面是测试应用程序的主界面，主要用于显示测试系统中各仪器设备初始化、自检信息，并且提供指向自动测试界面、报表生成界面以及独立仪器网页的选项及控件等。用户可以选择运行自动测试界面，进行自动测试；也可以选择打开多个独立仪器网页，进行手动测试；还可以运行结果查询界面，查询测试结果并完成打印操作。

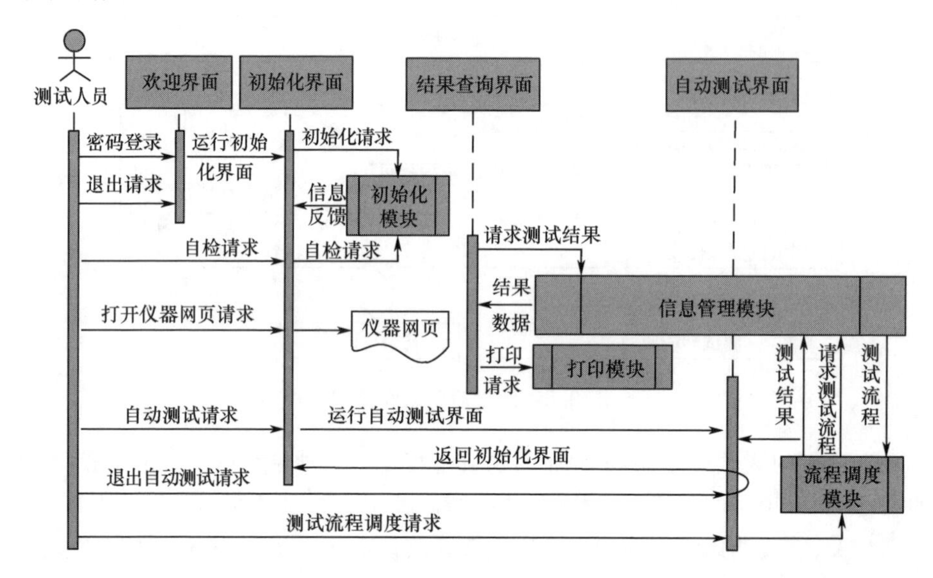

图 2.9　用户界面调用与执行过程（见彩图）

2.3.4　通用仪器计量与标校

计量是实现单位统一、保障量值准确可靠的活动，是利用技术和法律手段实施的一种特殊形式的测量，即把被测量（通用仪器的技术指标）与国家计量部门作为基准或标准的同类单位量进行比较，以确定合格与否，并给出具有法律效力的《鉴定证书》。

计量的特点可以归纳为准确性、一致性、溯源性及法制性四个方面。

（1）准确性是指测量结果与被测量真值的一致程度。由于实际上不存在完全准确无误的测量，因此在给出量值的同时，必须给出适应于应用目的或实际需要的不确定度或可能误差范围。所谓量值的准确性，是在一定的测量不确定度或误差极限或允许误差范围内，测量结果的准确性。

（2）一致性是指在统一计量单位的基础上，无论在何时何地采用何种方法，使用何种计量器具，以及由何人测量，只要符合有关的要求，测量结果应在给定的区间内一致。也就是说，测量结果应是可重复、可再现（复现）、可比较的。

(3) 溯源性是指任何一个测量结果或测量标准的值,都能通过一条具有规定不确定度的不间断的比较链,与测量基准联系起来的特性。这种特性使所有的同种量值,都可以按这条比较链通过校准向测量的源头追溯,也就是溯源到同一个测量基准(国家基准或国际基准),从而使其准确性和一致性得到技术保证。

(4) 法制性是指计量必需的法制保障方面的特性。由于计量涉及社会的各个领域,量值的准确可靠不仅依赖于科学技术手段,还要有相应的法律、法规和行政管理的保障。特别是在对国计民生有明显影响,涉及公众利益和可持续发展或需要特殊信任的领域,必须由政府起主导作用,来建立计量的法制保障。

ISO/IEC 17025 是由国际标准化组织和国际电工委员会(IEC)制定的一致性标准。ISO/IEC 17025 简称"ISO 17025",本标准规定了实验室进行校准和测试的能力的通用要求,分析每个测量的不确定度,将不确定度并入测试过程或测试限制,为不确定度提供校准证书和校准结果。ISO 17025 是面向测试与测量设备的最主要计量标准。

卫星导航测试常用通用仪器(标准信号源、矢量信号源、频谱仪、示波器、矢量网络分析仪、时间间隔计数器和相位噪声/稳定度测试仪)的检定周期一般为 1 年。仪器计量流程如图 2.10 所示。

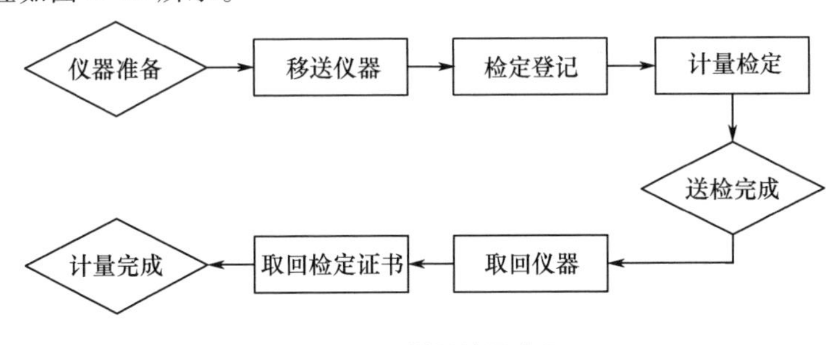

图 2.10　仪器计量流程

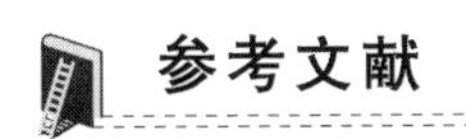

参考文献

[1] 费业泰. 误差理论与数据处理[M]. 北京:机械工业出版社, 2015.

第3章　导航卫星在轨测试

导航卫星从设计、研制、生产,直至发射飞行,整个过程中需要开展大量的测试评估工作,既包括卫星研制生产阶段的元器件、部件、单机级的单项测试,分系统、整星级开展的大量电性能测试、环境测试、力学测试,也包括卫星出厂发射前开展的地面测试,发射飞行后开展的在轨测试,及飞行期间开展的运行状态测试等。卫星研制生产过程开展的各项测试是卫星研制活动的内部重要环节,卫星生产厂家都已建立起一套科学规范的测试评估试验体系,也已有大量的专业书籍与参考文献介绍,本书不再涉及此类测试评估内容。本书主要介绍导航卫星完成研制生产阶段全部测试任务合格,整星发射前及入轨后,由主管或应用部门组织开展的,以验证导航卫星功能指标与服务性能为目标的卫星在轨测试。

导航卫星发射成功后,从星箭分离到进入运行轨道,再到加入星座组网运行前需要开展一系列性能测试,称为卫星的在轨测试。在轨测试是卫星发射后首先开展的重要测试任务,目的是检验卫星经历发射及太空环境飞行后的功能及性能是否满足任务书与最终用户要求。导航卫星在满足所有设计指标后才可使导航定位系统正常工作,使用户接收设备在服务区内正常接收导航信号,并实现自主导航、定位与授时。因此进行周密的导航卫星在轨测试是检验导航卫星工作状态与性能的重要环节,也是导航定位系统正常工作的先决条件[1]。

3.1　导航卫星发展与在轨测试技术现状

3.1.1　导航卫星发展现状

3.1.1.1　GPS 卫星

1) GPS Ⅰ卫星

GPS Ⅰ卫星为早期在轨验证实验卫星(图3.1),由洛克韦尔国际公司生产,1978—1985年间共发射了11颗,除1颗发射失败外,其余10颗卫星均能正常工作。这些卫星中大部分均超过设计运行寿命,有些卫星超过运行寿命10年。

GPS Ⅰ卫星有效载荷为伪随机噪声信号发生装置,其主要包括基带处理器、L1/L2信号合成器、L1调制解调器、L2调制解调器、L1和L2大功率放大器和双工器。星上搭载铷钟和铯钟,铷钟质量5.85kg,功耗20.075W,可靠性0.763,寿命期5.5年,稳定性1×10^{-13}/天;铯钟质量12.6kg,功耗22W,可靠性0.663,寿命期5.5年,稳定

图3.1 GPS卫星示意图

性 1×10^{-13}/天。

2）GPS Block Ⅱ/ⅡA 卫星

在轨运行工作的第二代卫星，GPS Block Ⅱ与 GPS Block Ⅰ卫星相比：增加了一个核爆探测系统（NDS）载荷；人为降低广播星历和时钟参数精度的选择可用性（SA）软件；反欺骗（AS）措施，将军用P码加密为P（Y）码；具有两周的导航存储能力。GPS Block ⅡA 为 GPS Block Ⅱ增强型系列卫星，具有180天的导航电文存储能力，在缺乏地面控制系统信息支持的情况下，卫星自主播发存储的导航电文[2]，精度逐渐下降。

3）GPS Block ⅡR/ⅡR-M 卫星

在轨运行工作的第三代卫星，与之前的GPS卫星相比，卫星性能显著提高，具有更强的适应性。GPS Block ⅡR 卫星采用了时间保持系统技术、自主导航技术和星间链路技术，每颗卫星均装有一个星间链路转发器数据单元，可进行直接的卫星间相互通信与测距，这种星间链路通信与测距技术可为卫星提供180天的自主工作能力，而无须地面干预。GPS Block ⅡR-M 是对8颗 GPS Block ⅡR 卫星进行现代化改造的卫星系列。该卫星在L1和L2频率上播发新的军用M码，在L2频率上播发民用测距码（L2C）。与P（Y）码相比，M码具有较强的发射功率、抗干扰能力和保密性能，并有利于直接捕获，更好地满足了军用需求。

4）GPS Block ⅡF 卫星

在轨运行工作的第四代卫星，与前几代相比，卫星的有效载荷性能更好，灵活性更大。该卫星增加了民用频率L5（1176.45MHz），有利于保障民航安全，修正电离层延迟误差，实时解算载波相位模糊度，削弱多径效应的影响等。同时，卫星采取柔性的有效载荷软硬件设计，增强了星间链路数据处理、网络通信以及高速上下行链路数据的传输能力。

GPS Block ⅡF 卫星主要的设计特点是继承性、灵活性和兼容性。体现在：为提高批量生产能力，采用模块化设计，各种有效载荷配置在两块面板上；设计寿命延长到15年；为进一步改进留有很大的余量，其中未分配质量余额为135～180kg，电源功率余额为275～1000W；采用经过飞行验证的算法和射频（RF）元器件；L频段功率电平与GPS Block ⅡA 相同；用户测距误差（URE）为3m；增加M码和L5民用信号，实现更强的抗干扰能力；增加星间链路、自主导航能力；增加快速在轨重编程能力。

GPS Block ⅡF 导航有效载荷设计包括两台铯钟和两台铷钟，此外，主要包括频率分系统、导航信号处理分系统、L 频段射频分系统、星间链路转发器分系统、L 频段天线分系统。GPS Block ⅡF 卫星有效载荷如图 3.2 所示。

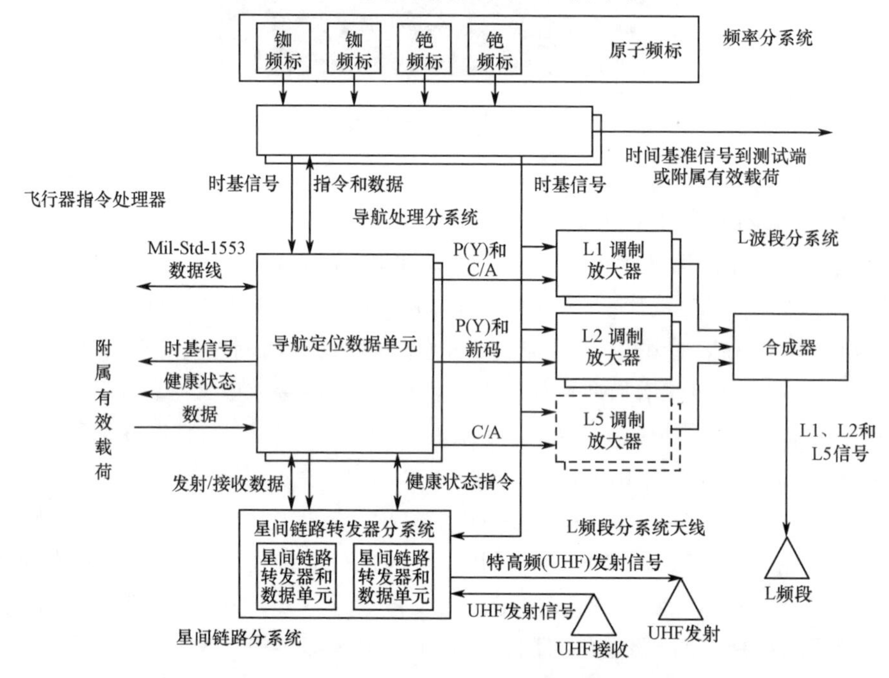

图 3.2 GPS Block ⅡF 卫星有效载荷方框图

GPS Block ⅡF 拥有更高级的原子钟和其他更高级别的新的系统性能，可以为用户提供更高的功率和更多的信号。它把高可靠性、高操作灵活性和长寿命结合起来，采用“开放式结构”，具备星上可编程软件技术、星间链路导航电文更新模式功能等。GPS Block ⅡF 可以通过星间链路发射和接收指令及遥测数据，与 GPS Block ⅡR 相比，星间链路增加了传送通用的指令、遥测和导航上载数据的能力，可传送用于卫星校正下行导航信息的差分数据。传送导航信息校正数据的功能是很重要的。通过采用卫星处理器和星间链路，减少对地面健康状态的要求。如果计算机检测出一个异常状态，卫星可利用星间链路发送一条异常状态信息给地面控制站操作人员，操作人员就可以使用星间链路诊断问题或安排一个直接的地面站与卫星连接，进行处理。除发送星间信息外，异常卫星还可以将检查出的异常信息保存。星座中的其他卫星在下次连接时运用中继通告该异常情况给地面站。这种错误检测功能，即星间链路通报和灵活性的组合设计，使操作者可以执行较少的健康状态连接，减少了异常检测和校正时间。这项实用性意味着有更多的可视卫星，可提高用户的精度、连续性和完善性，对系统来说具有重要的作用。

GPS Block ⅡF 具有在轨重新编程能力。许多导航载荷功能可以移到星上用可编程软件来完成,以增加有效载荷系统的未来任务适应性。采用新的“开放式结构”集成的新软件包设计,以保证未来新技术的注入。这些技术包括新频率标准的发展和可编程波形综合能力以及姿态控制、能源和敏感器技术等,均是减少成本、提高性能的有效要求。

5) GPS Ⅲ卫星

GPS 现代化卫星。为适应美国国防部的导航战要求,美对 GPS 现代化计划不断更新。包括“提高星历自主更新的能力和抗摧毁能力;采用 M 码和频谱复用技术,使军民信号分离,增强军码保密性;提高军码发射功率;依靠星间链路通信能力,实现在轨数据交换;提高星历精度”等一系列强化措施。GPS Ⅲ有效载荷部分主要现代化内容包括:钟升级,原子钟能提供达到 30ns 的定时精度,以取代目前的 80ns 的精度,并提高可靠性,使在轨寿命更长;提高空间信号的完善性,要求对星上故障或信号超差能在 60s 内发出通知;采用军用 M 码信号,结合新的 M 码信号以抗拒非授权者使用,并抵抗干扰;提高功率和采用点波束发射技术,实现军用信号功率增强。目前 GPS 的低功率信号对干扰特别敏感,GPS Ⅲ星座卫星将比现有卫星传输功率大 100 倍,M 码信号至少增强 20dB,以对付干扰的威胁,其做法是采用高增益点波束天线,能对选定地区集中更高的功率[3]。

3.1.1.2 GLONASS 卫星

GLONASS 自 1982 年 10 月发射首颗卫星以来,经历了早期在轨试验卫星、第一代(GLONASS-Ⅰ)、第二代(GLONASS-M)及第三代(GLONASS-K)卫星。

与 GPS 卫星相比,GLONASS 早期卫星体积和质量都很大,这是因为苏联/俄罗斯采用的是已有闪电系列通信卫星平台的成熟技术,以及俄罗斯质子号火箭具有强大的运载能力。早期 GLONASS 卫星寿命仅为 3 年,目前,俄罗斯 GLONASS-M 卫星的寿命已提高到 5 ~7 年;GLONASS-K 卫星的设计寿命将达到 10 年,同时质量将只有现在的一半。

3.1.1.3 Galileo 卫星

欧盟 Galileo 系统设计包括 30 颗在轨卫星,其中 27 颗为工作卫星,3 颗为备用卫星。

1) GIOVE 卫星

Galileo 系统有两颗 GIOVE 卫星,代号分别为 GIOVE-A 和 GIOVE-B。GIOVE-A 是第一颗 Galileo 卫星,由英国萨里空间有限公司开发研制,于 2005 年 12 月发射成功。GIOVE-A 试验卫星的有效载荷包括三部分:导航、环境监测以及实验。导航部分包括生产 Galileo E5a、E5b、E6、E2L1、E1 信号的单元。这些单元包括铷原子频标(RAFS)、时钟监控单元(CMCU)、频率产生与上变频单元(FGUU)、导航信号产生单元(NSGU)以及导航天线。

GIOVE-A 试验卫星用来执行 Galileo 卫星系统的心脏部分导航信号和原子钟的

在轨测试验证任务,并且确认由国际电信联盟分配给欧洲的频率的安全性,以避免无线电波对美国和俄罗斯的全球定位系统产生干扰。

GIOVE-B 于 2008 年 4 月发射,有效载荷的核心是两个铷钟和一个氢钟,氢钟精度极高。GIOVE-B 导航信号产生单元支持多种导航波形,可产生复用二进制偏移载波(MBOC)信号。

2) IOV 工作卫星

IOV 工作卫星的设计寿命为 12 年,携带导航和搜寻与援救(SAR)两种载荷。导航载荷包括导航信号产生单元、频率生成和上变频转换部件、放大器、信号滤波器和 L 频段天线。导航信号产生单元利用地面段上行注入的导航信息生成导航电文。卫星搭载 4 台原子钟,以保证高标准时频信号的连续性、可靠性和安全性。两台铷原子钟保证短时间的稳定性,而两颗被动式氢原子钟作为主钟,确保输出频率的短期和长期稳定性。

SAR 载荷接收紧急信号并通过 L 频段频率将其转发到地面搜救中心。

Galileo 卫星还搭载了激光反射棱镜,用于高精度卫星轨道确定。

3.1.1.4 北斗卫星

北斗系统 2003 年完成了北斗一号试验系统建设,2012 年过渡到了北斗二号区域系统。北斗三号系统 2018 年完成了 18 颗 MEO 卫星的全球组网,基本系统开通运行,2020 年 6 月完成了全部 30 颗卫星组网发射,建成了由 3 颗地球静止轨道(GEO)、3 颗倾斜地球同步轨道(IGSO)和 24 颗 MEO 卫星组成的全球系统。

北斗一号试验卫星为 GEO 卫星,由于北斗一号系统采用的是由地面中心控制系统产生原始测量信号的双向测距技术,因此卫星有效载荷为用于中心站信号出站转发及用户入站信号转发的定位转发器,同时卫星不需要高精度原子钟。北斗一号卫星有效载荷主要包括出站 C/S 定位转发器和入站 L/C 定位转发器,出站 C/S 定位转发器作用是接收地面中心控制系统的 C 频段出站询问信号,完成接收、变频、放大,转换为 S 频段信号向用户播发;入站 L/C 定位转发器作用是接收用户响应出站信号产生的 L 频段入站应答信号,完成接收、变频、放大,转换为 C 频段信号,发送至地面中心控制系统进行测量与信息处理。

北斗二号区域系统卫星采用 GEO、IGSO、MEO 混合星座配置,搭载了支持 RNSS 的载荷,其与 GPS 卫星原理相同,载荷主要包括上行注入接收设备、导航信号生成设备、星载信息处理设备、卫星钟与时频设备。GEO 卫星除搭载支持 RNSS 的载荷外,还继续搭载了北斗一号试验卫星的 RDSS 载荷,以继续支持区域 RDSS。

3.1.2 导航卫星在轨测试现状

3.1.2.1 GPS 与 Galileo 卫星在轨测试

无论是美国 GPS 还是欧洲 Galileo 系统,导航卫星发射后均首先开展卫星在轨测试任务,特别是针对新型或重大技术改进的卫星,更需要进行充分的在轨测试与验

证。首颗 GPS Block ⅡR(SV53)卫星发射入轨后,美国空军开展了为期两个半月的在轨测试。首颗 GPS Block ⅡF(SV63)卫星发射入轨后,美国空军开展了为期 3 个月的在轨测试。Galileo 系统更为重视卫星在轨测试,目的是确定卫星发射后状态正常,以及测试卫星功能与技术指标是否与地面测试时一致。两颗 GIOVE 卫星发射后进行了为期 2 个月的在轨测试,IOV 系列卫星在轨测试时间约为 35 天。

GIOVE 卫星在轨测试由英国齐尔伯顿天文台作为主要测量站开展测试,该站有一个直径 25m 的碟形天线,以获取较高信噪比信号,此外欧洲航天局还在比利时勒迪设立了一个较小的在轨测试站,以辅助完成测试,同时起到测试数据相互检验的作用。为开展 Galileo 系统 IOV 卫星在轨测试,欧洲航天局与海事卫星公司签订合同,由海事卫星公司负责 Galileo 卫星有效载荷在轨测试系统的研制及运行管理,欧洲航天局将该系统放置于比利时的勒迪地面站,在轨测试期间,Galileo 系统地面控制中心利用 S 频点天线控制卫星的遥测遥控,在轨测试系统与伽利略中心控制系统直接相连,实时接收支持信息,如图 3.3 所示。

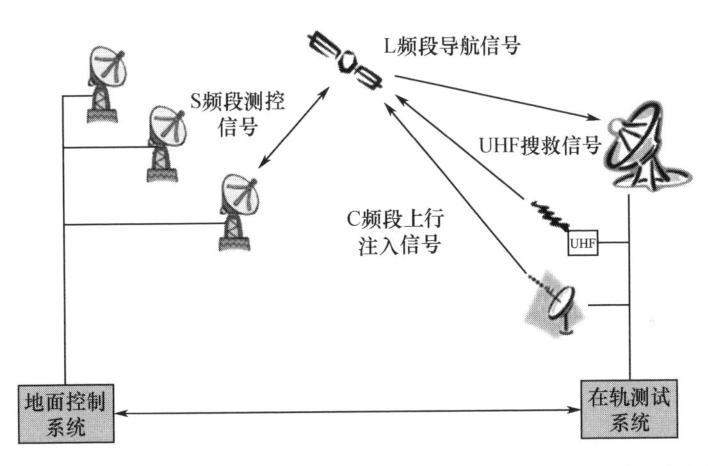

图 3.3 Galileo 卫星在轨测试系统与伽利略中心控制系统接口示意图(见彩图)

Galileo 卫星有效载荷在轨测试系统包括 L 频段天线、C 频段天线、UHF 天线、3.5m 的 L 频段天线、测量系统、导航信号测试设备、时频设备等。20m 的 L 频段接收天线,用于接收卫星下行 L 频点导航信号,天线副反射面后端安装了一部 L 频段标准线极化天线,用于测量卫星天线的轴比;3.6m 的 C 频段发射天线,用于向卫星发射上行导航信息;UHF 阵列发射天线,用于发射搜救信息;3.5m 的 L 频段天线,连接导航信号接收机用于增加测量灵活性。测量系统是在轨测试系统的核心,主要功能包括:高速、精确测量,可支持短时间内完成最大数量的测试;自动化测量,运行者可以快速创建测量序列,提交测试计划表,实现自动执行,测试结束可实时观测测试结果;灵活配置和扩展,运行者可以完全自由地按照需求改变测试参数,创建测量序列。需要新的测量需求时,也可自由修改运行软件进行添加。导航信号测试设备包括一个导航接收机,导航信息调制器及上变频器,导航接收机可接收导航信号,完成信号测量。时频设备为整个在轨测试系统提供B码、1PPS和10MHz时频信号,脉冲信号产生器产生系统所需的所有时频信号。

由于有效载荷在轨测试是个复杂的任务,Galileo卫星在轨测试在系统设计实施上考虑了以下制约因素:①同时进行两颗卫星在轨测试,后期进入全运行阶段需考虑同时进行六颗卫星在轨测试。②需要合理分配早期轨道段测试及平台在轨测试的时间。③在轨测试需要测控系统支持,在轨测试期间,测控系统需要实时监测卫星并回传卫星状态信息,同时支持位置载荷状态的切换。④避免频率与干扰的影响,特别是上行UHF频率要避免对搜救业务的影响。在低轨卫星过境时,要避免发射上行信号。同时要避免发射信号对GEO卫星的影响,避免发射信号对已发射的Galileo卫星的影响。同时应避免其他卫星(GPS、Inmarsat)信号及外部干扰的影响。⑤在轨测试需要保证卫星与载荷的安全,载荷工作,包括开关机、预热、复位等操作需要严格按照生产单位的要求进行。⑥考虑天线可视及俯仰方位的遮挡,避免低仰角对测试的影响。

Galileo系统在轨测试的主要测试内容:①功能测试:主要验证卫星发射后的基本功能,该项测试主要通过S频段遥测遥控链路来验证卫星不同配置下的健康状态,部分有效载荷功能测试通过L频段下行,C频段、UHF频段上行链路来验证。②射频测试:主要进行卫星不同配置下的L频段、C频段射频信号测量。③基带测试:主要用于解调和提取导航信息和搜救信息进行测量。

3.1.2.2 北斗卫星在轨测试现状

我国北斗卫星导航系统在研制建设过程中一直将卫星在轨测试作为一项重大任务开展,北斗卫星发射后均首先开展在轨测试工作,以检验卫星经历了发射及太空环境飞行后的功能与性能是否满足任务书要求[4],在轨测试结果是北斗卫星组网运行及验收交付的主要依据。前面已介绍,北斗系统是由GEO、IGSO和MEO三种类型卫星组成的混合星座,提供RNSS及RDSS两种导航定位服务模式,这就决定了北斗卫星在轨测试相比于GPS、Galileo卫星更为复杂和多样。

从2000年首颗北斗一号卫星发射至今,所有卫星均开展了在轨测试,测试涵盖了卫星平台与有效载荷的所有功能与性能。为执行北斗卫星在轨测试,我国在北京建设了专门的在轨测试系统,配置9m和13m两种口径天线,开展卫星有效载荷在轨测试,依托西安航天测控站对卫星平台开展在轨测试,同时支持有效载荷在轨测试期间的卫星测控业务,对卫星状态进行监测。

3.2 导航卫星组成与在轨测试内容

3.2.1 导航卫星组成

导航卫星有效载荷主要包括上行注入接收设备、星上任务处理机、导航信号产生

设备、天线分系统、卫星钟与时频设备共五部分，如图 3.4 所示。星间链路及自主运行能力是导航卫星新的技术特点。

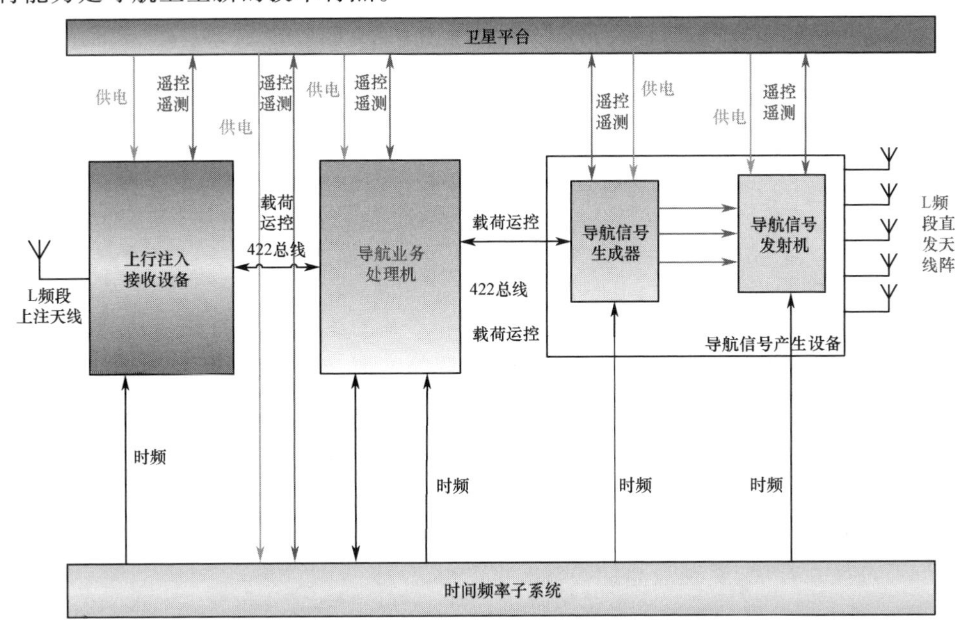

图 3.4　导航卫星有效载荷分布示意图(见彩图)

3.2.1.1　上行注入接收设备

上行注入接收设备是导航卫星接收地面控制系统上注的导航信息、载荷控制指令等的接收通道，上行注入接收设备接收来自地面控制站 L 频段(也有采用 C、S 频段)的上注信号，解调获得地面上注信息，将上注信息传送给星上任务处理。

上行注入接收设备的主要功能为：接收地面控制段的上行注入信号，完成信号解调、译码、解密、解析，获得上行注入信息，报送星上任务处理；接收地面控制段上行注入信号，同时完成对上行注入信息的正确性校验；北斗系统卫星由于采用星地时间双向比对技术进行钟差测量，因此上行注入接收设备还具备高精度伪距测量功能，并将测距值回传至地面，配合系统实现星地双向时间同步。此外，上行注入接收设备在完成上述功能的同时，必须满足抗干扰指标要求。

在导航卫星在轨运行时，上行注入接收设备接收来自上注天线调制信号，解调处理后报送导航任务处理机，同时由平台的数据处理终端完成遥测遥控。

3.2.1.2　星上任务处理机

星上任务处理机是整个导航卫星的大脑，在此完成导航卫星的信息处理、导航信号生成、自主完好性监测等核心业务处理。

星上任务处理机的主要功能为：接收上行注入接收设备送来的地面控制段上行注入信息，按照不同信息类型进行分类、存储；按照接口控制文件(ICD)，完成导航信息的自主生成、提取、编排、组帧，产生导航信息，传送至导航信号产生设备；产生导航信号的伪随机码序列,提供给导航信号产生设备;接收处理有效载荷监测数据,实现载荷的状态监测,接收地面控制段的载荷业务遥控指令,向执行单元分发控制指令;具有自主导航处理能力,能够根据星间链路测量及数传信息实现卫星星历和卫星钟的自主计算;对导航卫星完好性监测数据进行分析、处理,实现卫星自主完好性监测。

3.2.1.3 导航信号产生设备

导航信号产生设备产生导航信号,送至天线分系统后向地面用户播发。

导航信号产生设备的主要功能为:接收导航任务处理送来的导航电文、伪随机码,进行信息调制、扩频调制,生成中频导航信号,再经过上变频、滤波、放大、耦合输出,送至 L 频段天线,向地面播发;完成导航信号、信息的自主完好性监测,将监测数据送至星上任务处理机进行卫星自主完好性监测处理,同时支持监测数据的下传,用于地面控制段进行系统完好性处理。

3.2.1.4 天线分系统

天线分系统主要包括上行注入天线及导航信号发射两部天线,上行注入天线为 L 频段或 C 频段,一般采用喇叭口天线,导航信号发射天线为 L 频段,一般采用阵列天线,通过波束合成,实现对地的覆球波束。

3.2.1.5 卫星钟与时频设备

卫星钟与时频设备是整个导航卫星有效载荷的心脏,它为导航卫星提供精准的时间与频率信号,由星载高性能原子钟及时间频率保持与分路设备组成。导航卫星上的星载原子钟主要包括铷钟、铯钟和氢钟,导航卫星一般设计寿命为 8 ~ 10 年,在轨运行时间可长达 12 年,考虑到星载原子钟可靠性及寿命末期性能下降的因素,导航卫星通常配置 3 台或 4 台原子钟,以保证卫星时间频率信号的稳定连续性。GPS BlockⅡA 卫星上搭载 4 台原子钟(2 台铷钟和 2 台铯钟),GPS BlockⅡR 卫星上搭载了 3 台铷钟。Galileo 卫星上搭载了 3 台原子钟(2 台铷钟和 1 台氢钟)。北斗卫星上搭载了 4 台铷钟。导航卫星上配置的原子钟,无论数量多少,均按照主钟、热备钟和冷备钟进行配置,区别仅在于冷备钟的数量。导航卫星钟组基本框图如图 3.5 所示。

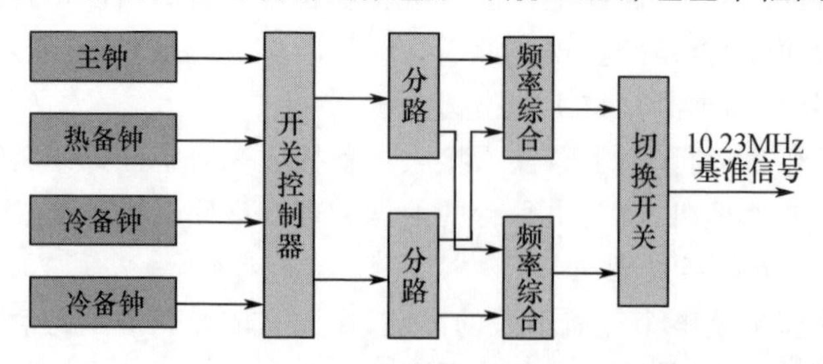

图 3.5 导航卫星钟组基本框图(见彩图)

导航卫星主、备钟经过开关选择与频率综合产生主、备两路 10.23MHz 基准频率信号,再通过切换开关选择主路 10.23MHz 基准频率信号输出,产生导航卫星所需的

各频率信号。导航卫星主、备钟产生的两路 10.23MHz 基准频率信号,通过实时相位比对测量得到两路信号的相位及频率偏差量,通过对备钟进行相位调整及频率驾驭,做到备钟对主钟时频信号的实时跟随。主、备 10.23MHz 基准频率信号实时比对框图如图 3.6 所示。

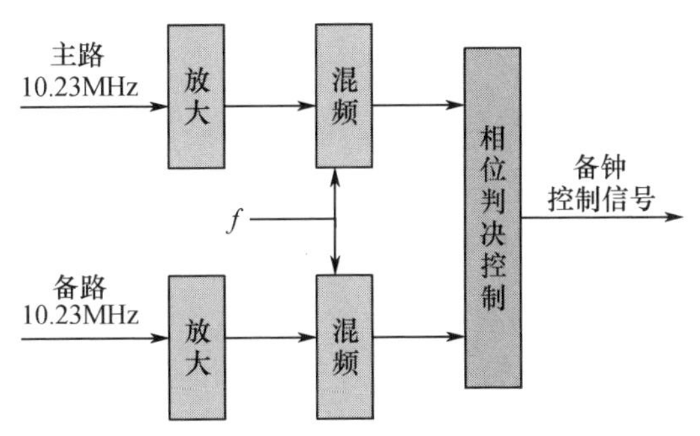

图 3.6　导航卫星主、备 10.23MHz 基准频率信号实时比对框图(见彩图)

导航卫星通过主、备 10.23MHz 基准频率信号的实时相位与频率测量,获取热备钟与主钟的相位与频率差,当检测到主、备钟频率与相位超出平稳切换要求阈值时,备钟控制信号对备钟进行相位及频率调整,使热备钟与主钟的相位及频率始终保持较高的一致性,实现热备钟接替主钟运行时,10.23MHz 时频基准信号的一致性与连续性[5]。

卫星钟与时频设备的主要功能为:以星载原子钟输出的高精度 10MHz 频率信号为参考,产生导航卫星高准确度的 1.023MHz、10.23MHz 等卫星参考频率信号;产生与基准频率信号同源的 1PPS 高准确度基准时间信号,并实现对 1PPS 信号的快速调整技术(粗调)与精细调整技术(细调);为了保障主、备支路的频率和相位一致性指标能满足系统需求,需要对主、备支路频率和相位偏差进行高分辨率、低噪声的测量;实现主、备支路平稳切换,保障主、备支路在切换前后卫星时频参考信号不发生中断,不能影响用户的正常使用。

3.2.1.6　RDSS 载荷

RDSS 技术是解决区域性导航定位的重要手段,与传统 GPS 采用的 RNSS 技术相比,RDSS 具有投资少、见效快、位置报告能力强等特点。我国北斗系统从 1994 年开始立项建设,在试验系统中采用的即为 RDSS 技术。RDSS 系统实现用户定位,导航参数的测定,要通过地面中心控制系统完成,采用地面中心控制系统,卫星、用户间的双向测距进行用户位置结算,用户不仅需要通过卫星接收地面中心站发出的测距信号,同时还要向卫星发应答信号,实现地面中心站与用户间的测距与通信。RDSS 是我国北斗卫星导航系统的特色,最初目的是为突破国外卫星导航垄断考虑,建立我国自主知识产品的卫星导航系统,其本身存在定位精度差、无法实现实时测速等不足,但其独有的短报文通信服务、双向授时服务也成为我国北斗的技术亮点与优势,随着北斗区域系统的建成开通运行,RNSS 与 RDSS 相结合的北斗系统,很好地将定位导航服务与报文通信服务融合,实现了独特优势的一体化位置报告服务。

北斗卫星 RDSS 载荷不产生导航信号,无须配高精度原子钟,其主要任务是负责转发地面中心站与用户之间交换的信息,其主要组成包括出站信号转发器、入站信号转发器与赋形波束天线。出站信号转发器的作用是接收地面中心站发射的 C 频段出站询问信号,将其转变为 S 频段信号向服务区广播,出站信号转发器又称 C/S 转发器。入站信号转发器的作用是接收用户发出的 L 频段询问应答信号,将其转变为 C 频段信号发回地面中心站,入站信号转发器又称 L/C 转发器。赋形波束天线包括两副,一副是 L/S 频段共用的赋形天线,另一副是 C 频段单独使用的赋形天线,两副天线均采用反射面天线,以满足所需服务区的覆盖要求。

北斗 RDSS 载荷在功能上与通信卫星载荷相似,但其实存在一定的性能差异:用户机需要小型化和低功率,自身的收发能力有限,要求载荷放大系数较高,转发器是一个高增益系统,这大大高于通信卫星;出站信号转发器信道发射功率大,并具有自动电平控制功能;L/S 频段赋形天线采用大口径设计,增益高,且对覆盖区有较为严格的要求;信道饱和等效全向辐射功率(EIRP)高;由于与 RNSS 载荷共卫星设计,因此采用高精度原子钟,代替了通信卫星的高温晶振。

3.2.1.7 其他设备

GPS 从 Block ⅡR 卫星开始增加星间链路设备,以提供卫星之间的通信和测距,每个卫星均装有两个星间链路转发器数据单元,采用时分多址的跳频扩频通信系统,工作在 UHF 频段。星间链路实现了卫星间的精密测距与信息传输,是实现卫星自主导航的基础。我国北斗卫星也在北斗三号卫星中增加了星间链路分系统,以支持北斗系统的卫星自主导航。

星间链路设备的主要功能为:实现在轨卫星间的双向精密测距,测距结果送至导航任务处理的自主导航软件进行自主导航处理;实现整星座数据中继与传输功能,包括星间链路测距信息、整星座测控数据中继信息等。

3.2.2 在轨测试内容

导航卫星在轨测试无论作为卫星入轨后的首次测试,还是作为卫星验收交付测试,理论上需要最大包络地对导航卫星各项功能指标与技术状态进行测试评估,力求达到功能指标的最大覆盖性。在实际在轨测试时,与卫星地面测试不同,卫星入轨后,受到星地距离、卫星运动变化、空间环境、测试设备及技术手段、组织实施等多方面因素的制约,不可能完成全部卫星载荷配置下的所有使用要求规定的功能指标测试。在轨测试需要在尽可能短的时间下,开展既全面又不多余的测试评估。在轨测试项目的选择应严格围绕测试目的,以确认卫星功能和性能没有因卫星发射、定点而受到影响,卫星技术状态能够满足提供导航服务的要求,并且所有测试不会对卫星安全产生影响。

导航卫星在轨测试除面向功能指标测试外,另一个重要测试内容是用户使用层

面的测试。从用户使用的角度来说,用户将直接感受导航信号的各项性能,他们更关心自身接收导航信号时的实际性能,以及导航卫星参与用户服务的实际效果,而这一点区别于地面测试。

导航卫星在轨测试的主要内容:

(1) 上行注入接收功能在轨测试,主要包括接收灵敏度与接收范围、抗干扰性能、接收成功率等。

(2) 导航信号产生功能在轨测试,主要包括信号频率、用户接收功率、发射EIRP、信号杂散、信号相关性、星座图、码相位一致性等。

(3) 星上任务处理功能在轨测试,主要包括上行注入信息接收处理正确性、自主生成信息正确性、载荷状态控制执行正确性、自主完好性监测正确性等。

(4) 卫星钟与时频性能在轨测试,主要包括卫星钟的频率准确度、频率稳定度、频率漂移率、工作寿命等性能指标,以及卫星时间同步功能、相位与频率控制功能等。

(5) 北斗卫星 RDSS 载荷在轨测试,主要包括输入输出特性测试、饱和 EIRP 及稳定度测试、饱和通量密度测试、品质因数(G/T)值测试、幅频特性测试、时延稳定性测试及天线波束覆盖区测试。

3.3　在轨测试基本原理

3.3.1　在轨测试原理框图

在轨测试时,卫星与在轨测试设备构成如图 3.7 所示的星地信号发射与接收的测试链路。

卫星在轨测试时,地面在轨测试设备产生上行注入信号向卫星发射,卫星接收后,完成伪码测距与信息解调,上行注入载荷的测距锁定标识、循环冗余校验(CRC)、接收载噪比、伪距测量值等信息通过遥测链路向地面播发。在轨测试中导航信号接收测量设备与信号质量监测设备使用大口径天线接收导航信号,完成导航信号的伪距、载波、多普勒测量及电文解析,同时进行导航信号的数据采集与处理分析,完成导航信号质量测试评估相关测试任务。选择多个测试站以保证导航信号性能测试的准确性,同时各测试站相互验证,避免外部环境因素影响导航信号的性能测量。

3.3.2　卫星钟与时频设备在轨测试

卫星钟与时频设备在轨测试测量数据主要来自无线电双向时间比对测量数据和卫星钟在轨比相测量数据。星地无线电双向时间比对、单向无线电测距(卫星码钟与地面码钟比较),是利用下传的导航信号得到上下行或者下行测距值,来计算卫星

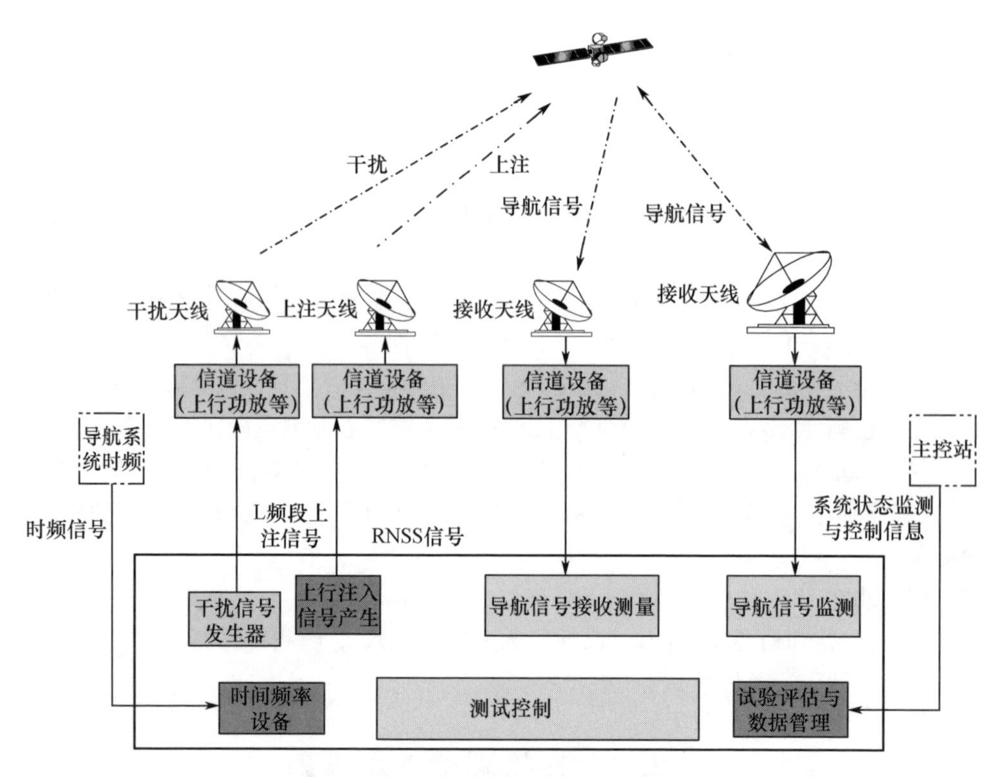

图 3.7　在轨测试链路示意图(见彩图)

钟指标;比相法测量数据使用的是卫星下传的两个 10.23MHz 信号相位差,对应星上相位差数据。

导航系统卫星钟性能评估,主要是评估在轨卫星钟的频率准确度、稳定度、漂移率以及寿命等指标。其中,卫星钟寿命评估主要是通过遥测的铷灯光强数据与铷钟老化曲线进行比对,以评估铷灯寿命;其他几项指标的评估主要是基于比相测量法和星地钟差法完成。按观测模式不同,星地钟差法又包括无线电双向时间比对法、激光双向时间比对法和轨道反算法。其中无线电双向时间比对法相对比较稳定、可靠;轨道反算法易受空间环境及定轨误差影响;激光观测法则受天气影响较大、连续观测时间不长,但这两种方法可作为辅助的比较分析手段。

北斗卫星钟性能评估的数据源主要有 3 类:星地双向时间比对数据、卫星钟在轨比相数据以及基于地面监测网络的轨道钟差综合解算数据。据此可对卫星钟在轨性能进行评估,同时也可以与卫星钟地面真空环境下的测试结果进行综合比对。

3.3.3　北斗 RDSS 载荷在轨测试

北斗 RDSS 载荷主要任务是负责转发地面中心站与用户之间交互的信息。

卫星 RDSS 载荷在轨测试中,地面测试系统 C 频段信号收发设备、S/L 信号收发设备与卫星 RDSS 载荷构成星地信号收发回路,地面测试系统采用单载波信号互发互收的方式对 C/S、L/C 转发器进行测试。测试流程与框图如图 3.8 所示。

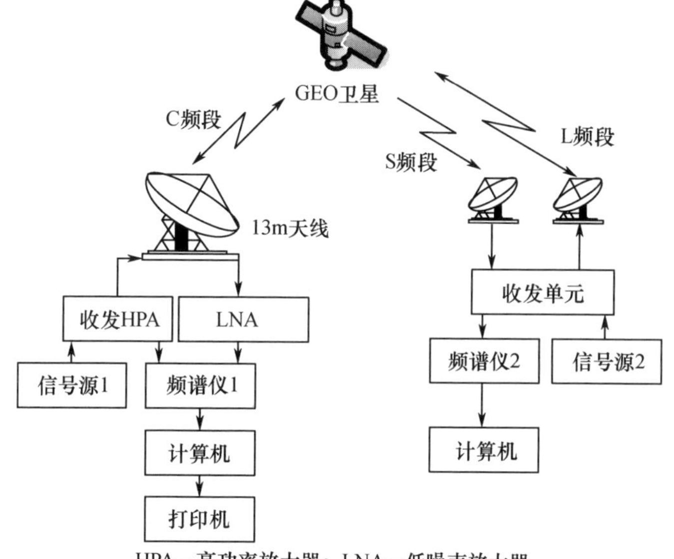

图 3.8　卫星 RDSS 载荷测试流程示意图

地面测试系统 C 频段信号收发设备由信号源、高功率放大器、低噪声放大器、频谱仪、C 频段天线等组成。S/L 信号收发设备由信号源、频谱仪、收发单元及 S/L 天线组成。对于出站信号 C/S 转发器测试，地面测试系统及卫星构建成如下测试链路：地面 C 频段出站单载波信号发射—卫星 C 频段天线接收—卫星 C/S 转发器—卫星 S 频段天线发射—地面 S 频段单载波信号接收。对于入站信号 L/C 转发器测试，地面测试系统及卫星构建成如下测试链路：地面 L 频段入站单载波信号发射—卫星 L 频段天线接收—卫星 L/C 转发器—卫星 C 频段天线发射—地面 C 频段单载波信号接收。通过对单载波信号的测量，完成对卫星 RDSS 载荷的在轨测试。

3.4　在轨测试方法

3.4.1　上行注入接收设备在轨测试

3.4.1.1　上行注入接收灵敏度与电平范围

接收灵敏度和电平范围测试是测量卫星接收地面发送的上行注入信号的最低阈值功率和卫星接收上注信号的电平范围。

地面测试系统设备通过注入天线向卫星发送上行注入信号，先将发射 $EIRP_{ec}$ 调低，使卫星上行接收处于无法正常锁定的状态。以固定步进（通常采用 0.5dB 或 1dB）逐渐增大地面测试系统设备的上行信号发射 $EIRP_{ec}$，直至卫星上行注入接收设备达到信号稳定锁定状态，同时通过卫星上注接收状态信息中的载噪比、电文校验正确性等判据判断上行注入接收与电文解析的稳定性。若在该发射 $EIRP_{ec}$ 值的状态下，上行注入接收设备信号稳定正常，工况状态稳定正确，则此时对应的卫星入口功率 P_{sr} 为接收灵敏度；若不满足以上要求，可继续增大地面测试系统上注信号发射 $EIRP_{ec}$，直至满足指标要求。

接收灵敏度 P_{sr} 数据处理方法为

$$P_{sr} = EIRP_{ec} - L_{cfree} \quad (dB) \tag{3.1}$$

式中：$EIRP_{ec}$ 为在轨测试设备发射 EIRP；L_{cfree} 为在轨测试设备天线至卫星接收天线路径衰减。

上行注入接收灵敏度 P_{sr} 确定的依据为卫星上行注入接收机信号锁定稳定，信息接收满足误码率要求。

测出上行注入接收灵敏度后，地面测试系统设备继续以固定步进增大上行信号发射 $EIRP_{ec}$，观测卫星上注接收状态信息中的接收机锁定状态及载噪比，当接收机出现饱和状态或载噪比测量值已处于卫星饱和状态时，此时为上行注入信号的上限。

上行注入接收电平范围 W 计算公式为

$$W = P_{sr\_max} - P_{sr} \tag{3.2}$$

3.4.1.2 上行注入抗干扰性能

由于卫星在轨条件下干信比实现条件有限，通常抗干扰性能的指标测试在卫星地面测试时进行，卫星在轨状态下，为最大限度提高测试时的干信比条件，抗干扰性能测试在卫星接收灵敏度电平下进行。

地面测试系统设备通过注入天线向卫星发上行注入信号，调整发射 $EIRP_{ec}$，使卫星上行注入接收设备处于灵敏度工作电平状态。干扰信号通过另一部大口径天线向卫星发射，干扰信号类型通常包括单载波、窄带（带宽小于工作带宽 10%）、扫频、脉冲、宽带等信号。

卫星上行注入接收设备接收上行注入信号及干扰信号，设置地面测试系统干信比，初始状态下保持上行注入接收设备处于信号正常锁定的稳定工作状态。以固定步进（通常采用 0.5dB 或 1dB）逐渐增大干扰信号发射功率，当卫星上行注入接收设备出现误码率不满足指标要求、信号失锁或锁定不稳定状态时，此时的干信比为上行注入接收设备的抗干扰门限。

地面测试系统干信比 J/S 计算为

$$\frac{J}{S} = \frac{P_J}{P_S} \tag{3.3}$$

式中：P_J、P_S 分别为干扰信号、上行注入信号的发射功率，可直接利用频谱仪在发射信号电缆末端单独进行测量，测量干扰信号时，关闭上行注入信号，测量上行注入信号时，关闭干扰信号。

通常抗干扰性能测试对干扰阈值的评估包括干扰失锁与干扰锁定两种。干扰失锁是指在上行注入信号正常锁定的状态下，施加外部干扰信号，以上行注入信号恰好开始失锁时的干信比为干扰阈值；干扰锁定是指上行注入信号未开启，而外部干扰信号已存在的前提下，以上行注入信号恰好开始无法锁定时的干信比为干扰阈值。

3.4.1.3　上行注入接收成功率

接收误码率测试的基本方法是采用专用的误码率测试信息模板，将发射端信息源与接收端信息进行直接比对，进行误码率统计。导航卫星在地面测试时，可通过上行注入接收设备的串口将提取接收信息，与地面测试设备发端的信息进行直接比对，实现误码率的统计测试。

地面测试设备向卫星发送上行注入信息，上行注入载荷接收上注信息，并完成信息正确性校验，接收信息的帧计数与校验结果通过遥测信息向地面播发。地面测试设备将卫星遥测下传的帧计数与发射的帧计数进行比对，同时核查每一上注信息帧的校验结果正确性，通过帧计数的匹配性与校验结果的正确性对上行注入接收设备的信息接收成功率及误码率性能进行评估。

地面在轨测试设备向卫星连续发送上行注入信息，卫星上行注入载荷接收上注信息，并完成 CRC 正确性校验，记录在轨测试设备发射的帧号，并通过卫星下传的帧号及对应 CRC 情况评判卫星上行注入载荷接收信息的正确性。

注入信息接收成功率为

$$p = \frac{R_s}{T_n} \tag{3.4}$$

式中：R_s 为上行注入载荷 CRC 正确率；T_n 为测试时间。

3.4.2　导航信号产生设备在轨测试

3.4.2.1　信号频率

导航信号的频率准确度反映了信号实际频率值与标称频率值的相对偏差，是衡量卫星钟性能及出现异常的主要依据，通常用频率输出的实际值与标称值之间的相对误差 A 表示：

$$A = \frac{f - f_0}{f_0} \tag{3.5}$$

式中：f 为信号实际频率值；f_0 为信号标称频率值。

使用大天线接收信号，接入高性能频谱仪或者使用专用设备获取信号频谱，测量信号频谱尖峰的频率值。由于卫星和地面之间存在多普勒频移，使用该方法无法直接获取导航信号中心频率的测量值。通常采取的方法是事后利用精密定轨结果计算信号在当前时刻的多普勒值，并将其用于校准中心频率测量值，校准后的频率测量值就是所要得到的中心频率测量值。

为方便数据分析，一般设置播发与导航信号中心频点相同的单载波信号。校准后的测量结果与标称值比较，并记录偏移量，检查是否超限。

3.4.2.2 用户接收功率

用户接收功率是从用户接收角度对导航信号发射能力监测评估的重要参数，主要指用户采用全向，零增益天线接收卫星发射信号的接收功率，以及不同支路信号功率比。导航信号经过空间长距离的传输后，功率已很低（信号功率约为 -163dBW），用户在进行定位、授时等服务时，必须实现在低信号情况下的接收解调与测距。导航卫星多采用阵列天线，可实现导航信号良好的覆球性能，使用户在地球任何可视角度接收卫星信号时，信号功率都比较均匀，不会出现明显的变化。

用户接收功率可采用三种方法进行：数字信号相关估计、仪器测量、单载波测量。

1）数字信号相关估计

导航信号为扩频信号体制宽带信号，因此可以采用对数字信号相关估计的方法测量用户接收功率。

接收终端对中频接收信号进行中频数字化采样，数字下变频，本地伪码相关积累，将相关积累结果运算送后续的信号处理，进行信号捕获、跟踪、解调等处理。

其工作流程框图如图 3.9 所示。

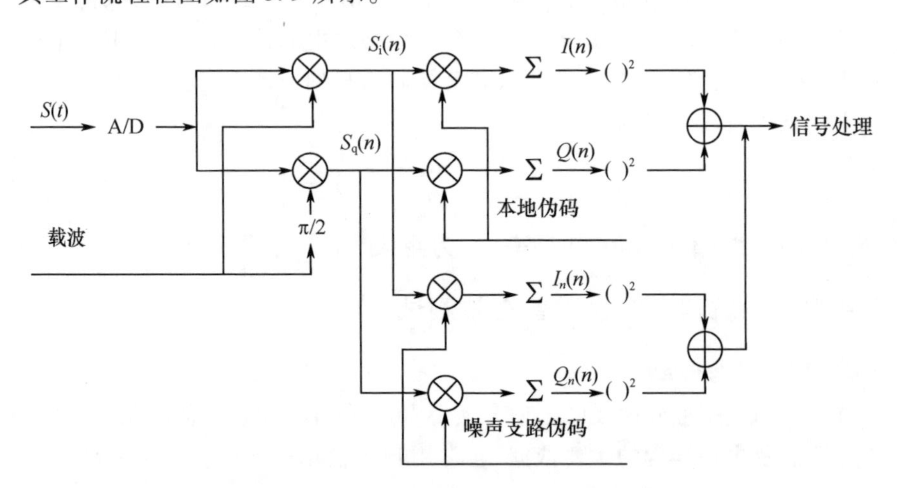

图 3.9 相关估计法测量导航信号用户接收功率

对于接收终端，输入的中频信号可表示为

$$S(t)=A_{\mathrm{IF}}D(t-\tau)C(t-\tau)\cos(\omega t+\theta) \tag{3.6}$$

式中：A_{IF}为信号幅度电平；$D(t)$为调制在载波上的数据码；$C(t)$为扩频码；τ 为信号的传播时延；ω 为中频信号角频率；θ 为中频信号初相。

接收终端对输入的中频信号 $S(t)$ 进行采样和数字下变频，经过低通滤波后，得到 I、Q 两路正交的信号为

$$\begin{cases} S_{\mathrm{i}}(n) = \dfrac{A_{\mathrm{IF}}}{2} D(nT_{\mathrm{s}} - \tau) C(nT_{\mathrm{s}} - \tau) \cos(\omega_{\mathrm{e}} + \theta_{\mathrm{e}}) \\ S_{\mathrm{q}}(n) = \dfrac{A_{\mathrm{IF}}}{2} D(nT_{\mathrm{s}} - \tau) C(nT_{\mathrm{s}} - \tau) \sin(\omega_{\mathrm{e}} + \theta_{\mathrm{e}}) \end{cases} \tag{3.7}$$

式中：ω_{e} 为信号载波与本地载波间的残余角频率偏差；θ_{e} 为信号载波与本地载波间的残余相差；T_{s} 为信号采样频率。

式(3.7)中的信号与本地产生的伪码进行相关积累，累加过程中 $D(nT_{\mathrm{s}} - \tau)$ 为常数，用 D 表示，得到 I、Q 支路输出为

$$\begin{cases} I(n) = \dfrac{A_{\mathrm{IF}}}{2} D \sum C(nT_{\mathrm{s}} - \tau) C(nT_{\mathrm{s}} - \hat{\tau}) \cos(\omega_{\mathrm{e}} n + \theta_{\mathrm{e}}) \\ Q(n) = \dfrac{A_{\mathrm{IF}}}{2} D \sum C(nT_{\mathrm{s}} - \tau) C(nT_{\mathrm{s}} - \hat{\tau}) \sin(\omega_{\mathrm{e}} n + \theta_{\mathrm{e}}) \end{cases} \tag{3.8}$$

式中：$C(nT_{\mathrm{s}} - \tau)$ 为接收信号伪码；$C(nT_{\mathrm{s}} - \hat{\tau})$ 为本地伪码。

将式(3.8)中的累加化为积分的形式简化得

$$\begin{cases} I(n) = \dfrac{A_{\mathrm{IF}}}{2} D R_{\mathrm{c}}(\tau) \mathrm{sinc}(\pi f T_{\mathrm{i}}) \cos(\omega_{\mathrm{e}} n + \theta_{\mathrm{e}}) \\ Q(n) = \dfrac{A_{\mathrm{IF}}}{2} D R_{\mathrm{c}}(\tau) \mathrm{sinc}(\pi f T_{\mathrm{i}}) \sin(\omega_{\mathrm{e}} n + \theta_{\mathrm{e}}) \end{cases} \tag{3.9}$$

式中：f 为信号载波与本地载波间的频率偏差；T_{i} 为累加时间长度；$R_{\mathrm{c}}(\tau)$ 为本地伪码与接收信号伪码的相关值。

对 I、Q 支路的相干积分值进行平方后相加，得到下式：

$$I^2(n) + Q^2(n) = \left[\frac{A_{\mathrm{IF}}}{2} \frac{T_{\mathrm{i}}}{T_{\mathrm{s}}} R_{\mathrm{c}}(\tau) \mathrm{sinc}(\pi f T_{\mathrm{i}}) \right]^2 \tag{3.10}$$

通过式(3.10)可以看出相干积分结果与伪码频率误差和伪随机噪声(PRN)码相位有关。当本地伪码相位与输入信号伪码相位完全同步时，完成伪码环路锁定；当本地载波相位与信号载波相位完全同步时，完成载波环路锁定；当载波环和码环达到跟踪状态时，相关累加器输出保持在最大值附近，有

$$I^2(n) + Q^2(n) = \left(\frac{A_{\mathrm{IF}}}{2} \frac{T_{\mathrm{i}}}{T_{\mathrm{s}}} \right)^2 \tag{3.11}$$

可见，此时输出的相干累加平方和反映了信号的功率。

2）仪器测量

仪器测量与数字相关估计方法基本相同，目前多数高性能频谱分析仪(如 Agilent E4440A 系列)均具备较高精度的宽带信号功率测量功能。利用频谱仪进行接收功率估计，需要更高的信噪比要求，随着信噪比的降低，接收功率估计偏差将逐渐增大。同时仪器测量还需要较好的信号环境，由于不能分离有用带宽内的干扰信号，功率估计将会出现严重偏差。基于以上原因，仪器测量方法仅能作为参考或粗测，不能

达到导航信号质量监测与评估的实际要求。

3）单载波测量

导航卫星具备导航信号单载波与扩频两种体制的切换功能，在专门测试任务实施过程中，可切换为单载波信号进行 EIRP 及用户接收电平测量。单载波测量时，直接利用频谱仪接收测量大口径天线后端的单载波信号。单载波测量相对而言简单明了，但也存在不足：①单载波信号更能反映导航信号的 EIRP 性能，由于在扩频过程中，部分功率被分散到有效带宽以外，同时还存在功率泄露等问题，因此用户实际接收电平将低于单载波条件下的测量结果；②单载波为测试状态，不具备长期监测的条件。

前面已介绍说明，用户接收功率主要指用户采用各向相同，零增益天线接收卫星发射信号的接收功率。无论是采用数字信号相关估计方法，还是仪器测量，为达到测量的准确性，需要较高的信号接收功率。在实际测量中，多采用大口径天线以达到信号功率放大的目的。因此，得到最终用户接收功率 P_r 测量结果，需要扣除接收链路增益带来的贡献，具体公式为

$$P_r = P_{rs} - G_{Lan} - G_{an} + L_r \quad (\mathrm{dB}) \tag{3.12}$$

式中：P_{rs}为接收机或仪器测量的信号功率；G_{Lan}为接收低噪声放大器增益；G_{an}为接收天线增益；L_r 为接收链路电缆损耗。

3.4.2.3 发射 EIRP

得到用户接收功率 P_r，扣除空间信号传输损耗，即得到卫星发射信号：

$$\mathrm{EIRP}_s = P_r - L_{free} \quad (\mathrm{dB}) \tag{3.13}$$

式中：L_{free}为导航信号空间链路损耗。计算方法为

$$L_{free} = 20\lg\left(\frac{4\pi D}{\lambda}\right) \quad (\mathrm{dB}) \tag{3.14}$$

式中：D 为测试天线距卫星空间距离；λ 为传输信号波长。

利用测试得到的信号接收功率，扣除空间传播损耗，折算出 EIRP_s。

3.4.2.4 信号杂散

导航信号的杂散发射指的是在必要带宽之外的某个或某些频率的发射，其发射电平要尽可能低而不致影响相应信息传输。它包括谐波发射，寄生发射，互调产物及变频产物。杂散发射的表示方法有两种，一种是绝对电平表示法，它是以“mW”或“W”表示的杂散发射的平均功率或波峰包络功率。另一种表示方法为相对电平表示法，它是以分贝表示的杂散发射平均功率或波峰包络功率相对于发射波峰包络功率的衰减量。

使用大天线接收信号，接入高性能频谱仪或者使用专用设备获取信号功率谱，测量信号频谱尖峰的功率值和频谱尖峰之外的次峰功率值。由于卫星和地面之间存在多普勒频移，需要利用精密定轨结果计算信号在当前时刻的多普勒值，并将之用于校

准中心频率测量值,校准后的频率测量值就是所要得到的中心频率测量值,同时对次峰功率值进行校正。校正后的次峰功率值即为杂波。

3.4.2.5　信号相关性

相关函数是指下行导航信号接收码与本地恢复码的相关特性函数,以相关值曲线表征。相关函数的计算公式为

$$R(\tau) = \frac{1}{NT}\sum_{i=0}^{NT} C_{\mathrm{r}}(t)C_{\mathrm{p}}(t) = \frac{1}{NT}\sum_{i=0}^{NT} C_{\mathrm{r}}(t)C_{\mathrm{r}}(t+\tau) \tag{3.15}$$

式中:$C_{\mathrm{r}}(t)$为下行导航信号接收码序列;$C_{\mathrm{p}}(t)$为码跟踪环即时支路的本地恢复码序列,等同于延迟τ后的$C_{\mathrm{r}}(t)$;T为伪码周期;N为伪码周期数(正整数)。

理论上,在±1个码片内,相关函数的主峰是一个左右对称的三角峰,1个码片之外,其值均为零或者非常小。但实际中,相关函数主峰不再是一个完美的三角峰,会出现尖峰平滑、曲线不光滑、不对称、平顶、偏移等现象,这可能是因为受到星上伪码码片变形、伪码序列叠加振铃信号、多径效应、接收机滤波器等因素的影响导致。由于接收机是通过相关来实现测距和解调的,相关峰的畸变必然影响码跟踪环参数的调整,从而导致伪距偏离理想情况。

自相关峰测试主要采用多相关器技术,在信号跟踪过程中复现信号的自相关峰。主要原理为:传统接收机跟踪通道中只有超前、即时与滞后三个相关器,通过动态调整使得超前通道与滞后通道输出相等,从而实现电文的解调。多相关器技术是在以上三个相关器的基础上,又加入N对超前与滞后相关器,这些相关器与跟踪过程中所用的超前与滞后相关器保持固定的码间距,则在跟踪过程中,每一时刻,各个相关器输出的值就构成了接收信号的相关峰。由于信号中存在噪声与干扰,使得采样后的相关值有抖动现象,因此应采用平滑技术对采样数据进行处理。最后,判断处理后的数据对称性与平滑性,从而判定相关峰是否出现异常。

相关曲线主峰观察比对是以图形的直观形式来恢复相关曲线,并与理想曲线比对,通过观察相关曲线的确定性和对称性是否被破坏来判断导航信号是否发生形变。

以与接收码的相位延迟为横坐标,相关值为纵坐标,将各时刻相关值以图的形式显示出来,形成相关曲线,观察相关曲线是否出现偏移、尖峰平滑、平顶、多相关峰、曲线不光滑、曲线不对称等现象。如果相关曲线出现明显的偏移、尖峰平滑、平顶、多相关峰、曲线不光滑、曲线不对称等现象,则判定为信号异常。

相关损耗是指在相关处理中有用信号功率相对于所接收信号的全部可用功率的损耗,主要由两个原因引起:①同一载频上复用了多个信号分量;②由于信道限带和失真所致。相关损耗可以表示为

$$P_{\mathrm{CCF}}[\mathrm{dB}] = \max_{c}(20\lg(|\mathrm{CCF}(\varepsilon)|)) \tag{3.16}$$

$$\mathrm{CL}_{\mathrm{Distortion}}[\mathrm{dB}] = P_{\mathrm{CCF,Ideal-input}}[\mathrm{dB}] - P_{\mathrm{CCF,Real-input}}[\mathrm{dB}] \tag{3.17}$$

式中:CCF是接收码与对接收本地理想码序列参考信号的归一化互相关,接收码为

去除多普勒后的基带信号分量,如下式:

$$\mathrm{CCF}(\varepsilon) = \frac{\int_0^{T_p} S_{\mathrm{BB-PreProc}}(t) S_{\mathrm{Ref}}(t-\varepsilon)\mathrm{d}t}{\sqrt{\left(\int_0^{T_p} |S_{\mathrm{BB-PreProc}}(t)|^2 \mathrm{d}t\right)\left(\int_0^{T_p} |S_{\mathrm{Ref}}(t)|^2 \mathrm{d}t\right)}} \tag{3.18}$$

式中:$S_{\mathrm{BB-PreProc}}(t)$表示累加平均处理后的基带信号;参考信号 $S_{\mathrm{Ref}}(t)$表示本地接收机产生的理想基带复制码信号;积分时间 T_p 通常对应参考信号的主码周期。综上,相关损耗测试基本流程如下:

(1) 接收目标卫星的导航信号,使接收机载波环处于跟踪锁定状态;

(2) 使用载波环输出的累加平均的基带信号和本地码计算 CCF;

(3) 根据 CCF 计算 P_{CCF};

(4) 根据 P_{CCF}计算 $\mathrm{CL}_{\mathrm{Distortion}}$;

(5) 评估 $\mathrm{CL}_{\mathrm{Distortion}}$是否超限。

3.4.2.6 星座图

星座图是将数字信号在复平面内表示,直观地表示出信号以及信号之间的相互关系的图示,用于分析信号调制域特性,并计算信号正交调制参数。星座图需经过去除多普勒影响。已调制的带通数字信号 $S(t)$可以用其等效低通形式 $S_1(t)$表示。一般地,等效低通信号可表示为复数形式:

$$S_1(t) = x(t) + \mathrm{j}y(t) \tag{3.19}$$

带通信号 $S(t)$可以通过将 $S_1(t)$乘以载波再取实部得到,即

$$S(t) = \mathrm{Re}[S_1(t) \cdot \exp(\mathrm{j} \cdot 2\pi f_c t)] = x(t) \cdot \cos(2\pi f_c t) - y(t)\sin(2\pi f_c t) \tag{3.20}$$

因此,$S(t)$的实部可以看作是对余弦信号的幅度调制,其虚部可以看作是对正弦信号的幅度调制。$\cos(2\pi f_c t)$与 $\sin(2\pi f_c t)$正交,因此 $x(t)$和 $y(t)$是 $S(t)$上相互正交的分量。

接收卫星的导航信号,使接收机载波环处于跟踪锁定状态;将去载波和多普勒频率后的信号(包含伪码和数据)以星座图形式显示;检查星座图分布是否满足理论分布特征,各星座点分布是否集中。

3.4.2.7 码相位一致性

信号码相位一致性是指同一卫星发射的同一调制方式导航信号的不同支路伪码序列的码相位对齐程度,即同一导航信号不同支路伪码序列中代表同一时间的码片的对齐程度。

在设计上,同一卫星同一导航信号不同支路的伪码序列是严格对齐的,不同伪码序列的对应码片所代表的时间完全一致。如果星上器件发生故障,就可能导致同一导航信号不同支路伪码序列码相位未对齐,必然使通过不同支路伪码序列获得的伪

距测量值不一致。

同频点信号间相位一致性监测只需对同频点两个信号的测量伪距进行比较就可以了。

信号码相位一致性的监测和评估可以采用两种方法：①基于伪距测量值的数学处理方法，由信号质量监测接收机自主完成；②观察比对法，通过使用通用仪器实现。

（1）基于伪距测量值的数据处理方法：以数学处理方法来监测和评估信号码相位一致性是通过比对同一信号不同支路伪距测量值来实现，以两支路伪距测量值之差的统计平均来表征。

接收目标卫星的导航信号，使接收机载波环和码环处于跟踪锁定状态。按采样间隔输出载波相位测量值 $\rho_1(k)$ 和 $\rho_2(k)$。按同一历元产生不同支路的伪距测量差 $\Delta\Phi_{ij}(t)$。统计伪距测量差值的均值和均方差，判断是否存在超限。

（2）观察比对法：使用大口径天线接收卫星导航信号，进入信号接收机；信号接收机输出同一信号的不同支路伪码序列，同时接入到高速示波器；高速示波器同时显示同一信号的不同支路伪码序列，以某一个伪码序列的上升沿为基准，比对其他伪码序列的上升沿或下降沿与该基准伪码序列的上升沿的对齐程度，记录偏移量；评估偏移量是否超限。

3.4.3 星上任务处理机在轨测试

3.4.3.1 上行注入信息接收处理正确性

上行注入信息接收处理正确性测试是验证卫星接收地面发送的上行注入信息，完成注入信息解析、存储、编排、组帧，产生导航信息的正确性。

地面测试系统设备通过注入天线向卫星发送上行注入信号，依据星地 ICD 接口要求的上行注入信息类型，分别产生上行注入信息，包括：本星基本导航信息、星历信息、时间同步信息等。卫星星载信息处理完成上行注入信息的接收处理后，产生导航信号向地面播发。地面测试系统接收导航信号，完成导航电文的解析，将导航电文信息与上行注入信息进行比对，评估上行注入信息及启用时间的正确性。

上行注入信息接收处理正确性测试需要进行可靠性考核，测试实施时，按照上行注入信息的工作流程状态进行连续注入，时间不少于在轨卫星的一个回归周期。

3.4.3.2 自主生成信息正确性

导航电文信息主要为地面控制段上行注入的信息，此外还包括一些卫星自主生成的状态信息，主要包括周计数、周内秒计数、帧计数及其他与卫星工作状态相关的标识信息。

地面测试系统从导航电文中提取卫星自主生成信息，一是通过长期监测评估周计数、周内秒计数、帧计数等信息的正确性，二是通过改变卫星工作状态评估相应的状态标识信息。

3.4.3.3 载荷状态控制指令执行正确性

导航卫星载荷状态控制主要包括伪码生成器参数、功率调整、单载波/调制信号切换等。

本项测试时，地面测试系统根据星地 ICD 协议，逐一向卫星发载荷状态控制指令，通过卫星下传的工作状态信息评估指令执行的正确性。

3.4.3.4 卫星自主完好性功能

卫星自主完好性功能测试是检验卫星在异常情况下是否能及时正确地生成自主完好性信息，并向地面播发。

卫星根据遥控指令更换卫星状态或人为制造异常，在轨测试系统接收卫星播发的完好性监测信息，判断是否真实反映卫星实际完好性性能。

在轨测试系统发送卫星钟调相或卫星钟调频控制指令，造成卫星钟短时不可用，卫星自主进行完好性判断，在下行导航电文中播发完好性监测信息。在轨测试系统接收解调，考核卫星自主完好性监测功能。

3.4.4 卫星钟与时频设备在轨测试

3.4.4.1 频率准确度

频率准确度描述频率源输出的实际频率值与其标称频率定义值的符合程度，频率准确度可表示为

$$A = \frac{\bar{f} - f_0}{f_0} \tag{3.21}$$

式中：$\bar{f}$为频率源输出的实际频率平均值；f_0 为标称频率的定义值。

对于在轨卫星的星载钟频率准确度评估，因无法直接测量频率，通常采用地面获取的星地时差比对测量数据来评估其频率准确度。选取一组星地时差比对测量数据 x_i，x_i 的观测间隔为 T（两次观测量的时间间隔通常为 1s），利用下面的公式计算时间间隔为 T 的频率偏差 K_T，即频率准确度：

$$K_T = \frac{\sum_{i=1}^{N}(x_i - \bar{x})(t_i - \bar{t})}{\sum_{i=1}^{N}(t_i - \bar{t})^2} \tag{3.22}$$

式中：t_i 为取样时序，$t_i = 1,2,3,\cdots,N$，N 为取样个数；x_i 为被测星载钟相对于参考基准的时差观测值；$\bar{x} = \frac{1}{N}\sum_{i=1}^{N} x_i$；$\bar{t} = \frac{1}{N}\sum_{i=1}^{N} t_i$。

3.4.4.2 频率稳定度

频率稳定度描述频率源输出频率的随机起伏程度，一般采用 Allan 方差或 Hadamard 方差表达，为提高计算结果的置信度，可采用重叠 Allan 方差和重叠 Hadamard 方差。

对于星载钟的频率稳定度评估来说，采用常用的重叠 Allan 方差表达。对于时差序列$\{x_i\}$，数据个数为N，数据采样间隔为τ_0，方差计算平均取样时间间隔为$\tau = m \times \tau_0$，则时间间隔为τ的重叠 Allan 方差具体计算公式为

$$\sigma_y^2(\tau) = \frac{1}{2\tau^2(N-2m)} \sum_{i=1}^{N-2m} [x_{i+2m} - 2x_{i+m} + x_i]^2 \tag{3.23}$$

一般采用 Allan 方差的平方根形式$\sigma_y(\tau)$表示频率稳定度。

基于星地无线电双向钟差数据，通过 10 天以上数据计算扣除漂移 Allan 方差的结果，评价卫星钟稳定度性能。

3.4.4.3 频率漂移率

频率漂移率指频率源输出的频率值随时间单调变化的线性率，若单位时间为日，则为日漂移率。

对于星载钟的漂移率指标评估来说，实际计算过程中，先采用星地时差比对测量数据按采样间隔τ计算星载钟的相对频率偏差值，即

$$y_i = \frac{x(t_i+\tau) - x(t_i)}{\tau} \tag{3.24}$$

然后，按取样周期为 1 天，应用最小二乘法可求得日漂移率D，具体计算公式为

$$D = \frac{\sum_{i=1}^{N} (y_i - \bar{y})(t_i - \bar{t})}{\sum_{i=1}^{N} (t_i - \bar{t})^2} \tag{3.25}$$

式中

$$\bar{y} = \frac{1}{N}\sum_{i=1}^{N} y_i, \quad \bar{t} = \frac{1}{N}\sum_{i=1}^{N} t_i$$

基于星地无线电双向钟差数据，通过 10 天以上数据二阶多项式模型拟合得到结果。

3.4.4.4 铷钟工作寿命

目前国际公认铷灯是影响铷钟寿命的最重要因素，当铷与灯壁玻璃材料发生化学和物理反应而消耗殆尽时，铷灯发光由以铷原子为主变为以惰性气体为主，标志着铷钟寿命的结束。因此在已知光强门限值的情况下，根据拟合的光强与时间关系函数式，可以估算出铷灯的最长寿命。

因此记录每天的平均光强值，拟合出光强随时间的变化规律并与铷钟的老化漂移拟合曲线相对应。另外，铷信号用于表征铷钟微波共振吸收强弱。当信号强度低于某一数值时，环路将不能锁定，表明铷钟已出现功能性故障。因此，可以通过对铷信号强度的记录及每天平均值随时间变化的曲线进行拟合，评估铷钟的工作寿命。

通常，光强 V 随时间 t 的变化趋势如图 3.10 所示。铷灯在 $t_0 \sim t_1$ 时间段内处于初始老化区，光强变化较快；从 t_1 开始直到 t_2 时间段内光强处于稳定区，变化较小；从 t_2 开始铷灯进入寿命末期，光强快速衰减，直至 t_3 铷耗尽不再发光为止。该曲线可以用下式拟合：

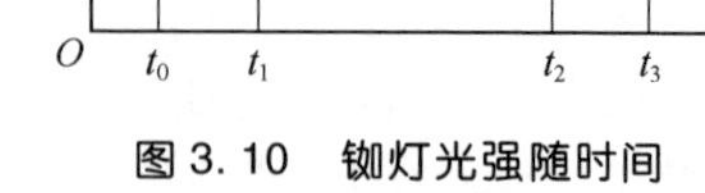

图 3.10　铷灯光强随时间变化趋势图

$$V = Ae^{-t/\tau_1} + B + Ce^{t/\tau_2} \tag{3.26}$$

式中：A 为起始光强；B 为稳态光强；C 为末期光强；τ_1 为铷灯初始老化时间常数；τ_2 为铷灯寿命衰减时间常数。经验上，τ_1 一般为数月时间，τ_2 为数年时间。

根据图 3.10 和式(3.26)可以估算星载铷原子钟的寿命。除指数模型外，对于数据采样较少的情况，也可用线性模型或二次多项式模型对铷钟寿命进行预估，相比较而言，线性模型的预估结果比较保守，指数模型相对乐观[6]。

3.4.4.5　卫星时间初同步功能

卫星时间初同步是指卫星时间与导航系统时间进行同步的功能。导航系统时间由地面控制段进行维持，因此卫星时间初同步就是完成卫星时间与地面控制段保持的导航系统时间的同步。卫星时间初同步发生在卫星载荷开机状态，或者卫星时间出现异常时，包括自主初同步与指令初同步。自主初同步发生在卫星开机或时间维持设备重新复位的情况下，卫星根据地面控制段上行注入信息中的时间信息完成自主初同步；指令初同步是由地面控制段发起，通过上行控制指令强制进行卫星时间初同步。

卫星载荷处于关机状态，地面测试设备向卫星发上行注入信号，载荷开机后接收地面上行注入信号，卫星依据从上行注入信息中提取的时间信息实现自主初同步，从卫星下行导航电文中提取卫星发播的周计数和周内秒计数，与系统时间进行比对，判断卫星是否完成时间同步。进行星地钟差测量计算，评估卫星自主初同步的同步精度。地面控制段向卫星发时间维持设备复位操作指令，用相同方法进行卫星时间维持设备复位后的自主初同步功能测试。

进行指令初同步测试时，地面测试设备向卫星发时间初同步控制指令，卫星接收控制指令，完成初同步，同样通过导航电文中的周计数和周内秒计数判断卫星是否完成时间同步，以及通过星地钟差测量计算，评估初同步的精度。

3.4.4.6　时频信号相位与频率控制

星载原子钟与系统原子钟存在的漂移，必然引起卫星时间与系统时间出现缓慢漂移，随着时间累计，漂移引起的偏差将逐渐增大，导航卫星时频进行相位与频率控制是进行在轨卫星时间调整的必要手段。相位控制可实现星地时间的大幅度调整，通常情况下，当星地钟差接近 1ms 时就需要通过相位控制进行星地钟差偏移量的修

正。频率控制可实现星地时间的缓慢调整,通过加快或减缓卫星频率的方法,实现星地钟差偏移量的缓慢修正。

地面测试设备向卫星发时频信号相位控制指令,卫星接收控制指令,完成对时频信号的相位调整,效果通过三个方面进行评估:卫星将通过载荷工况信息显示相位控制指令是否收到,以及是否正确执行;相位控制将引起卫星下行导航信号测距值的变化,变化幅度应与相位调整量相同,通过导航信号测量伪距值的变化判断相位控制效果;相位控制目标是实现星地钟差的修正,通过星地钟差测量计算,可精确评估卫星时频信号相位控制的精度。

本项目统计数据:调相指令设置的相位调整量,卫星上行注入载荷伪距测量值,导航信号伪距测量值。

结果表示:卫星相位调整量 $\Delta\tau$。

卫星相位调整量 $\Delta\tau$ 计算方法为

$$\Delta\tau = \pm(\rho'_T - \rho_T) \tag{3.27}$$

式中:T 为卫星钟切换时刻;ρ'_T为卫星调相后的测距测量值在 T 时刻的拟合值;ρ_T 为卫星调相前的测距测量值在 T 时刻的拟合值。

本项测试时,ρ 可以选取卫星上行注入载荷测距值,也可选用地面接收到导航信号任一支路的测距值,选取上行注入载荷测距值时,公式中取“+”,选取地面测距值时,公式中取“-”。

伪距测量值受卫星动态及钟差漂移的影响会产生漂移,因此需要选取调相指令执行前后秒时刻的测距值,即调相执行时刻为 T,测距值选取 $T-1$ 和 $T+1$ 时刻的测距值。而在实际测试时,调相指令会引起伪距测量的中断,测距值恢复需要一段时间,因此伪距值处理时,选用利用一段时间的伪距值进行拟合,选取 T 时刻的测距值进行处理计算。

时频信号频率控制指令测试方法与相位控制指令方法相同,在执行效果评估上工况判读的方法同样有效,但精度评估存在很大区别。时频信号频率的变化不会引起导航信号测量伪距值的明显变化,需要通过频率变化量的测量进行效果评估,该变化量可通过卫星主、备钟时频信号相位实时测量结果计算得到。

卫星频率调整量 Δf 计算方法为

$$\Delta f = 10.23 \times 10^6 (\Delta\varphi' - \Delta\varphi) \quad (\text{Hz}) \tag{3.28}$$

式中:$\Delta\varphi'$为调频指令执行后主、备钟前后每秒的相位差测量值的差值;$\Delta\varphi$ 为调频指令执行前主、备钟前后每秒的相位差测量值的差值,$\Delta\varphi$ 计算方法为

$$\Delta\varphi = \tau_{i+1} - \tau_i \tag{3.29}$$

式中:τ_{i+1}为第 $i+1$ 秒的主、备钟相位差测量值;τ_i 为第 i 秒的主、备钟相位差测量值。

本项测试时,10.23×10^6 为卫星钟的基准频率,是进行比相测量的频率值。

3.4.5 北斗 RDSS 载荷在轨测试

3.4.5.1 输入输出特性测试

输入输出特性是指转发器在可用频段中心频率上输出功率随输入功率变化的曲线,体现了输出功率随输入功率一一对应变化的关系。输入输出曲线可以直观地反映地面发射功率对应的转发器工作线性区和饱和区,将直接应用于地面中心站未来的实际工作中,用于确定地面发射功率的 EIRP 值[7]。

输入输出特性测试框图如图 3.11 所示。

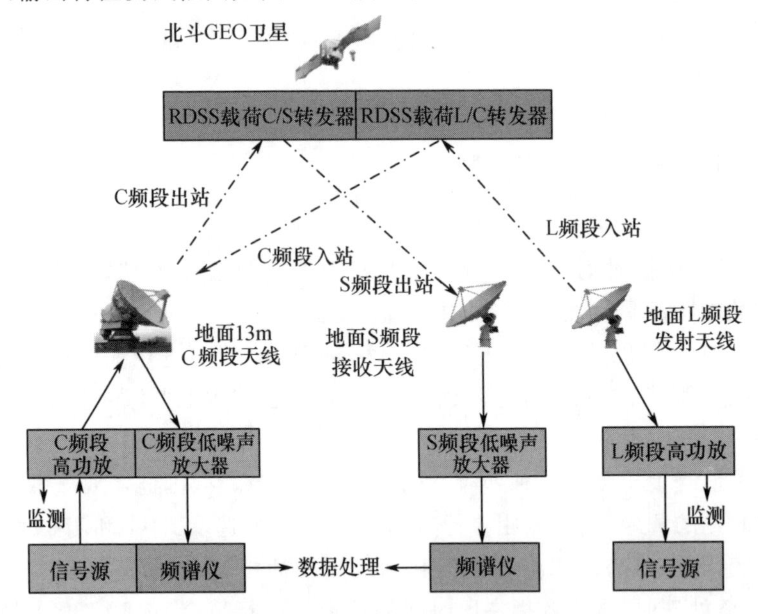

图 3.11 输入输出特性测试框图(见彩图)

定位转发器输入输出特性测试在单载波信号下进行,测试点选取定位转发器输出饱和点退 10dB 开始,饱和点可通过卫星地面测试数据获取。为进行定位转发器饱和点测试,地面发射功率应满足定位转发器退饱和的能力,需要配置高增益大口径天线及高功放。地面信号源通过大口径天线发射 C 频段上行单载波信号,在 C/S 定位转发器服务中心地区,利用天线接收卫星转发的 S 频段单载波信号,并测量信号功率。控制信号源逐步增大发射功率,观察频谱仪接收电平,直至卫星 C/S 转发器处于饱和状态,根据测试数据绘制 C/S 转发器输入输出特性图。用相同方法进行 L/C 转发器在不同增益档下的输入输出特性测试。

1) 转发器功率饱和点

当输入功率逐渐增大到某点,使输出功率不能增大(指行波管功率放大器)或被压缩了 1dB(指固态功率放大器(SSPA))时,称该点为饱和功率点。对于行波管放大器,当上行发射功率增大至转发器输出功率不再增大,或反而减小时,此时为转发器

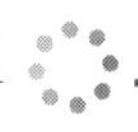

饱和点。对于固态功率放大器,转发器饱和点确定为1dB压缩点,具体确定方法如图3.12所示。

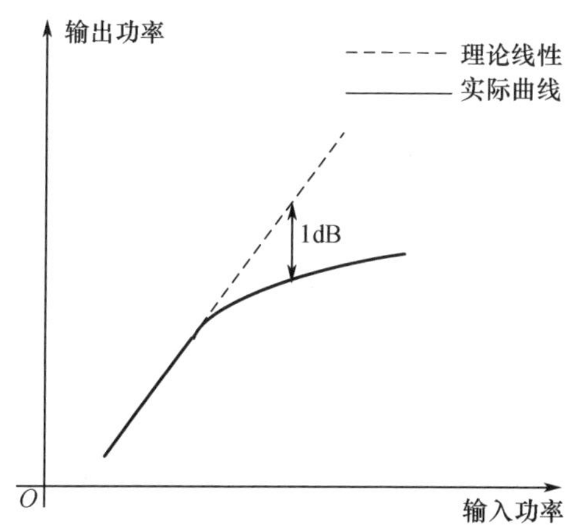

图3.12 转发器1dB压缩饱和点示意图(见彩图)

2)计算卫星转发器输入功率

卫星转发器输入功率为

$$P_{sr} = \mathrm{EIRP}_{ec} - L_{cfree} \quad (\mathrm{dB}) \tag{3.30}$$

$$\mathrm{EIRP}_{ec} = P_{Amp} + G_{an} - L_{ee} \quad (\mathrm{dB}) \tag{3.31}$$

式中:EIRP_{ec}为地面发射C频段功率;P_{Amp}为C频段功放输出功率;G_{an}为13m C频段天线增益;L_{ee}为地面功放至天线端链路损耗;L_{cfree}为C频段出站信号上行空间链路损耗。

3)计算卫星转发器输出功率

利用频谱仪在地面站S频段天线低噪声放大器后端接收测量卫星转发的S频段单载波信号功率P_{rs},并推算卫星转发器发射的EIRP_{ss}:

$$\mathrm{EIRP}_{ss} = R_{rs} - G_{sLan} - G_{ans} + L_{er} + L_{sfree} \quad (\mathrm{dB}) \tag{3.32}$$

式中:P_{rs}为频谱仪接收S频段功率;G_{sLan}为S频段低噪声放大器增益;G_{ans}为地面S频段天线接收增益;L_{er}为接收链路中电缆损耗;L_{sfree}为S频段出站信号空间链路损耗。

L(损耗)用下面的方法计算:

地球站与卫星之间径向距离计算为

$$d = [R^2 + (R+H)^2 - 2R(R+H)\cos(\lambda_1 - \lambda_2)\cos(\psi_1 - \psi_2)]^{1/2} \tag{3.33}$$

式中:R为地球半径(m);H为卫星到地球最近距离(m);ψ_1、ψ_2分别为卫星、地球站纬度(°);λ_1、λ_2分别为卫星、地球站经度(°)。

传输损耗计算:

$$L_{ta} = L_{fd} + L_{ad} + L_p + L_e \tag{3.34}$$

$$L_{tu} = L_{fu} + L_{au} + L_p + L_e \tag{3.35}$$

式中：L_{au}、L_{ad}分别为上下行大气损耗（dB）；L_p 为地球站天线极化损耗（dB）；L_e 为地球站天线指向偏差（dB）；L_{fu}、L_{fd}分别为上下行自由空间扩散损耗（dB）。

$$L_f = (4\pi d/\lambda)^2 \tag{3.36}$$

式中：d 为地球站与卫星之间的径向距离（m）；λ 为工作频率无线电波波长（m）。

测量时，地球站按适当的步长（如 0.5dB）逐渐增加发射功率，在接收端对应测出等效全向辐射功率 $EIRP_s$。地球站发射功率用等效全向辐射功率 $EIRP_e$ 表示，并绘制出 $EIRP_e$ 与 $EIRP_s$ 的关系曲线，即为输入输出特性曲线。

4）说明

定位转发器输入输出特性测试，测试地点应选择波束覆盖区中心地区，由于 C 频段出站及 C 频段入站波束主要用于系统出入站，因此 C 频段测试天线可放置于地面控制中心；信号源与频谱仪在测试前需要精确标定，频谱仪连接高功放耦合口，耦合度与使用频率匹配，可从高功放面板上进行查询；数据处理设备对信号源与频谱仪进行远程控制，信号源功率增进时需设置相同的时间间隔，保证增长的均匀性。

3.4.5.2 饱和 $EIRP_s$ 及稳定度测试

饱和 $EIRP_s$ 是指当转发器工作在饱和点时的发射功率。定位转发器为透明转发器，输出功率随着输入功率增大而增大，当转发器工作在线性区时，输入功率与输出功率呈线性关系，当转发器工作在饱和区时，输出功率会呈现非线性的压缩状态。一般转发器饱和点的确定为输出功率 1dB 压缩点，此时的转发器 $EIRP_s$ 值为饱和 $EIRP_s$。

进行 RDSS 载荷定位转发器输入输出特性测试后，根据输入输出特性曲线可得到转发器饱和点，其对应的转发器输出功率即为饱和 $EIRP_s$。保持转发器输入功率不变，连续观测（超过 24h）转发器饱和 $EIRP_s$，绘制 $EIRP_s$ 随时间变化曲线，其波动情况即为转发器 $EIRP_s$ 稳定度。

3.4.5.3 饱和通量密度 W_s 测试

通量密度由地面发射 $EIRP_e$ 与星地距离 D 计算得到，它的基本含义是：为了使卫星转发器单载波饱和工作，在其接收天线的单位有效面积上应该输入的功率，主要体现了转发器接收地面发射功率强度和灵敏度的性能。当卫星工作在单载波饱和状态时的输入功率通量密度称为单载波饱和输入通量密度，用 W_s 表示，其单位为 $dB \cdot W/m^2$。

$$W_s = (EIRP)_e - 10\lg(4\pi d^2) \tag{3.37}$$

考虑其他损耗，用下式计算出单载波饱和输入通量密度：

$$W_s = (EIRP)_e - 10\lg(4\pi d^2) - L \tag{3.38}$$

式中：d 为卫星与 13m 天线距离；$EIRP_e$ 为地面发射 C 频段等效全向辐射功率；L 为电波在空间传播过程中的其他损耗。

3.4.5.4 转发器 G/T 值测试

G/T 值即转发器接收品质因数，它是转发器接收增益与接收系统总的等效噪声之比的分贝值，体现了转发器接收地面发射信号的性能，是表示卫星的通信系统接收端性能好坏的一个参数，其值越大越好（单位是 dB/K）：

$$(G/T)_s = G - 10\lg T \tag{3.39}$$

卫星品质因数 $(G/T)_s$ 有间接和直接两种测量方法。

RDSS 载荷移动测试设备位于 GEO 卫星 L 频段波束覆盖区中心区域进行测试。

RDSS 载荷移动测试设备向卫星发射 L 频段入站单载波信号，主控站 13m 天线接收卫星转发的 C 频段入站单载波信号，读取信号和噪声功率，计算传输线路总载噪比 C/N_0。

进行 RDSS 载荷定位转发器输入输出特性测试后，可根据测试数据对转发器 G/T 值进行计算。计算时 G 和 T 要求等效在一点。

$$G/T = (C/N_0)_u - \mathrm{EIRP}_e + L_{ufree} + [K] \tag{3.40}$$

式中：EIRP_e 为地面站发射信号功率；L_{ufree} 为地面发射信号至卫星接收天线口面的上行空间损耗；K 为玻耳兹曼常数，可由下式计算得到；$(C/N_0)_u$ 为转发器上行载噪比。

$$[K] = 10\lg(1.38 \times 10^{-23}) = -228.6(\mathrm{dBW/kHz}) \tag{3.41}$$

G/T 值计算式(3.40)中，转发器上行载噪比 $(C/N_0)_u$ 需要通过进一步的公式计算得到。

首先，利用频谱仪测试地面站接收天线偏移卫星时的冷空噪声 N_{cold}，以及地面站接收天线对准卫星时的热噪声和冷空噪声之和 $N_{(hot+cold)}$，可计算得到 N_{hot}：

$$N_{hot} = N_{(hot+cold)} - N_{cold} \tag{3.42}$$

式中：N_{hot} 为地面站接收天线热噪声；N_{cold} 为地面站接收天线冷噪声。

其次，利用以上参数计算得到 $(C/N_0)_d$ 和 C/N_0：

$$(C/N_0)_d = \mathrm{EIRP}_s + (G/T)_e - L_{dfree} + [K] \tag{3.43}$$

式中：$(C/N_0)_d$ 为下行载噪比；EIRP_s 为卫星发射 EIRP 值；$(G/T)_e$ 为地面站接收天线 G/T 值；L_{dfree} 为卫星发射信号值地面站接收天线的下行空间损耗。

最后，根据式(3.42)，计算得到 $(C/N_0)_u$：

$$\frac{1}{(C/N_0)_u} = \frac{1}{(C/N_0)} - \frac{1}{(C/N_0)_d} \tag{3.44}$$

3.4.5.5 转发器幅频特性测试

转发器幅频特性是指转发器在可用带宽内幅度随频率变化的特性，可以直观地反映卫星转发器对不同频率信号的衰减程度。卫星有效载荷幅频特性是指转发器频带内转移函数的幅度对输入频率的依赖关系，或以增益响应特性来描述。

转发器幅频特性测试主要采用扫频载波法,该方法基于常用的扫频响应技术,以提高在轨测试速度。这项技术使用一台频谱分析仪和一台跟踪发生器。

对于RDSS载荷C/S定位转发器,地面站C频段上行天线向卫星发扫频信号,带宽为转发器工作带宽,信号功率强度为退饱和状态。利用频谱仪在地面站S频段接收天线后端接收S频段下行信号,可直接得到C/S定位转发器幅频特性曲线。

转发器幅频特性测试结果受到发射设备幅频特性、接收设备幅频特性影响。发射设备中,发射天线、波导、电缆等幅频特性较好,可以忽略不计,测试误差主要由功放设备幅频特性影响。测试时,通过对功放输出信号幅频特性的监测,在最终的数据处理中予以扣除,可以有效消除发射设备幅频特性的影响。接收设备中,接收天线、波导、电缆等误差同样可以忽略不计,测试误差主要由低噪声放大器幅频特性影响。从低噪声放大器幅频特性实测情况看,在有效带宽内其误差应为 $-0.1 \sim 0.1\mathrm{dB}$,因此带入转发器幅频特性测试的误差仅为 $\pm 0.1\mathrm{dB}$。

同样方法,采用向卫星发L频段、接收C频段扫频信号可完成RDSS载荷L/C定位转发器幅频特性测试[7]。

测量时先用标准噪声源及模拟转发器测出地球站收发系统的幅频响应(模拟转发器的响应应为已知)。按照规定的频率范围向卫星发送信号,将测量结果记录下来。最后从测量中扣除地球站收发系统的频响即可。

3.4.5.6 覆盖区测试

转发器波束覆盖区即天线方向图区域,是指卫星向用户提供稳定良好的服务,支持终端设备正常工作的区域。天线方向图包括接收和发射方向图,主要通过对天线波束指向中心及边缘点的卫星等效全向辐射功率 EIRP_s、卫星 G/T 值等参数进行测试,评判其是否满足卫星研制技术要求,是否与卫星天线设计理论覆盖区相符。

北斗卫星RDSS载荷定位转发器天线为区域波束覆盖,主要覆盖范围为我国本土及周边地区,因此可采用移动测试法进行天线方向图测试。测试前,根据卫星转发器天线设计及测试结果,通过仿真、理论计算,绘制卫星天线方向图等值曲线,明确波束覆盖中心点及边缘。沿天线方向图覆盖区等值曲线切线方向,自中心点至边缘选取若干个典型测试点,同时计算出测试点的卫星转发器覆盖区测试参数的理论值,包括卫星EIRP与 G/T 值。卫星转发器天线方向图在轨测试时,地面中心站与移动测试设备构成出入站信号链路,采用互发互收单载波信号的方式进行,如图3.13所示。地面中心站向卫星发单载波出站信号,根据卫星转发器输入输出特性测试结论,将卫星转发器推至饱和点工作。移动测试设备在波束覆盖中心地区进行测试。已知地面中心站发射 EIRP_e,移动测试设备接收卫星单载波信号电平,以及天线接收冷空噪声与热噪声。利用式(3.32)和式(3.40)计算得到卫星出站转发器的EIRP和 G/T 值。与卫星出站转发器测试方法相同,地面中心站停发出站单载波信号,改由移动测试设备向卫星发射入站单载波信号,同样利用式(3.32)和式(3.40)计算得到卫星入站转发器的EIRP和 G/T 值。

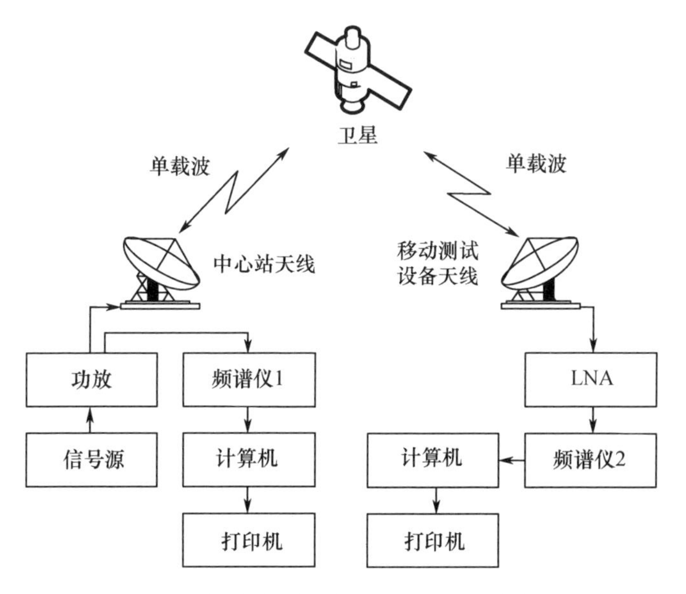

图3.13　卫星转发器天线方向图在轨测试法设备图

移动测试设备沿覆盖区等值曲线切线方向移动，改变测试地点，重复进行与覆盖区中心地区相同方法与步骤的测试。在完成所有测试特征点的测试后，将测试结果与每个测试点卫星理论值进行一致性比对，评估卫星转发器天线方向图[7]。

参考文献

[1] 陈建国，王宏兵，胡彩波．卫星导航星座在轨测试系统总体技术研究[J]．无线电工程，2009，39(3)：30-32.

[2] 杨会军，李文魁．GPS卫星有效载荷对抗技术研究[J]．航天电子对抗，2012，28(1)：14-16.

[3] 周宇昌，李孝强，曹桂兴．导航卫星有效载荷技术现状及发展趋势[J]．空间电子技术，2003(3)：9-21.

[4] 张之学，赵金贤，刘春霞，等．卫星导航系统运行维护标准体系研究[C]//第五届中国卫星导航学术年会论文集．北京：第五届中国卫星导航学术年会组委会，2014.

[5] 王宏兵，高扬，肖胜红．导航卫星主备钟平稳切换性能设计分析[J]．无线电工程，2016，46(9)：76-79.

[6] 高为广，蔺玉亭，陈谷仓，等．北斗系统在轨卫星钟性能评估方法及结论[J]．测绘科学技术学报，2014，(4)：342-346.

[7] 王宏兵，温日红．北斗卫星RDSS载荷定位转发器在轨测试方法研究[C]//第一届中国卫星导航学术年会论文集．北京：中国卫星导航学术年会组委会，2010.

第4章　地面运控系统测试

地面运控系统是卫星导航系统的核心组成部分，负责整个系统的业务运行处理与管理控制任务，对地面运控系统进行测试和评估是确保系统功能和性能指标满足要求的重要依据。地面运控系统构成复杂，规模庞大，需要测试和评估的功能和性能指标繁多，各项功能和性能指标涉及的因素复杂，如精密定轨功能和指标测试与监测接收机、监测站、注入站、站间时间同步系统、测量通信系统、信息处理系统等众多系统都相关。如何保证对地面运控系统进行全面、有效测试需要进行统筹规划和总体设计。另外，测试技术和测试方法的发展和进步将提升和推进系统测试精度和测试效率。先进科学的测试技术和测试方法可以深化对系统特性的把握，促进系统性能的提升。本章就地面运控系统测试现状、测试项目的分类、测试流程、测试环境及各测试项目的测试原理与方法展开论述。

4.1　地面运控系统组成与测试情况

4.1.1　系统组成

地面运控系统的主要任务是建立与维持系统时间及空间坐标基准，进行时间同步比对观测及导航信号监测，完成卫星钟差、卫星轨道、电离层改正等导航参数及完好性等广播信息的确定，并上行注入给卫星，同时完成对全系统的运行管理，地面运控系统由主控站、监测站、注入站组成。

1）系统组成

主控站是运控系统的运行控制中心，主要任务是收集系统导航信号监测、时间同步观测比对等原始数据，进行系统时间同步及卫星钟差预报、卫星精密定轨及广播星历预报、电离层改正、广域差分改正、系统完好性监测等信息处理，完成任务规划与调度、系统运行管理与控制等，向卫星注入导航电文参数、广播信息，对已知卫星导航业务信息中断问题进行快速发现与定位等[1]。

注入站的主要任务是配合主控站，向其视界范围内的卫星上行注入导航电文参数以及卫星管理控制参数等。根据卫星导航系统服务区域以及卫星轨道分布，在世界各地或者本土境内选取若干站点建立注入站，各站均配备上行注入设备、站间数据通信终端、数据处理与监控系统、时间频率系统、供配电系统等。

监测站的主要任务是利用高性能监测接收机对卫星多频导航信号进行连续监测,为系统精密轨道测定、电离层校正、广域差分改正及完好性确定提供实时观测数据。依据卫星定轨、电离层监测、广域差分改正、完好性监测等不同需求,要在卫星导航系统服务区域内分布大量监测站,各站均配备高性能监测接收机、高精度原子钟、数据处理与监测系统、站间数据通信终端以及气象仪、电源等附属设备。

运控系统的基本工作原理是:定义系统时间,完成卫星与地面站的时间比对,实现星地时间同步;监测站对其可视范围内的卫星进行监测,采集各类观测数据,并将数据发送至主控站;主控站完成全部星座的卫星精密轨道确定、卫星钟差确定、电离层格网校正、广域差分及完好性信息处理;通过注入站向卫星注入导航电文,卫星按照规定的协议播发导航信号和参数。

地面运控系统的基本结构与信息流程如图 4.1 所示。

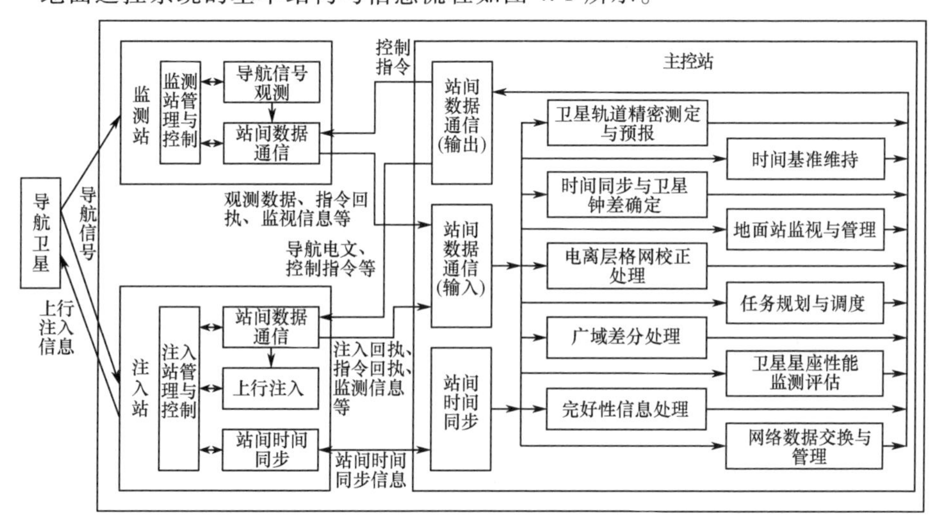

图 4.1　地面运控系统基本结构与信息流程图

(1) 地面运控系统精确测定各地面站空间坐标,确定测量运动学模型(包括板块运动、固体潮等),建立系统空间坐标基准;

(2) 地面站间(主控站、注入站和监测站)进行双向时间比对测量,将内部时间测量和外部时间比对数据发送至主控站,主控站对观测数据进行分析处理,确定各站钟差,使所有地面站的工作主钟之间保持时间同步;

(3) 监测站对可见卫星信号进行跟踪观测,并将观测数据送往主控站;

(4) 主控站对所有监测站的观测数据进行综合处理,精密确定和预报卫星轨道、卫星钟差,确定广域差分、电离层格网和完好性参数,并形成导航参数,编制导航电文;

(5) 注入站接收主控站的导航电文信息并上行注入卫星,卫星在星载原子钟控制下,发射经过导航电文和伪码调制的导航无线电信号;

(6)主控站对卫星和运控系统的运行状态进行实时监视和控制,确保系统正常运行。

4.1.2 GPS 与 Galileo 系统地面段测试情况

GPS 的地面运控系统部分在 20 世纪完成建设并正式运行,之后又经历了"传统精度改进计划"和体系演进计划等升级改造过程。在地面运控系统建设和升级的各个阶段都经过严格的测试与评估。2010 年 5 月,在第一颗 GPS Block ⅡF 卫星运往卡纳维拉尔角肯尼迪宇航中心等待发射时,位于施里弗空军基地的地面主控站与卫星之间进行了远程的对接测试,还对卫星和地面之间的接口和各自的功能进行测试评估。

Galileo 系统建设过程中,其地面运控系统部分称为地面任务段,经过有效的测试和评估。地面任务段由 14 种不同类型的单元组成,见表 4.1,不同单元代表地面任务段不同的物理组成部分。按照任务功能,地面任务段将 14 种不同类型的单元划分为 4 条任务链,分别是数据处理链、运行操作链、数据分发与传输链和安全管理链,如数据处理链包括监测站单元、轨道与时间同步处理单元、完好性处理单元、精密定时单元和电文生成单元等。

表 4.1 Galileo 地面任务段组成单元类型

序号	单元名称	备注
1	监测站单元(GSS)	地面任务段的数据处理部分,负责各种类型服务的轨道、钟差和完好性数据处理
2	轨道与时间同步处理单元(OSPF)	
3	完好性处理单元(IPF)	
4	精密定时单元(PTF)	
5	电文生成单元(MGF)	地面任务段的导航数据分发部分,负责向卫星和数据服务中心提供导航数据
6	上行注入站单元(ULS)	
7	地面设施控制单元(GACF)	地面任务段的操作控制部分,负责对地面任务段所有组成部分进行技术监控、在线状态监测、控制和离线任务分析
8	任务及上行注入控制单元(MUCF)	
9	任务支持单元(MSF)	
10	维护和培训平台(MTPF)	
11	任务密钥管理单元(MKMF)	地面任务段安全管理部分,负责数据保护、密钥管理以及各种相关安全模块的管理
12	公共安全服务密钥管理单元(PKMF)	
13	产品服务单元(SPF)	负责地面控制中心与外部数据交换
14	地面网络管理单元(GNMF)	负责监测和控制任务数据分发网

Galileo 系统对地面任务段的测试与评估室内测试评估阶段,欧洲空间局委托 VEGA 公司研制了室内集成测试与评估环境(IVQ),该环境包括集成测试平台和测试分析工具。其中集成测试平台是一套非常有特点的系统,它的组成包括地面任务段 14 类单元的模拟器、集中控制与分析分系统以及大容量数据存储分系统,整个集

成测试平台运行在统一的模拟环境下。集成测试平台共有三套,每套平台都采用最简配置,分别用于测试评估地面任务段的数据处理链、运行操作链和数据分发与传输链。当某一任务链包含的关键系统设备具备后即可对整个任务链进行测试评估,即使其中的某一部分不具备时,也可采用相应的单元模拟器代替。这种设计可以使地面任务段的功能和性能测试同步进行。

Galileo 系统地面任务段的系统设备在研制过程中分为 1a、1b、1c 三个版本状态,其中:1a 版本状态表示系统设备的硬件组成与最终系统一致,内部管理与控制模块及外部接口已经实现;1b 版本状态是在 1a 版本状态基础上增加了与性能相关的功能,同时完成了进行系统集成测试必需的功能;1c 版本状态是在 1b 版本状态基础上加入最终的功能模块,可进行系统的最终集成和测试。Galileo 系统地面任务段的集成和测试是从系统设备的 1a 版本开始,首先进行接口测试,随着系统设备版本的升级,逐步进行功能和性能的测试。

利用室内集成测试与评估环境,Galileo 系统地面任务段完成了相关功能和性能指标的测试与评估,测试评估的性能指标包括精度指标、完好性指标、连续性指标和可用性指标等。

4.2　测试项目与测试流程

4.2.1　测试项目

按照地面站的不同分类,地面运控系统可以分为主控站、注入站和监测站。由于主控站主要承担导航业务处理和系统管理控制,并完成星地时间同步和站间时间同步,其主要的技术指标主要与广播星历、卫星钟差、电离层延时校正、广域差分与完好性等导航电文参数的性能,以及星地时间同步和站间时间同步相关,这些参数性能最终直接决定对用户的服务性能,是地面运控系统的关键技术指标,属于系统级指标。注入站主要承担上行注入、站间时间同步、站间数据传输等任务,因此其主要的技术指标也与信号收发设备相关,包括下行链路指标和上行链路指标,以及抛物面天线指标、多波束天线指标、高功率放大器指标、低噪声放大器指标和上/下变频器指标、时间频率设备指标,上述指标属于设备级指标。监测站主要承担站间数据传输和导航信号观测任务,因此其主要的技术指标也同样与信号收发设备相关,包括站间上下行链路指标和监测接收机指标,以及低噪声放大器指标和下变频器指标,上述指标属于设备级指标。

地面运控系统任务实施过程中,还存在分系统级测试,包括星地测量与数传分系统、站间测量与数传分系统、管控分系统、信处分系统、时统分系统,主控站、注入站及监测站均配置站间测量与数传子系统,主控站、注入站同时配置星地测量与数传子系统。管控(管理控制)和信处(信息处理)分系统属于算法实现的软件研制,与硬件设备类分系统一起可完成地面运控系统的主要业务处理及运行管理任务，属于系统关键分系统。

根据前面所述，将地面运控系统测试项目进行分类：设备级测试、系统级测试。如表4.2所列。

表4.2　运控系统的主要测试项目

测试项目		指标
设备级测试	下行链路指标	接收灵敏度
		设备时延在线标定不确定度
		测量时刻准确度
		误码率
		开机捕获时间
		失锁捕获时间
		伪距测量精度
		载波相位测量精度
		多普勒测量精度
		定位误差
		通道时延一致性
		通道时延标定不确定度
		本地钟面校时精度
		外输入1PPS模式钟面校时精度
		抗多址干扰性能
	上行链路指标	EIRP值
		EIRP稳定度
		频率准确度
		I/Q支路载波正交性
		载波和伪距相位一致性
		设备时延在线标定不确定度
		幅频特性
		相位噪声
	抛物面天线指标	方向图
		天线增益
		天线隔离度
		极化隔离度
		品质因数
		相位中心标定不确定度
		天线时延标定不确定度
		天线时延稳定度
	高功率放大器指标	输出功率测试
		增益测试
		带内波动
		带内交调
	低噪声放大器指标	线性功率增益、增益平坦度
		电压驻波比测试
		1dB压缩点输出功率P_{01}测试
		噪声系数(NF)测试

（续）

测试项目		指标
设备级测试	上/下变频器指标	增益测试
		频响测试
		杂散测试
		相位噪声测试
		互调失真测试
系统级测试		广播星历精度
		卫星钟差精度
		卫星等效钟差精度
		电离层格网垂直延迟精度
		星地时间同步精度
		站间时间同步

4.2.2　测试流程

在正式进入运行状态前，地面运控系统要开展一系列的测试，基本流程是：地面星地对接测试、地面运控系统设备测试、地面运控系统集成联试、星地在轨联试，如图4.2所示。地面运控系统测试包括设备测试和集成联试两个方面。

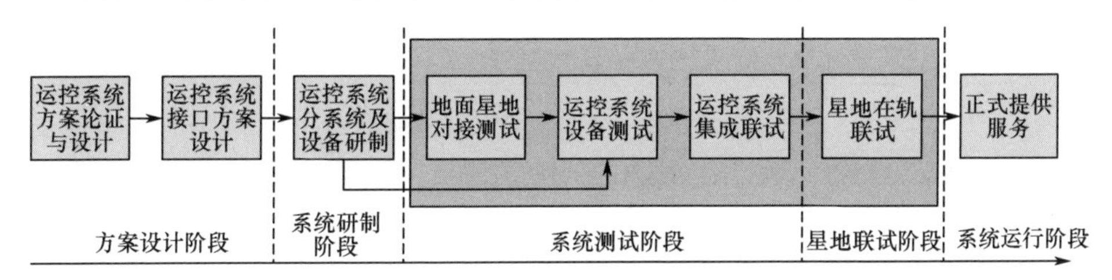

图4.2　地面运控系统测试基本流程（见彩图）

运控系统设备测试是对主控站、注入站和监测站的系统、分系统和设备独立开展功能测试、性能测试、接口测试等，检验这些系统、分系统和设备的功能与性能是否满足研制技术要求，站内接口和对外接口是否与接口文件匹配，这是设备进场集成前的一项必要测试环节。该测试使用一套模拟测试系统构建测试环境，如图4.3所示。模拟测试系统由运控系统数学仿真系统、多种信号模拟源和模拟接收机组成，为系统、分系统或设备的接收链路测试提供模拟射频信号，为发射链路提供射频信号接收及测试评估平台。

地面运控系统集成联试是集成主控站、注入站和监测站的系统、分系统和设备，联合开展站间接口测试和大环信息流检核，检验地面站之间接口的连通性、信息流的完整性、指令执行的正确性等，是运控系统设备的闭环测试。该集成联试使用模拟测试系统的运控系统数学仿真系统和导航信号模拟源，为监测站提供模拟星座的导航信号，使用卫星转发器建立站间的数传和时间同步链路，模拟完成观测数据、设备状态、控制指令、执行回执等数据的传输，以及时间同步测量信息的传输，如图4.4所示。

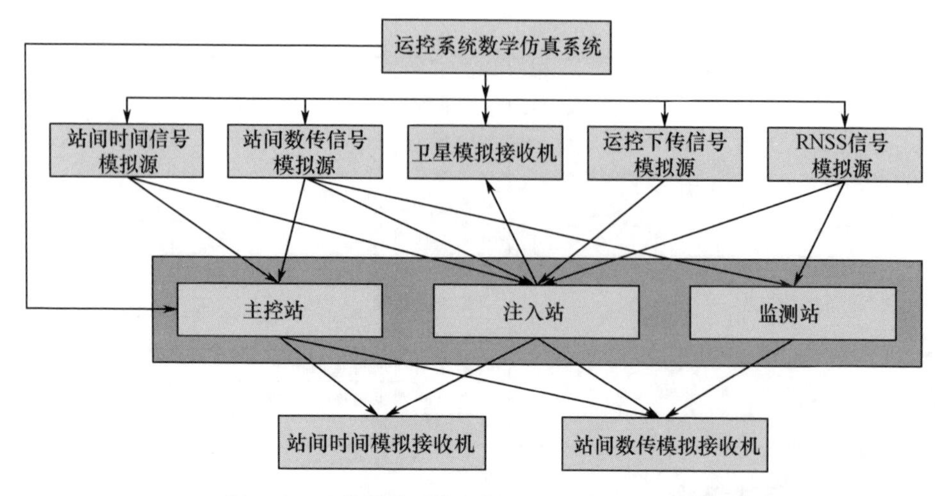

图 4.3　运控系统设备模拟测试连接图(见彩图)

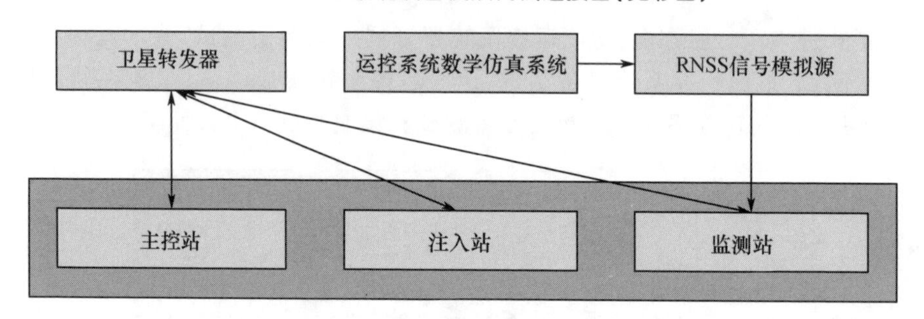

图 4.4　地面运控系统集成联试连接图(见彩图)

4.3　设备级测试方法

地面运控系统数传与测量设备主要有三类:L 频段星地数传与测量设备、站间 C 频段数传与测量设备和导航信号监测接收设备,包括 L 频段上注链路、L 频段下行导航链路、站间 C 频段上下行链路。上行链路的关键技术指标主要包括 EIRP 值、EIRP 稳定度、频率准确度、I/Q 支路载波正交性、载波和伪码相位一致性、设备时延在线标定不确定度、幅频特性、相位噪声等。下行链路的关键技术指标主要包括接收灵敏度、设备时延在线标定不确定度、测量时刻准确度、测距精度、误码率、开机捕获时间和失锁捕获时间等。

4.3.1　上行注入设备测试

4.3.1.1　EIRP 值测试

EIRP 值是指天线口面处的发射信号功率,由于天线增益可以认为基本不变,EIRP 值的测试也就可以用功放输出功率测试的方法代替。利用测量的功放输出功

率 P,并根据天线增益及传输损耗获得 EIRP 值,与期望的 EIRP 值进行比对来检验最大发射 EIRP 值是否满足指标要求。

$$\mathrm{EIRP} = P + G - L_{\mathrm{f}} \tag{4.1}$$

式中:L_{f} 为路径传输损耗。

4.3.1.2　EIRP 稳定度测试

EIRP 稳定度是指 24h 内 EIRP 值的变化量,在要求的 EIRP 值不变的情况下,一天内功放输出功率最大值与最小值之差应小于指标要求。

由于天线增益可以认为基本不变,因此 EIRP 稳定度也就可以等价为功放输出功率的稳定度,EIRP 稳定度测试也就可以用测试功放输出功率稳定度代替,测试原理如图 4.5 所示。

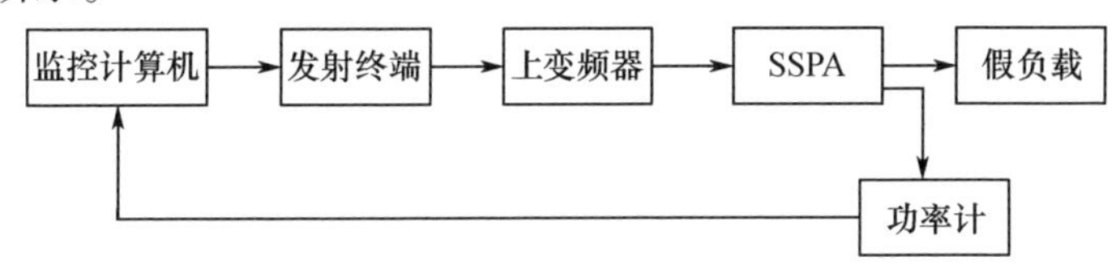

图 4.5　EIRP 稳定度测试原理图

功放按要求输出功率,利用 SSPA 输出定向耦合器耦合出的部分功率,用功率计进行测量。保持功放输出的功率值不变,连续工作 24h,记录功率计 24h 的功率测量结果,最大值 A_{max} 和最小值 A_{min} 之差即为 EIRP 稳定度。

4.3.1.3　频率准确度测试

频率准确度是指发射设备输出频率与标称频率的偏差,在 SSPA 输出端口进行测试,测试原理如图 4.6 所示,发射终端发出单载波信号,设备工作在额定电平下,在 SSPA 输出的定向耦合器测试端口接入频率计(或频谱仪),直接测试发射信号频率。

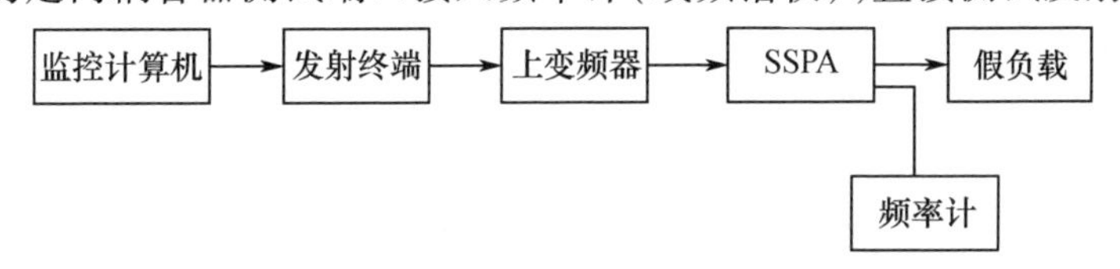

图 4.6　发射信号频率准确度测试原理图

4.3.1.4　I/Q 支路载波正交性测试

I/Q 支路载波正交性是指 I 支路和 Q 支路的载波相位差,由发射终端的调制特性保证,通过测量发射终端的输出信号即可,测试原理如图 4.7 所示,读取矢量信号分析仪的解调参数 Quad error 可直接得到 I/Q 支路载波正交性指标。

4.3.1.5　载波和伪码相位一致性

载波和伪码相位一致性是指伪码码片前沿对应的载波相位的变化量,在上变频器输出端口进行测试,测试原理如图 4.8 所示,读取矢量信号分析仪的解调参数 Phase error 可得到载波和伪码相位一致性指标。

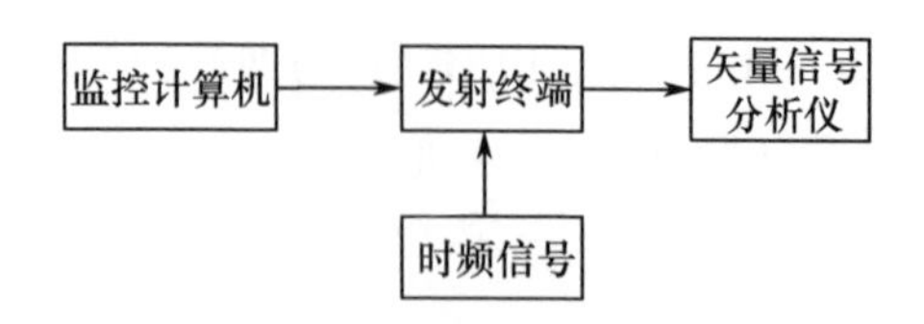

图 4.7 I/Q 支路载波正交性测试原理图

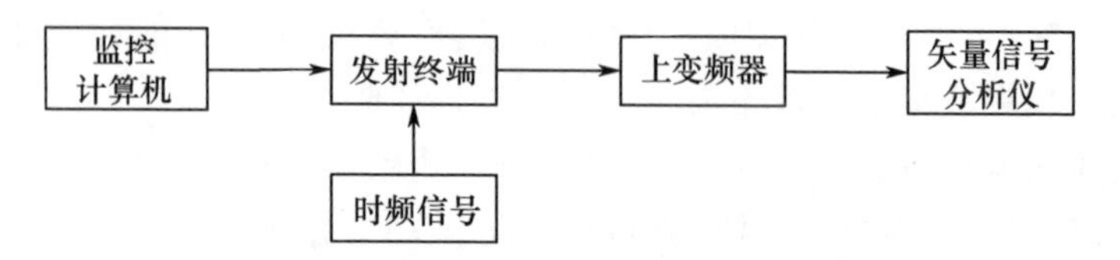

图 4.8 载波和伪码相位一致性测试原理图

4.3.1.6 设备时延在线标定不确定度

发射设备时延在线标定不确定度的测量方法测试原理如图 4.9 所示。

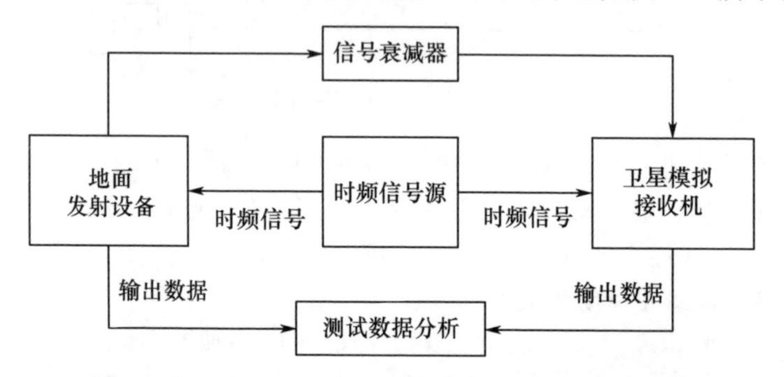

图 4.9 发射设备时延在线标定不确定度测试原理图

4.3.1.7 幅频特性测试

幅频特性是指发射信号在带宽内的功率波动,在 SSPA 输出端口进行测试,测试原理如图 4.10 所示。信号源产生适当电平的中频扫频信号,带宽同发射信号带宽,经过上变频器、SSPA,在 SSPA 的耦合口用频谱仪观察输出的频谱,在信号带宽范围内的频谱最大值和最小值之差要小于指标要求。

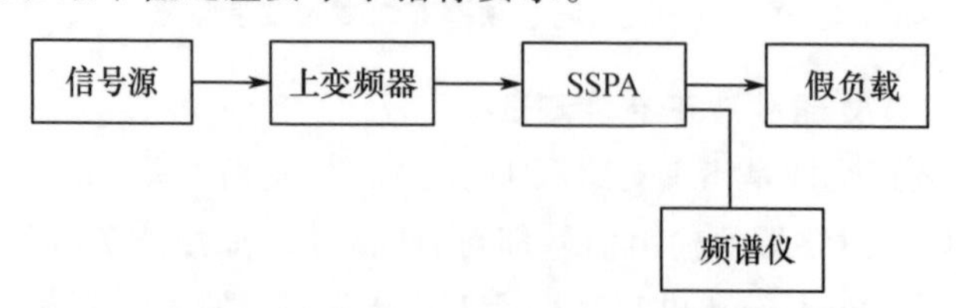

图 4.10 发射通道幅频特性测试原理图

4.3.1.8 相位噪声测试

相位噪声是指发射设备内各种噪声作用下引起的输出信号相位的随机起伏,以给定偏移频率处的相比于总功率的功率值来表征,在 SSPA 输出端口进行测试,测试

原理如图4.11所示。发射终端发出单载波信号，设备工作于额定电平，在SSPA输出的定向耦合器测试端口接入相位噪声测试仪，直接测试相位噪声。

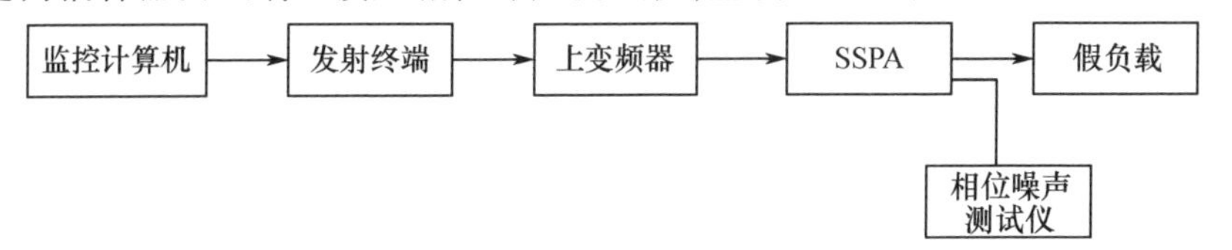

图4.11　发射信号相位噪声测试原理图

4.3.2　接收测量设备测试

接收测量设备测试主要针对监测接收机的信号接收测量、电文解析等功能。

下行链路设备包括星地数传与测量的下行L频段接收设备、站间C频段下行接收设备、监测接收机。下行接收设备的关键技术指标与之类似，下面仅描述监测接收机关键技术指标的测试方法，其测试基于有线和无线两种，如图4.12和图4.13所示。

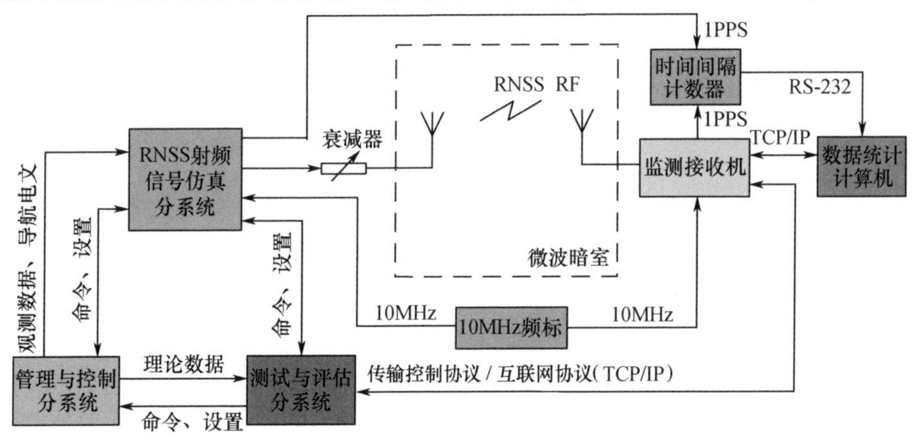

图4.12　监测接收机测试设备连接框图(无线测试)(见彩图)

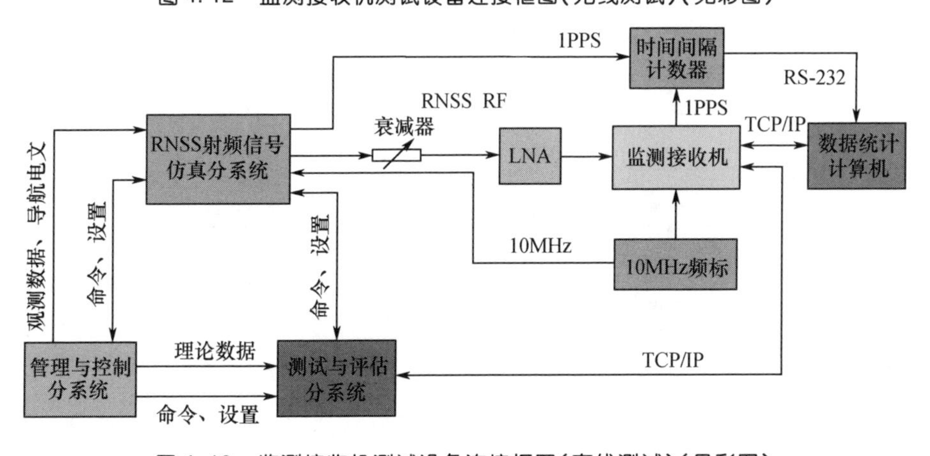

图4.13　监测接收机测试设备连接框图(有线测试)(见彩图)

4.3.2.1 接收灵敏度测试

接收灵敏度是指在无干扰条件下，接收设备的伪距测量和数据解调连续稳定且满足指标要求所需的最低接收功率(天线口面)，这是考核接收设备性能的一项基本指标，测试原理如图4.14所示。

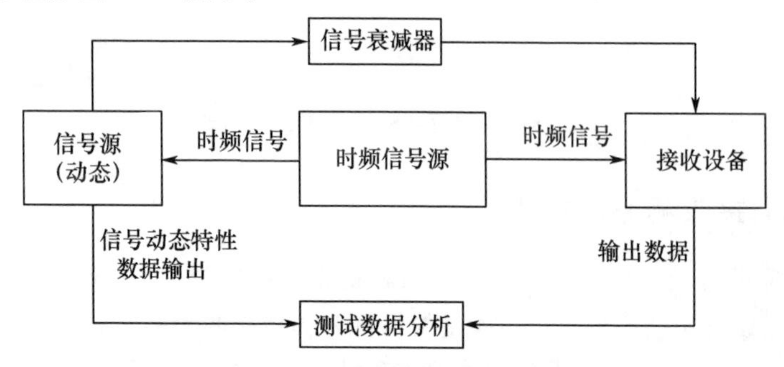

图4.14 接收灵敏度测试原理图

从接收机低噪声放大器入口处接入信号，由小到大逐步调整信号源输出功率，接收设备由未锁定状态进入锁定状态，直至在某一信号功率下，接收设备能连续稳定地锁定信号，并在拷机时间内，伪距测量值始终满足测距精度，数据解调满足误码率指标，即认为找到接收灵敏度。考虑电缆损耗、信号衰减器衰减量和天线增益，接收灵敏度为

$$P_s = P - G_{att} - G_{ant} + L_a \tag{4.2}$$

式中：P 为信号源输出功率(dBW)；G_{att} 为衰减器衰减值(dB)；G_{ant} 为天线增益(dB)；L_a 为电缆损耗(dB)。

4.3.2.2 设备时延在线标定不确定度

在设备运行过程中，其时延并不是固定不变的，随着时间和温度等的变化，时延会发生漂移，为此在设备中增加在线时延标定功能，可实现设备时延实时标定，但由于存在标定误差，设备时延在线标定存在不确定度。接收链路设备时延在线标定不确定度测试的连接示意图如图4.15所示。

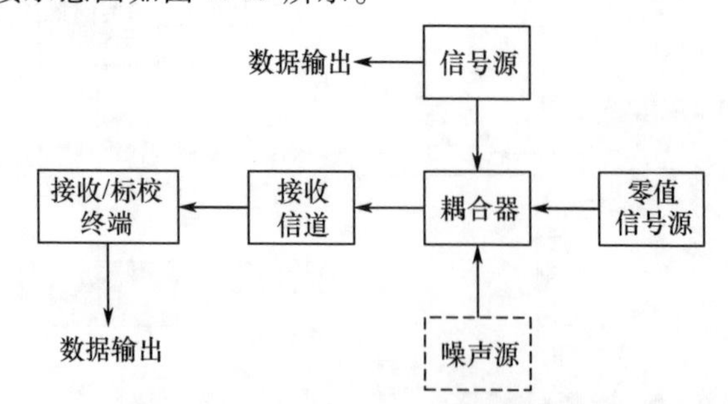

图4.15 接收链路设备时延标定不确定度测试连接示意图

天线耦合口处的信号有卫星信号、噪声和零值标校信号。对于站间信号接收链路，低噪声放大器入口处还要包括多用户干扰信号。测试时，卫星信号由信号源模

拟产生,噪声由噪声源模拟产生,零值标校信号由实际工作设备产生。根据耦合器的衰减特性,通过改变输出卫星信号、噪声、零值标校信号的电平强度可使低噪声放大器入口处各种信号的电平达到设计值,必要时需要在链路的适当位置加入衰减器。

卫星信号、多用户干扰信号的输出功率要根据天线口面接收功率、天线增益、低噪声放大器前馈线损耗等进行折算,多用户干扰信号的路数要根据研制技术要求进行设置。低噪声放大器入口处的噪声电平设置需要考虑两部分:天线和馈线所引入的噪声,可根据以下公式来归算低噪声放大器入口处的等效噪声温度(不含低噪声放大器本身所产生的噪声):

$$T_{\text{LNA}} = T_{\text{a}}/L_{\text{f}} + T_{\text{ef}} \tag{4.3}$$

式中:T_{a} 为天线噪声温度;L_{f} 为馈线损耗;T_{ef}为馈线噪声温度,其大小如下:

$$T_{\text{ef}} = \left(1 - \frac{1}{L_{\text{f}}}\right)T_0 \tag{4.4}$$

式中:T_0 为馈线环境温度,可取室温 $T_0 = 290\text{K}$。

由于卫星信号需经过衰减器后再输入耦合器,衰减器本身也会引入噪声,在加入噪声电平时还需要考虑衰减器的噪声,当衰减器噪声温度大于上述等效噪声温度时,可不再考虑增加噪声信号。

接收链路设备时延在线标定不确定度测试原理如图4.16所示。

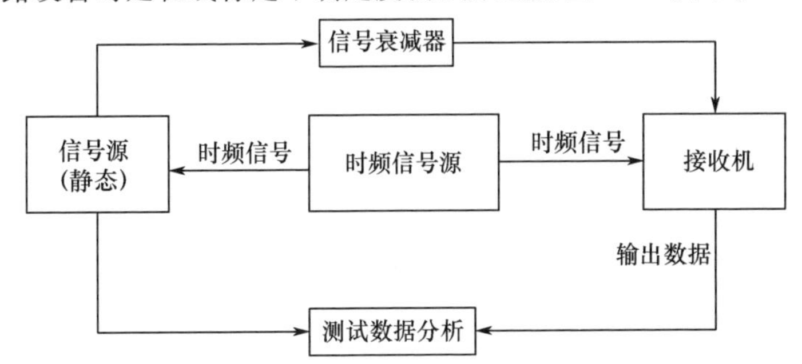

图4.16　接收链路设备时延在线标定不确定度测试原理图

测试时,信号源和接收机采用同源方法连接。在静态拷机、设备开关机、接收信号电平波动、设备时延漂移和设备主、备切换等各种场景下,测量第 i 个历元的伪距测量数据 y_i、信号源和接收设备的设备时延漂移量 $\tau_{\text{fv}i}$和 $\tau_{\text{sv}i}$、对应时刻的星地距离值 l_i,根据信号源的设置参数计算得到或由信号源实时输出。记为

$$z_i = y_i - (\tau_{\text{sv}i} + \tau_{\text{fv}i}) - l_i \tag{4.5}$$

z_i 为伪距测量数据扣除星地距离、时延漂移量后的修正伪距值,主要包括设备时延初值和测量误差,若没有测量误差,z_i 应该为一恒定值。由于时延漂移量的存在标定不确定度,式(4.5)可以展开为

$$z_i = \Delta\rho_i + \Delta\tau_{\text{sv}i} + \Delta\tau_{\text{fv}i} + \tau_0 \tag{4.6}$$

式中:$\Delta\rho$ 为测量误差;$\Delta\tau_{fv}$ 和 $\Delta\tau_{sv}$ 为信号源和接收设备的设备时延漂移量标定误差;τ_0 为设备时延初始值,是常数。

理论上,接收设备时延在线标校不确定度可以使用以下方式确定。将 $\Delta\tau_{svi}$ 按每组 N 个分为 M 组数据,每组数据分别进行统计,得到 M 组统计值。记为

$$E_n(\Delta\tau_{sv}) = \frac{1}{N}\sum_{n\times N+1}^{(n+1)\times N}\Delta\tau_{svi} \qquad n = 0,1,\cdots,M-1 \tag{4.7}$$

式中:N 和 M 均为正整数。设备时延在线标定不确定度度量值为

$$A_{\tau sv} = \max(E_n(\Delta\tau_{sv})) - \min(E_n(\Delta\tau_{sv})) \tag{4.8}$$

当 $A_{\tau sv}$ 小于指标值时,才能判定为合格。

但由于修正伪距值 z_i 还包括了信号源的设备时延漂移量的不确定度,不能直接使用上述方法。同样地,将所有的 z_i 按每组 N 个分为 M 组数据,分别对每组数据进行统计,得到 M 组统计值。记为

$$E_n(z) = \frac{1}{N}\sum_{n\times N+1}^{(n+1)\times N} z_i = E_n(\Delta\rho) + E_n(\Delta\tau_{sv} + \Delta\tau_{fv}) + \tau_0 \quad n = 0,1,\cdots,M-1 \tag{4.9}$$

当每组数据个数(N)足够多时,可以认为 $E_n(\Delta\rho)$ 即为测量误差均值,其值为零,上述统计值可认为是

$$E_n(z) = E_n(\Delta\tau_{sv} + \Delta\tau_{fv}) + \tau_0 \tag{4.10}$$

定义

$$A_z = \max(E_n(\Delta\tau_{sv} + \Delta\tau_{fv})) - \min(E_n(\Delta\tau_{sv} + \Delta\tau_{fv})) \tag{4.11}$$

虽然存在以下关系

$$\max(E_n(\Delta\tau_{sv} + \Delta\tau_{fv})) \leqslant \max(E_n(\Delta\tau_{sv})) + \max(E_n(\Delta\tau_{fv})) \tag{4.12}$$

$$\min(E_n(\Delta\tau_{sv} + \Delta\tau_{fv})) \geqslant \min(E_n(\Delta\tau_{sv})) + \min(E_n(\Delta\tau_{fv})) \tag{4.13}$$

但从统计学上分析,当数据分析样本数量($M \times N$)足够大时,认为上面两式可以取等号,因此在明确信号源的标定不确定度指标条件下,可以通过下式来确定接收设备时延在线标定不确定度是否满足指标要求:

$$A_{\tau sv} = A_z - A_{\tau fv} < A_0 \tag{4.14}$$

式中:A_0 表示接收设备时延在线标定不确定度指标。如果信号源和接收设备的两个指标是相同的,可以采用下式来作为判决准则:

$$A_z < 2A_0 \tag{4.15}$$

同源条件下的测试结果还需要通过不同源下的测试结果进行验证,信号源和接收设备改为采用不同源方法连接,按静态基本测试和设备开关机方法开展测试,按照公式 $z_i = y_i - (\tau_{svi} + \tau_{fvi}) - c_i - l_i$ 统计,其中,c_i 为星地钟差,统计结果与同源测试比较,验证一致性。

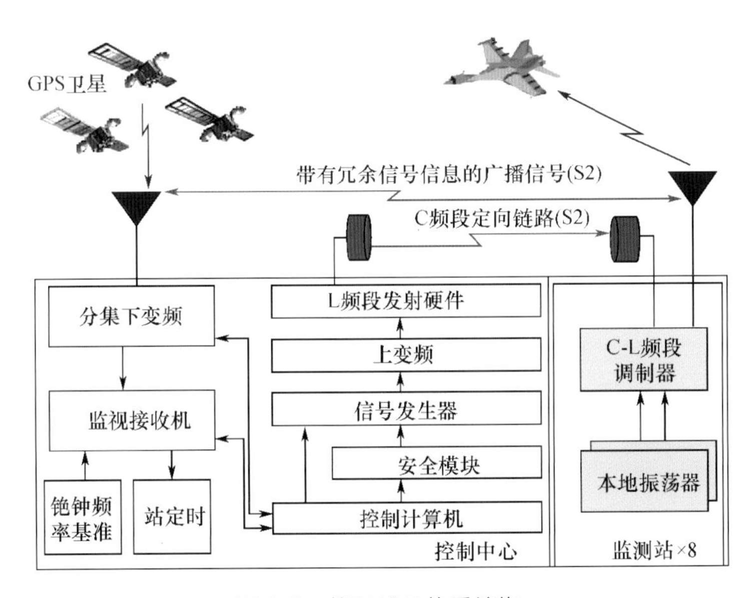

图 1.1　美国 IGR 体系结构

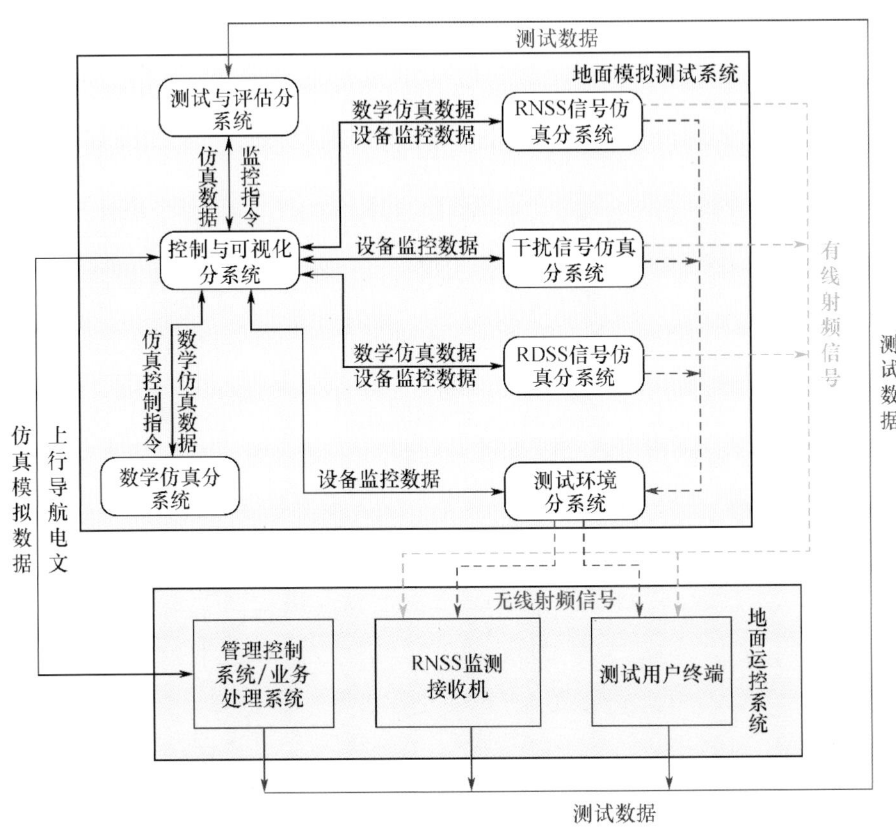

图 1.3　北斗系统地面模拟测试系统组成

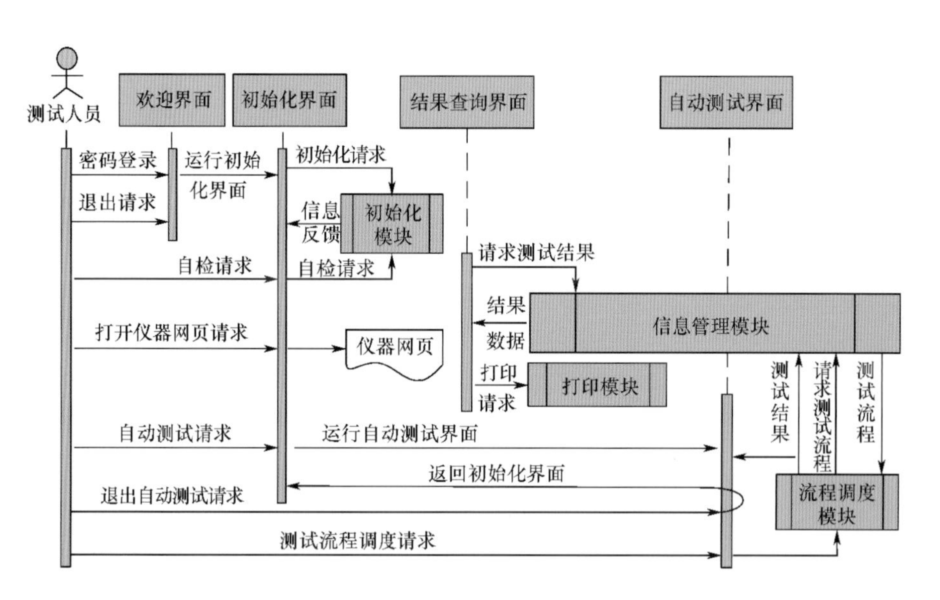

图 2.9　用户界面调用与执行过程

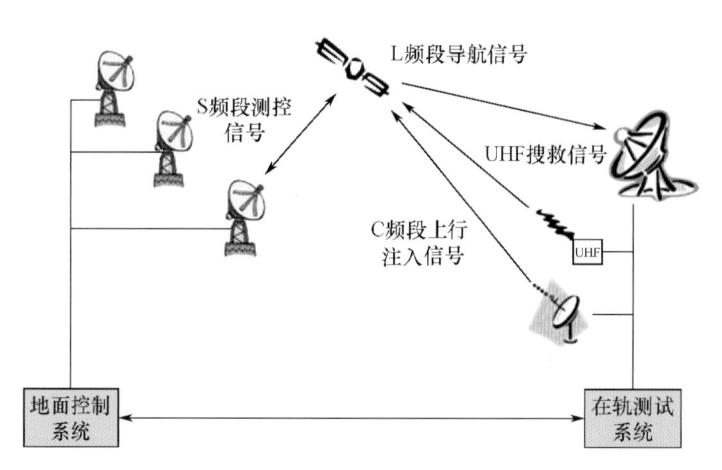

图 3.3　Galileo 卫星在轨测试系统与伽利略中心控制系统接口示意图

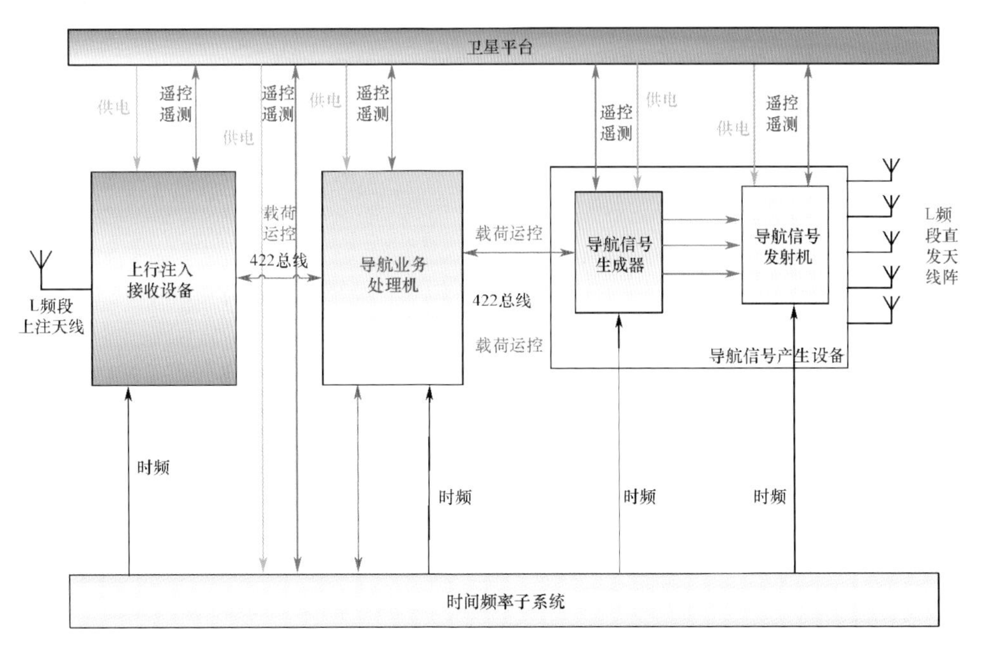

图 3.4　导航卫星有效载荷分布示意图

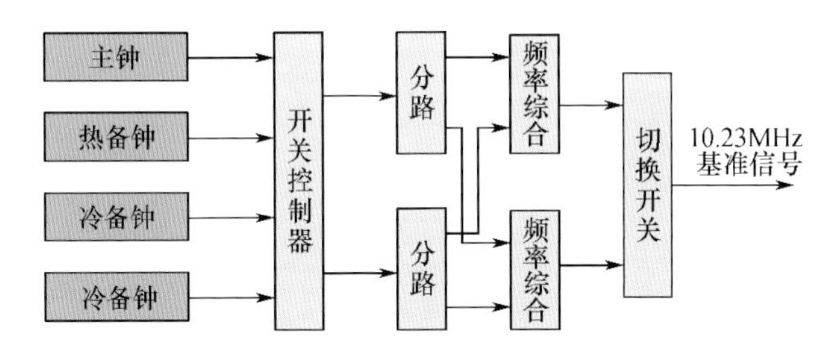

图 3.5　导航卫星钟组基本框图

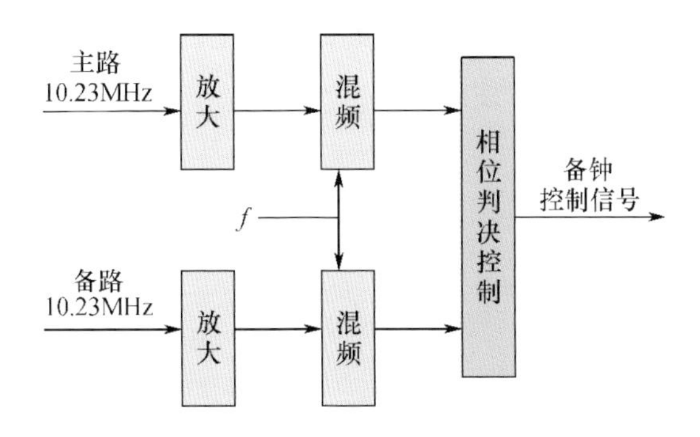

图 3.6　导航卫星主、备 10.23MHz 基准频率信号实时比对框图

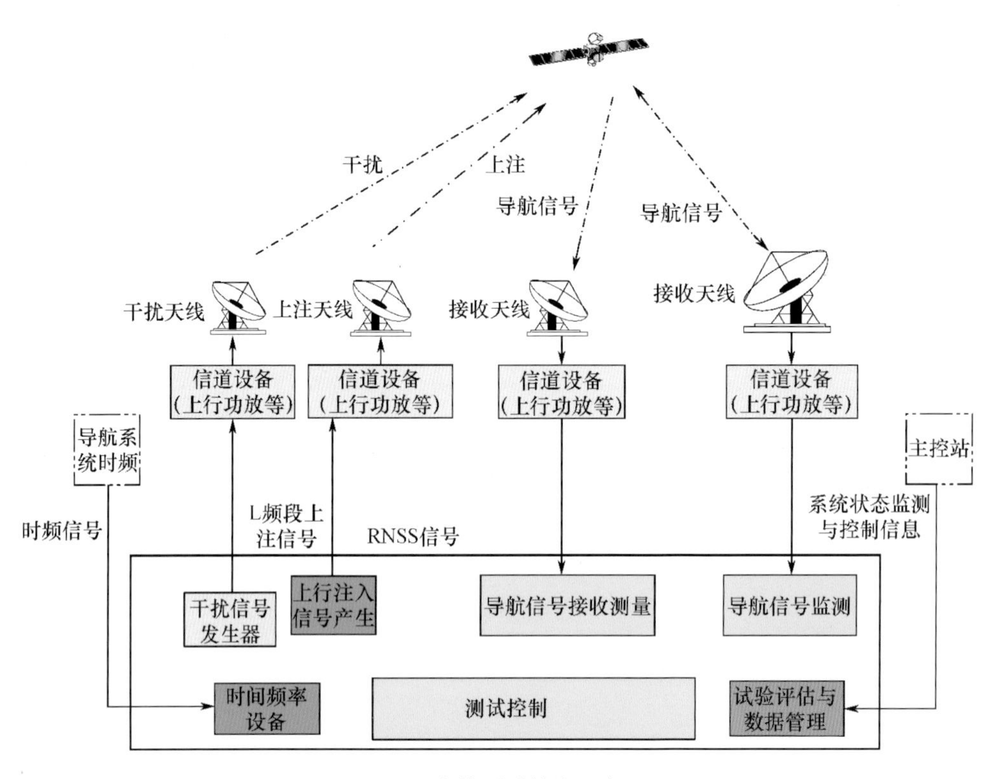

图 3.7　在轨测试链路示意图

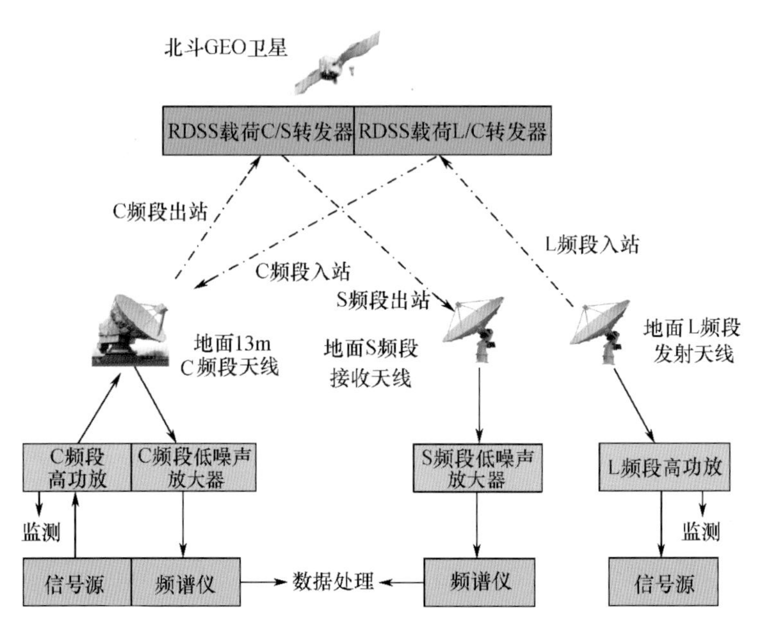

图 3.11　输入输出特性测试框图

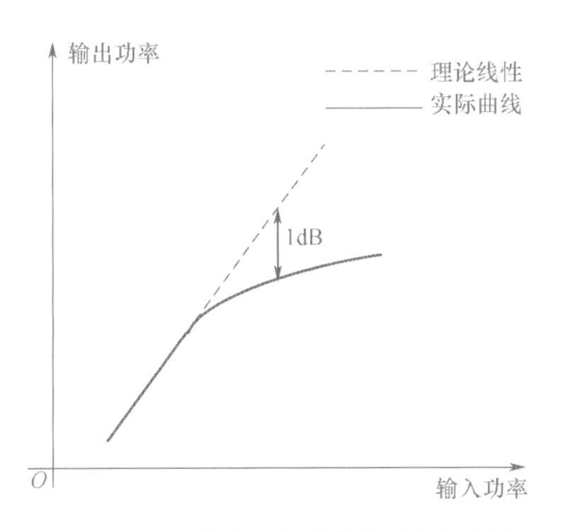

图 3.12　转发器 1dB 压缩饱和点示意图

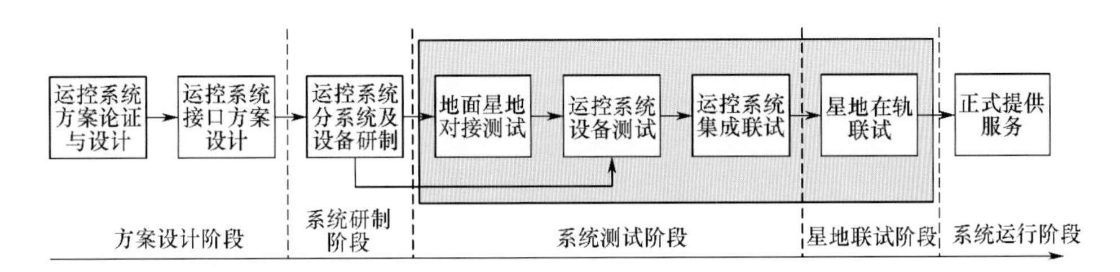

图 4.2　地面运控系统测试基本流程

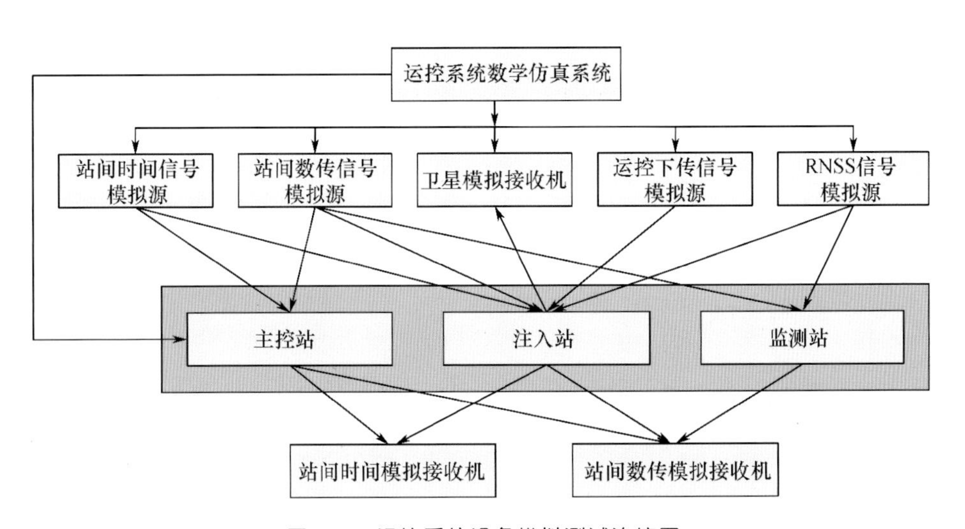

图 4.3　运控系统设备模拟测试连接图

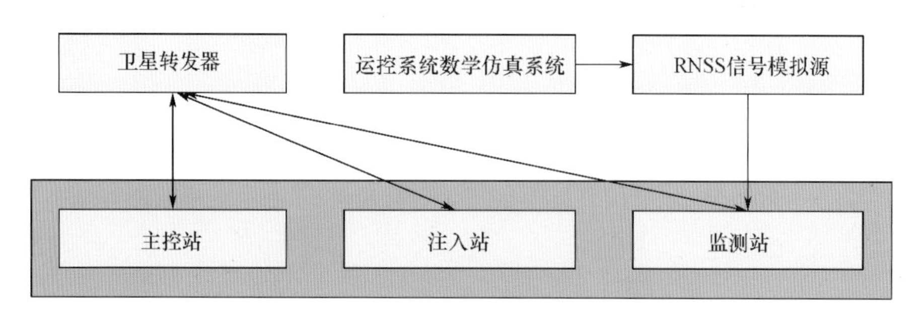

图 4.4　地面运控系统集成联试连接图

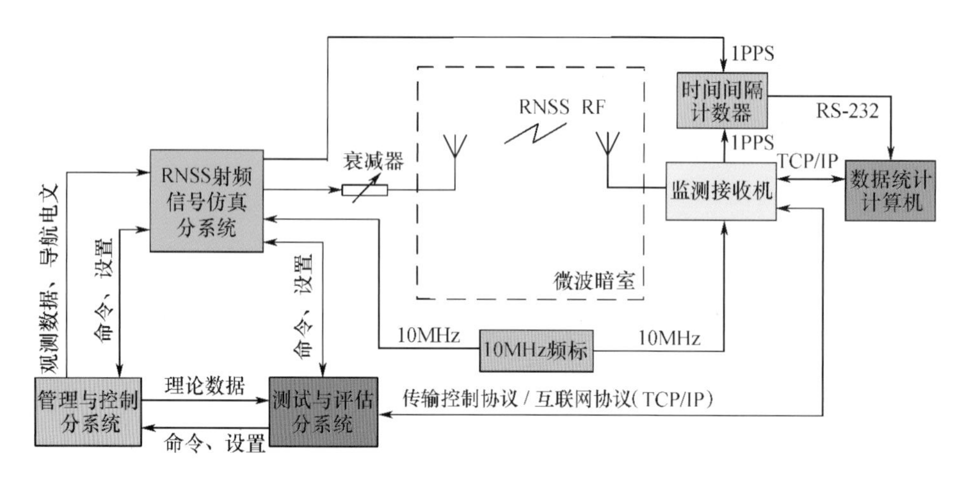

图 4.12　监测接收机测试设备连接框图(无线测试)

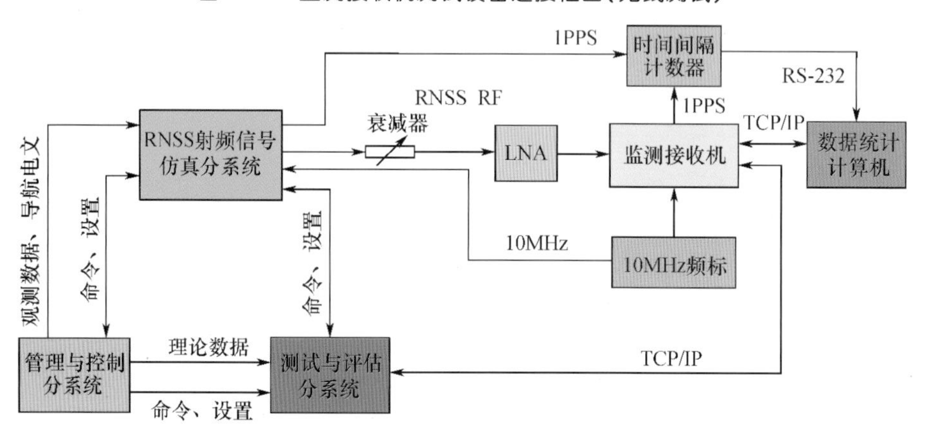

图 4.13　监测接收机测试设备连接框图(有线测试)

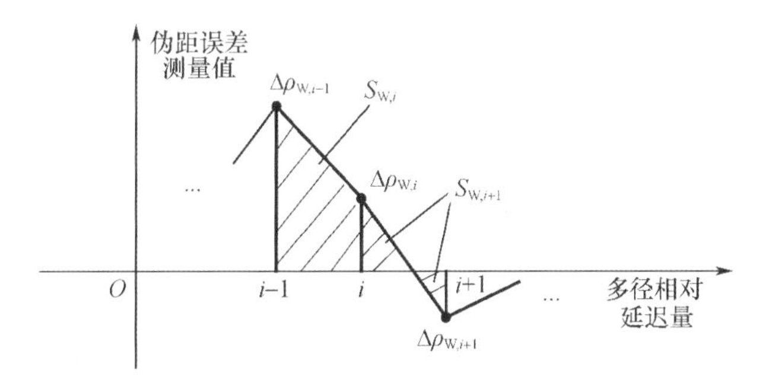

图 4.18　抗多径性能评定示意图

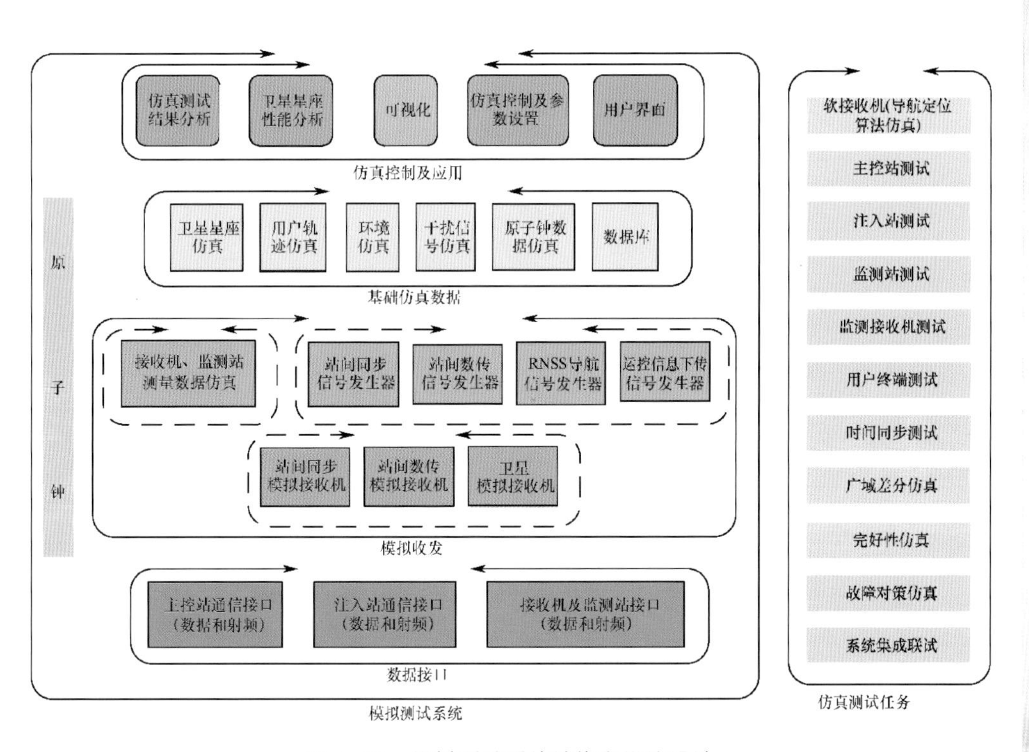

图 4.37　模拟测试系统结构和模块设计

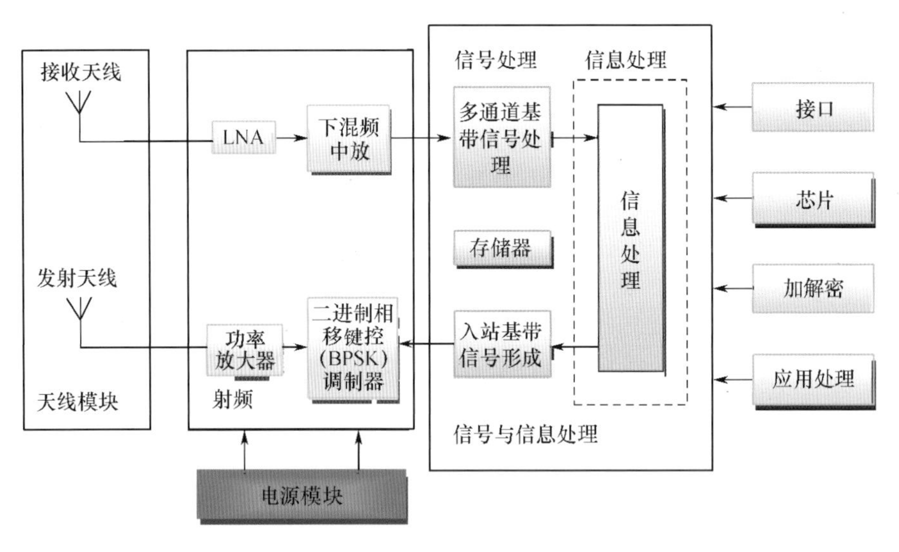

图 5.1　典型北斗应用终端组成框图

图 5.3　按通用电子设备指标属性划分指标体系示意图

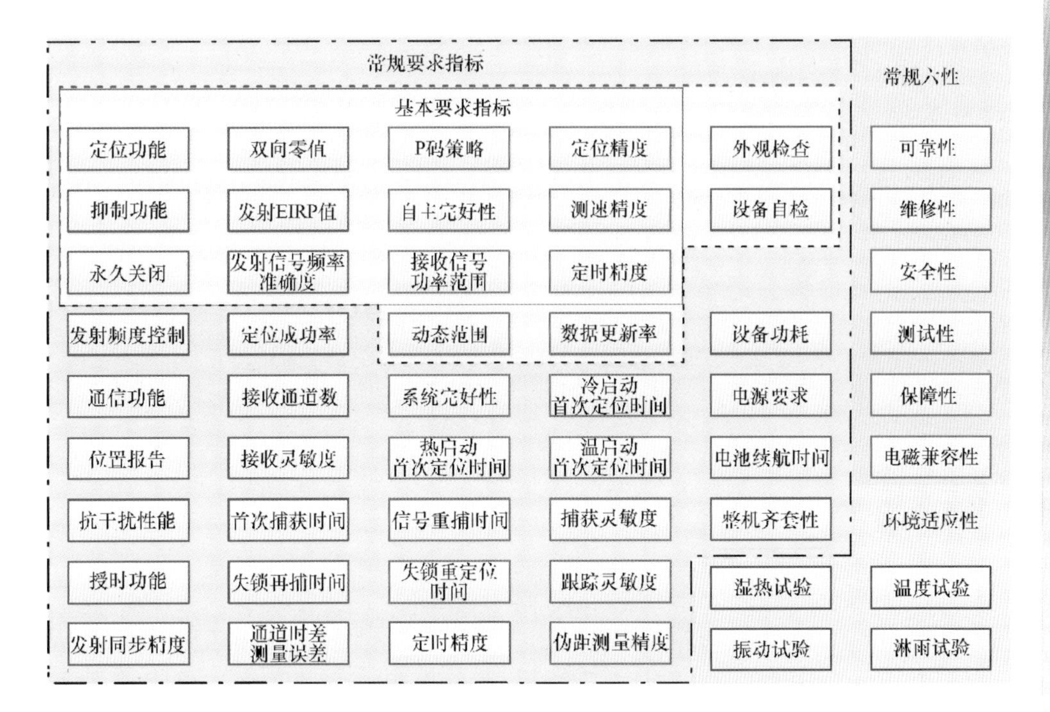

图 5.4　按北斗应用终端功能要求划分指标体系示意图

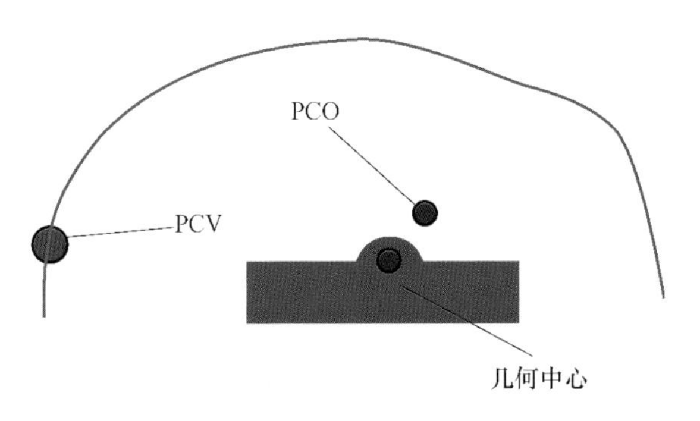

图 5.5　天线相位中心的影响原理图

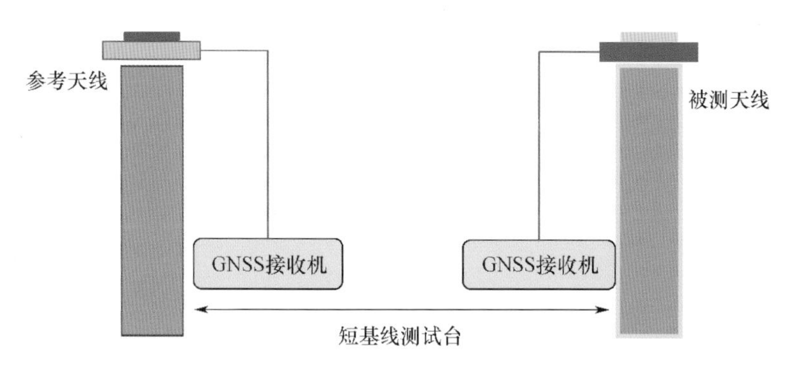

图 5.7　天线相位中心稳定度测试连接图

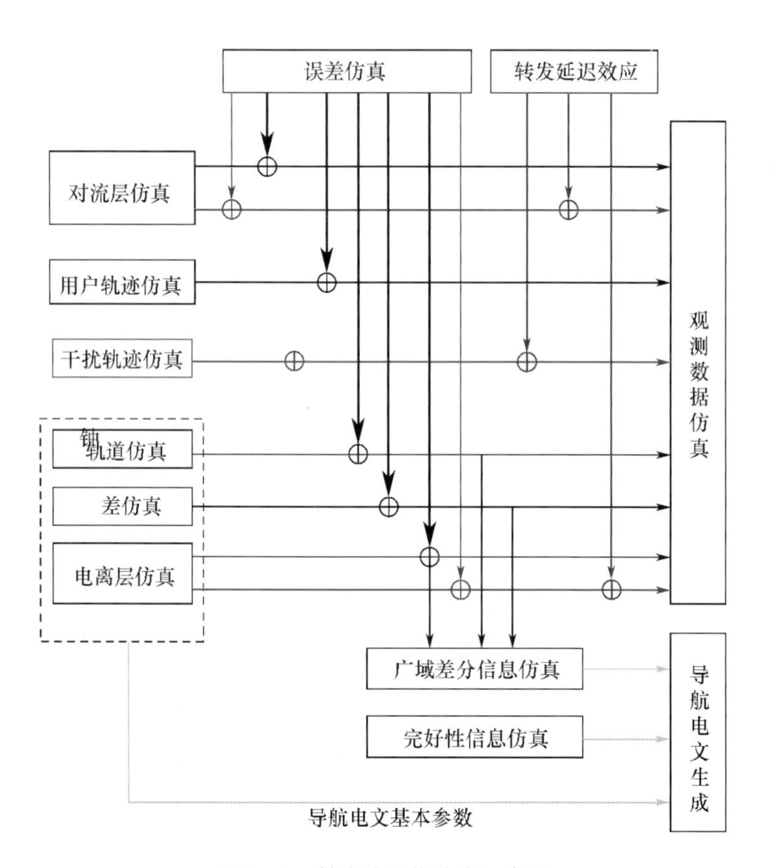

图 5.14　转发式干扰仿真示意图

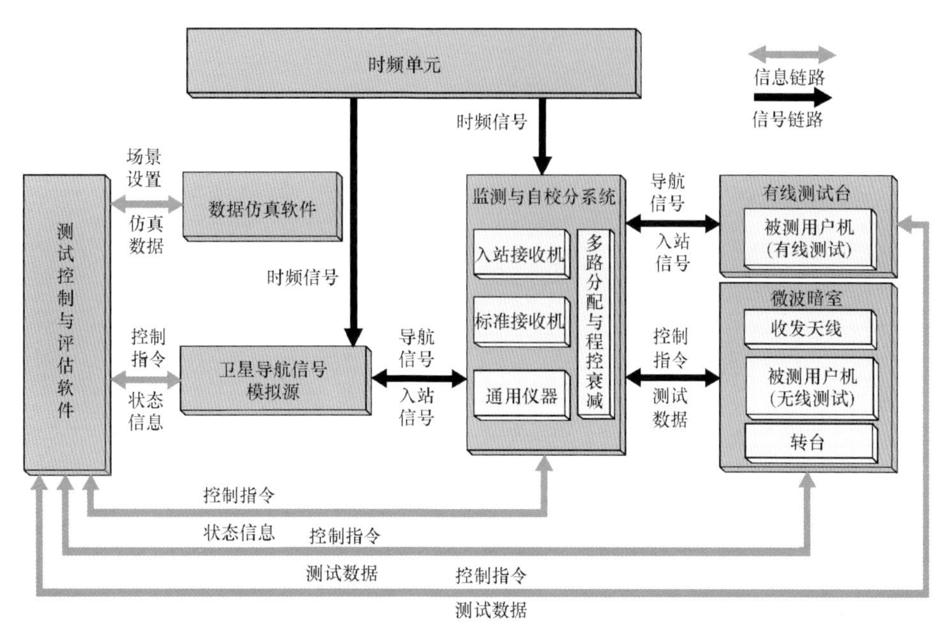

图 5.16　典型应用终端测试系统设备组成框图

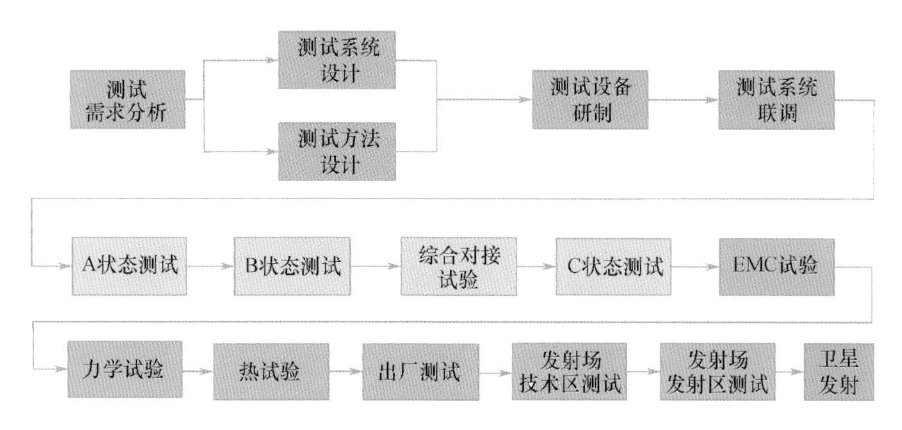

图 6.1　卫星电测整体流程图

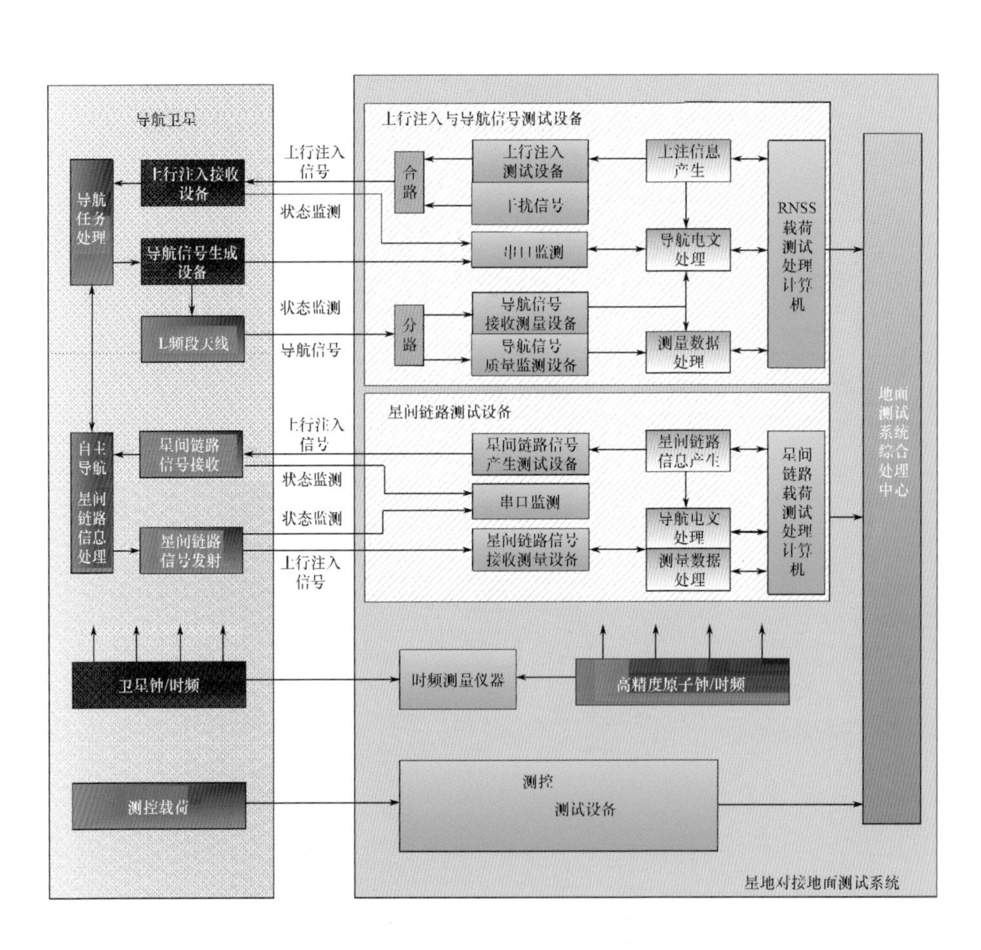

图 6.3　导航卫星星地对接试验设备连接原理图

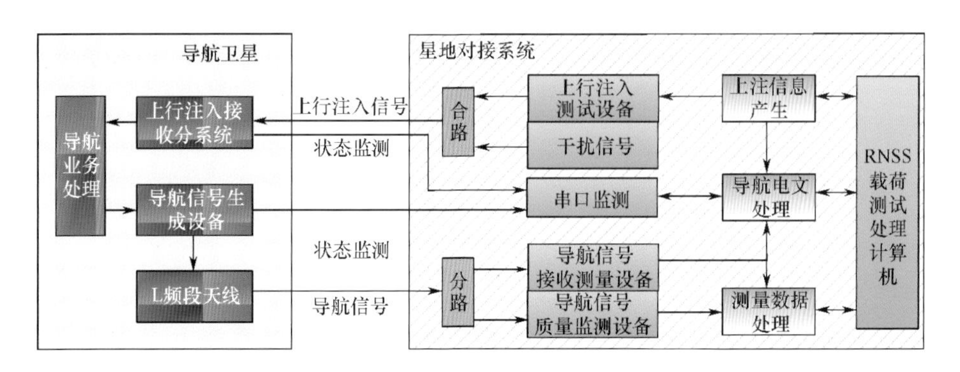

图 6.6　上行注入信息流程试验连接图

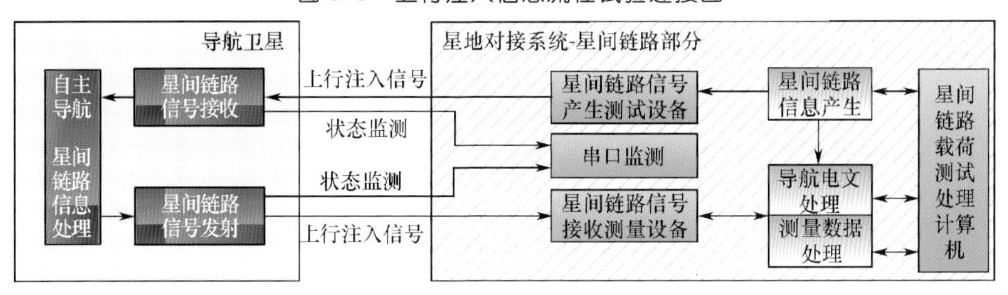

图 6.7　星间链路信息流程试验连接图(节点星)

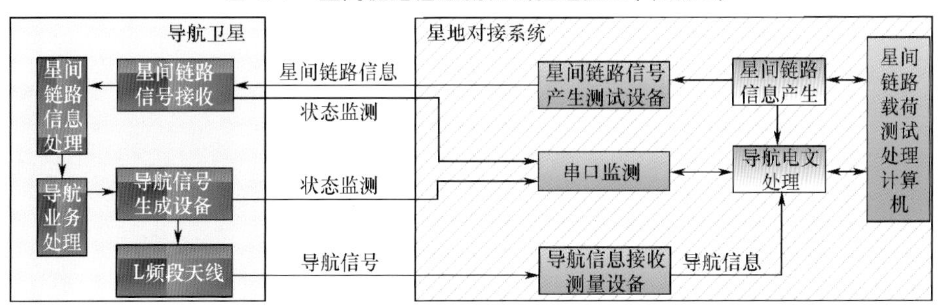

图 6.8　星间链路信息流程试验连接图(目标星)

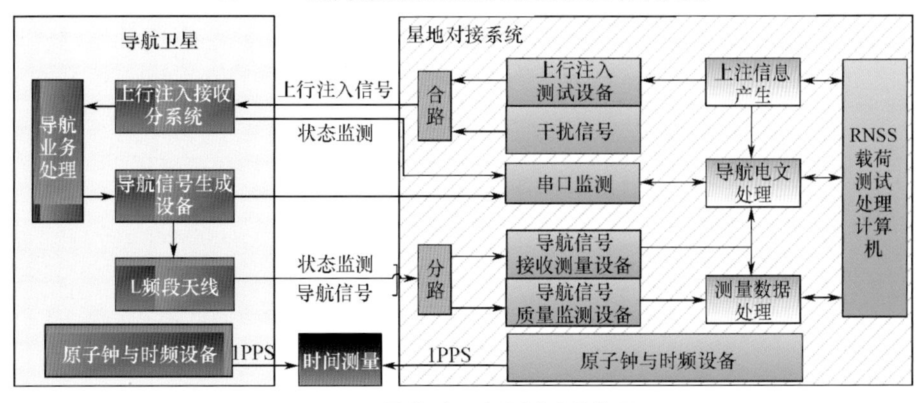

图 6.9　星地时间流程试验连接图

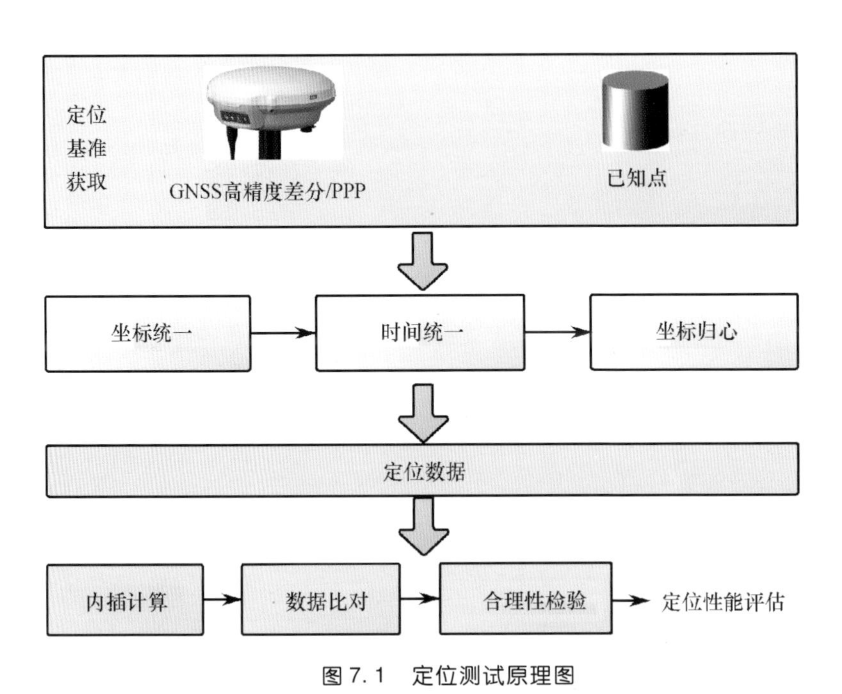

图 7.1　定位测试原理图

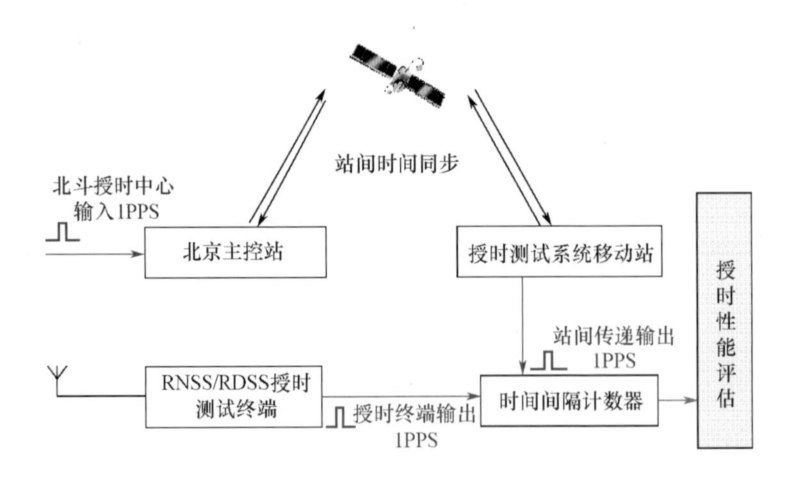

图 7.2　移动授时测试原理图

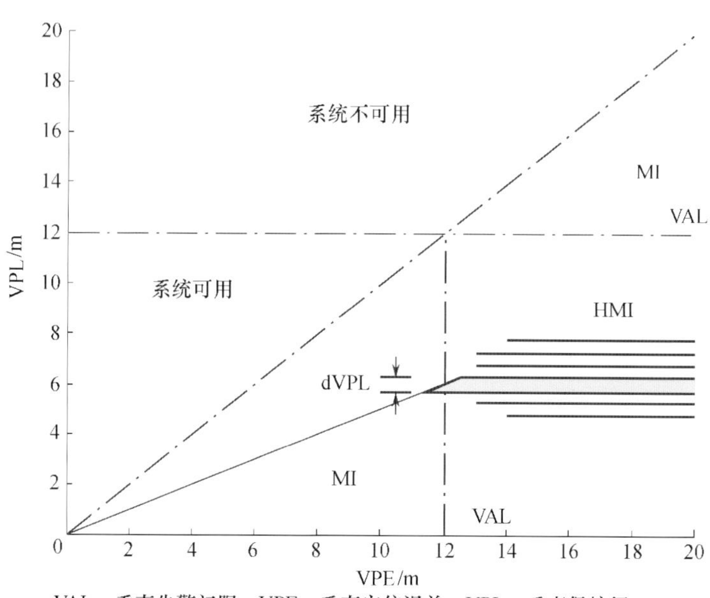

VAL—垂直告警门限；VPE—垂直定位误差；VPL—垂直保护级。

图 7.3　获取 HMI 概率的积分元素

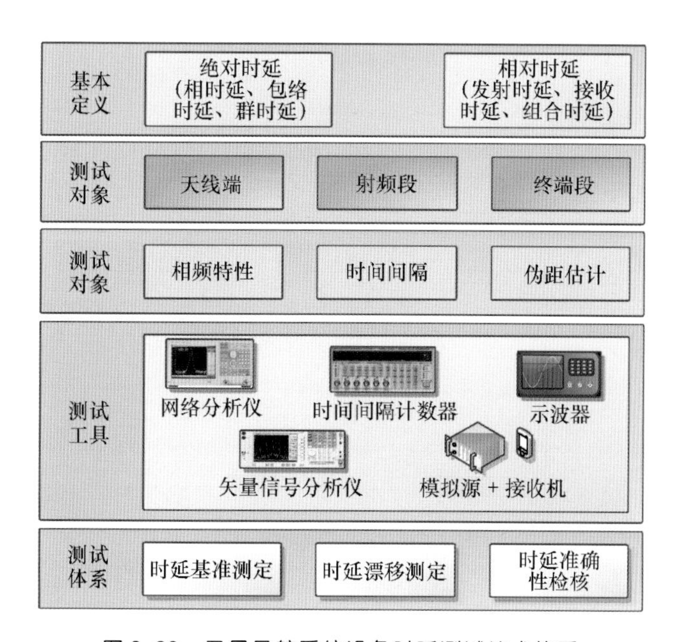

图 8.29　卫星导航系统设备时延测试技术体系

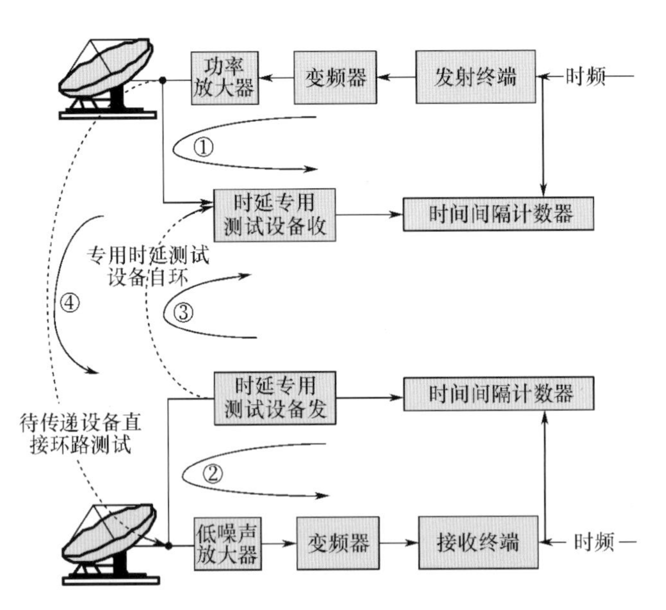

图 8.34　设备时延传递测试原理图

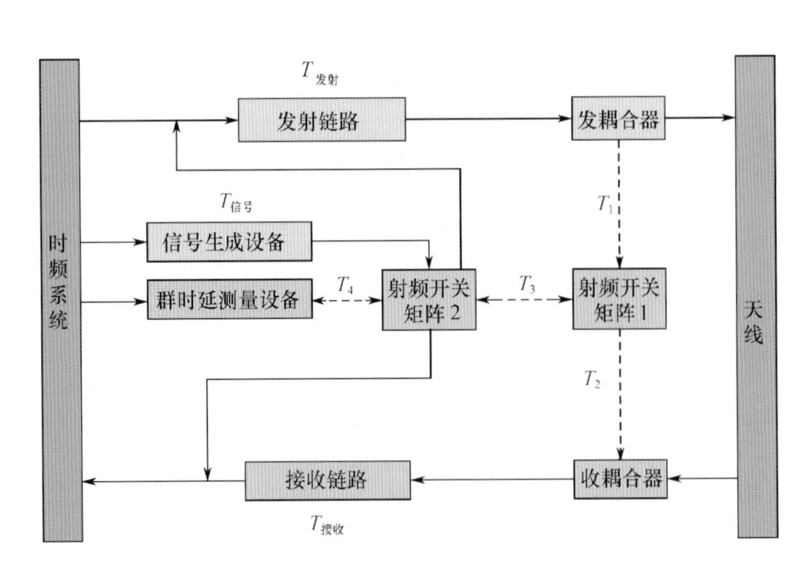

图 8.38　群时延测量系统时延测量原理图

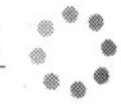

4.3.2.3 测量时刻准确度

实际系统中,相对于地面接收设备而言,卫星一直处于运动中,星地距离也在动态变化。如果接收设备测量时刻是不准确的,本应在 t_0 时刻进行伪距测量,但实际测量时刻却是 $t_0+\Delta t$,卫星运行致使输出的伪距测量与 t_0 时刻的伪距测量值是不相等的。伪距测量值可以表示为

$$y_0 = \rho_0 + \int_{\tau_0}^{\tau_0+\Delta\tau} \dot{\rho}(t) + c \times (\Delta T + \tau) \tag{4.16}$$

式中:ρ_0 为 t_0 时刻的星地距离;$\dot{\rho}(t)$ 为星地径向速度;c 为光速;ΔT 为星地钟差,同源条件下为一固定值;τ 为设备时延初值,包括发射时延初值和接收时延初值,在忽略时延漂移的情况下为一固定量。一般而言,Δt 非常小(ms 级),可以认为在该时间内星地径向速度变化很小,式(4.16)可以简化为

$$y_0 = \rho_0 + \dot{\rho}_0 \Delta t + c \times (\Delta T + \tau) \tag{4.17}$$

式中:$\dot{\rho}_0$ 为 t_0 时刻的星地径向速度。式中含 Δt 项即为测量时刻不准确所引入的伪距测量误差项。

模拟源输出动态信号,ρ_0 可由信号源仿真输出,$\dot{\rho}(t)$ 可从信号源的仿真参数中获取,未知量为 Δt、ΔT 和 τ 三项。由于使用同源连接,ΔT 为固定值,虽然信号源和接收设备的设备时延都发生漂移,但漂移很慢,在短时间内可以认为 τ 不发生变化。为求解 Δt,利用短时间内的伪距测量数据建立如下线性方程组:

$$\begin{bmatrix} y_0-\rho_0 \\ y_1-\rho_1 \\ \vdots \\ y_K-\rho_K \end{bmatrix} = \begin{bmatrix} \dot{\rho}_1 & c & c \\ \dot{\rho}_0 & c & c \\ \vdots & \vdots & \vdots \\ \dot{\rho}_K & c & c \end{bmatrix} \begin{bmatrix} \Delta t \\ \Delta T \\ \tau \end{bmatrix} \tag{4.18}$$

对以上方程组进行统计估计求解,估计值为

$$\begin{bmatrix} \Delta t \\ \Delta T \\ \hat{\tau} \end{bmatrix} = \left(\begin{bmatrix} \dot{\rho}_0 & c & c \\ \dot{\rho}_1 & c & c \\ \vdots & \vdots & \vdots \\ \dot{\rho}_K & c & c \end{bmatrix}^{\mathrm{T}} \begin{bmatrix} \dot{\rho}_0 & c & c \\ \dot{\rho}_1 & c & c \\ \vdots & \vdots & \vdots \\ \dot{\rho}_K & c & c \end{bmatrix} \right)^{-1} \begin{bmatrix} \dot{\rho}_0 & c & c \\ \dot{\rho}_1 & c & c \\ \vdots & \vdots & \vdots \\ \dot{\rho}_K & c & c \end{bmatrix}^{\mathrm{T}} \begin{bmatrix} y_0-\rho_0 \\ y_1-\rho_1 \\ \vdots \\ y_K-\rho_K \end{bmatrix} \tag{4.19}$$

4.3.2.4 误码率

误码率是指接收设备在接收灵敏度电平下的数据解调性能。在实际测试中,误码率是通过长时间拷机来统计,以误比特数与总比特数的比值表示,拷机时间需要根据误码率指标 P_{b} 和信息速率 R_{b}(b/s)来联合确定,一般选择 $t=10\times R_{\mathrm{b}}/P_{\mathrm{b}}$(s)。如果 R_{b} 很大或者 P_{b} 很小,就会导致 t 很大,甚至会达到几天或十几天,此时可以通过降指标的方式来进行替换测试,这是因为误码率与信噪比之间的关系是有固定规律

的，只要在信号源输出功率 P 时能达到误码率 P_b，当改变信号源输出功率为 P'时，误码率也就随之变化为 P_b'，如下式所示：

$$P_b = f(\mathrm{SNR}) = f(P_s/N_0) = f((P - G_{att} - G_{ant} + L_a)/N_0) \tag{4.20}$$

$$P_b' = f((P' - G_{att} - G_{ant} + L_a)/N_0) \tag{4.21}$$

首先选择一个适当的拷机时间，根据信息速率来确定测试误码率 P_b'，同时调整信号源输出功率，调整量可以根据误码率分布曲线确定，调整方法如下：

$$P' = P - \Delta\mathrm{SNR} \tag{4.22}$$

$$\Delta\mathrm{SNR} = \mathrm{SNR}\mid_{P_b'} - \mathrm{SNR}\mid_{P_b} \tag{4.23}$$

式中：P'为误码率为 P_b'时的信号源输出功率(dBW)；P 为接收灵敏度(dBW)；SNR 为信噪比(dB)。

然后，信号源按照调整后的输出功率发固定格式的信号，待拷机结束后，将接收设备解调出的数据与已知数据进行比对，统计误码个数和误码率。

4.3.2.5 开机捕获时间

开机捕获时间是指在与卫星不同源条件下，接收设备捕获并稳定锁定精密测距码信号所需的时间。测试时，信号源按预定的卫星运动规律只发射精密测距码信号，并使信号源的时频源与接收设备的时频源之间保持预定的时间偏差，观察接收设备能否在规定的时间内捕获到信号。

4.3.2.6 失锁重捕时间

失锁重捕时间是指接收设备在失锁后重新捕获并稳定锁定精密测距码信号所需的时间，是衡量设备能否快速恢复工作状态的重要指标，测试原理如图 4.17 所示。测试时，信号源按预定的卫星运动规律只发射精密测距码信号，在接收设备正常工作后再断开信号，经过规定的时间后重新连接信号，观察接收机能否在规定的时间内捕获到导航信号。

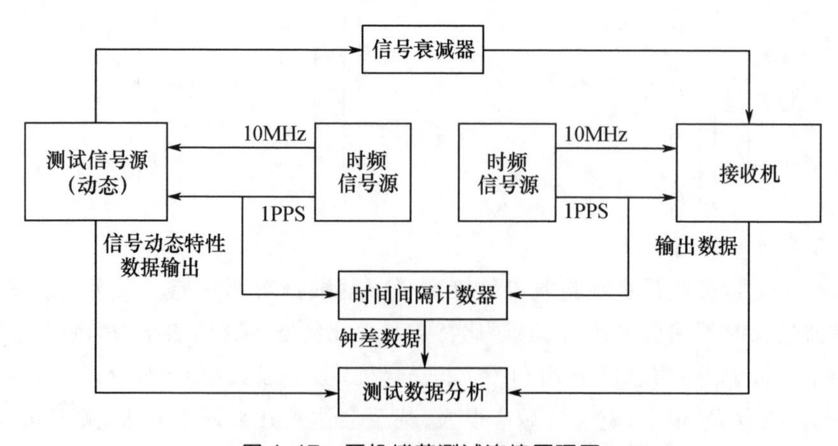

图 4.17 开机捕获测试连接原理图

4.3.2.7　伪距测量精度

伪距测量误差包含监测接收机与信号源的钟差、收发设备时延、噪声等。由于收发设备时延的漂移非常慢,可以认为在测试时间内基本保持不变,对伪距测量精度的影响可以忽略不计,因此监测接收机的伪距测量精度评估方法如下:

$$\Delta\rho_i = \rho_i' - \rho_{i0} - \Delta t_{1PPS} \tag{4.24}$$

式中:ρ_i'为监测接收机测得的伪距测量值;ρ_{i0}为星地距离理论仿真值(由信号源提供);Δt_{1PPS}为接收机与信号源的1PPS钟差测量数据。

$$\overline{\Delta\rho} = \frac{1}{n}\sum_{i=1}^{n}\Delta\rho_i$$

$$\hat{\sigma}_\rho^2 = \frac{1}{n-1}\sum_{i=1}^{n}[\Delta\rho_i - \overline{\Delta\rho}]^2 \tag{4.25}$$

式中:n为伪距测试数据个数;$\hat{\sigma}_\rho$为监测接收机的伪码测距精度。

伪距测量误差既可在无线条件下测试,也可在有线条件下测试。测试时:监测接收机与模拟信号源使用同源方法连接;模拟信号源仿真实际卫星星座状态发射下行RNSS射频信号,仿真中不附带任何误差信息;标定模拟信号源发射功率,使到达监测接收机天线口面的信号功率电平为灵敏度电平;调整监测接收机天线,使其相对发射天线处于低仰角(如15°)状态,方位角任意。

记录监测接收机原始测量数据和模拟信号源的星地距离仿真数据,利用时间间隔计数器测出模拟信号源与监测接收机的1PPS钟差值。对测试数据按照上述公式进行统计,确认伪距测量精度是否满足指标要求。

4.3.2.8　定位误差

该指标的测试方法同伪距测量精度,可以与伪距测量精度一同测试。

模拟源工作在仿真模式条件下,设置导航信号模拟源输出系统实际星座仿真卫星的所有频点和所有分量[2]的仿真导航信号,在模拟源仿真导航信号过程中不附带任何误差信息;调整信号电平,使到达监测接收机LNA前端的射频导航信号功率电平值为灵敏度电平。

设置模拟源仿真位置坐标为(x_0,y_0,z_0),在监测接收机测量时刻准确度和所有通道的测距精度均满足指标要求的条件下,监测接收机工作稳定后的定位解算结果为(x,y,z),则监测接收机的定位误差为

$$\Delta P = \sqrt{(x-x_0)^2 + (y-y_0)^2 + (z-z_0)^2} \tag{4.26}$$

4.3.2.9　载波相位测量精度

载波相位测量精度的测试条件与伪码测距精度测试项目相同,并与其同步进行。对每频点、每支路的载波相位测量值分别进行历元间三次做差。设C_i为某支路i时刻测得的载波相位测量值,且

$$\Delta C_i' = C_i - C_{i-1} \tag{4.27}$$

$$\Delta C''_i = C'_i - C'_{i-1} \tag{4.28}$$

$$\Delta C'''_i = C''_i - C''_{i-1} \tag{4.29}$$

三次求差后有

$$\Delta C'''_i = \theta_i - 3\theta_{i-1} + 3\theta_{i-2} - \theta_{i-3} \tag{4.30}$$

其统计方差为

$$\sigma^2_{\Delta C''} = D(\Delta C'''_i) = D(\theta_i) + D(3\theta_{i-1}) + D(3\theta_{i-2}) + D(\theta_{i-3}) = 20\sigma^2_{\mathrm{C}} \tag{4.31}$$

式中：θ 为载波相位误差；σ_{C} 为载波相位误差的统计均方差。

为此，载波相位测量精度的估计值为

$$\hat{\sigma}^2_{\mathrm{C}} = \frac{1}{20}\hat{\sigma}^2_{\Delta C''} = \frac{1}{20(n-1)}\sum_{i=1}^{n}[\Delta C'''_i - \overline{\Delta C'''}]^2 \tag{4.32}$$

$$\overline{\Delta C'''} = \frac{1}{n}\sum_{i=1}^{n}\Delta C'''_i \tag{4.33}$$

式中：n 为载波相位测试数据的个数。

4.3.2.10 多普勒测量精度

多普勒观测精度的测试条件与伪码测距精度测试项目相同，并与其同步进行测试。设 D'_i为接收机某频点在 i 时刻测得的多普勒测量数据，D_{i0}为对应 i 时刻模拟信号源的理论仿真星地距离变化率（多普勒理论值），采用如下方法进行处理：

$$\Delta D_i = D'_i - D_{i0} \tag{4.34}$$

多普勒观测精度估计值为

$$\hat{\sigma}^2_D = \frac{1}{n-1}\sum_{i=1}^{n}[\Delta D_i - \overline{\Delta D}]^2 \tag{4.35}$$

$$\overline{\Delta D} = \frac{1}{n}\sum_{i=1}^{n}\Delta D_i \tag{4.36}$$

式中：n 为伪距测试数据的个数。

4.3.2.11 设备通道时延一致性

设备通道时延一致性是确保监测接收机不同通道对同一信号的伪距测量值保持一致性的重要指标，以监测接收机各通道的时延互差来体现。

该项目是在有线条件下采用同源静态方式开展测试。模拟源设置为静态条件（相对运动速度为0），固定发射 1 颗卫星所有频点的射频导航信号，使到达监测接收机 LNA 前端的信号功率电平为灵敏度电平，标定并修正射频导航信号到达 LNA 前端各频点间的通道时延互差值，使各频点射频导航信号时延一致。设置监测接收机所有通道同时接收该卫星的射频导航信号，所有通道均稳定锁定信号后记录观测数据并统计处理。

记监测接收机所有通道所有类型所有频点的伪距测量值的均值为 $D^j_k(m)$，其中

j 表示第 j 个接收通道（接收不同编号卫星的导航信号），k 表示伪距测量值类型，m 表示接收信号频点。分别按相同频率和不同频率进行统计处理，考核同频和异频通道时延互差是否满足指标要求。

设备同频通道时延互差定义为

$$\Delta D_1 = \max_{k,m}(\max_{j}(D_k^j(m)) - \min_{j}(D_k^j(m))) \tag{4.37}$$

设备异频通道时延互差定义为

$$\Delta D_2 = \max_{k,j}(\max_{m}(D_k^j(m)) - \min_{m}(D_k^j(m))) \tag{4.38}$$

该项目与设备时延在线标定不确定度项目的测试方法相同，但仅在静态拷机、设备开、关机条件下进行测试。

4.3.2.12　本地钟面校时精度

在有线连接方式下进行测试。模拟源仿真实际卫星星座状态输出射频导航信号，信号不附带任何误差信息且调制有完整导航电文信息，调整信号电平，使所有可见仿真卫星各频点各支路的信号到达监测接收机 LNA 前端的电平均为灵敏度电平。

监测接收机输入模拟信号源仿真坐标值，在随机开关机时会产生随机的本地钟时刻，待接收机捕获锁定到星座所有可见卫星的射频信号后，根据导航电文信息自动完成一次钟面校时功能的运行。进行多组开关机试验，在每次校正后，利用时间间隔计数器测量监测接收机 1PPS 脉冲信号与信号源 1PPS 脉冲信号的相位差，采样并记录 N 个采样点，采样点的均值作为本地钟面校时精度，每次开关机试验的均值都应小于指标要求。

4.3.2.13　外输入 1PPS 模式钟面校时精度

在有线连接方式下进行测试，模拟源设置为测试模式，星地距离仿真值保持固定常数值，调整信号电平，使所有仿真可见卫星所有频点、所有支路的导航信号到达监测接收机 LNA 前端的电平均为灵敏度电平，设置监测接收机工作在外 1PPS 同步工作模式。

将外输入 1PPS 脉冲信号通过时频电缆输入给监测接收机，接收机加电开机后产生随机的本地钟时刻，待接收机捕获锁定到星座所有可见卫星的射频信号后，通过监控软件向监测接收机发送外 1PPS 同步指令，用时间间隔计数器测量监测接收机输出 1PPS 脉冲信号与外输入 1PPS 脉冲信号间的相位差。

进行多组开关机试验，每次待监测接收机工作稳定并完成外输入 1PPS 钟面校时功能后，采样并记录 N 个时间间隔计数器的采样点，采样点的均值作为外输入 1PPS 模式钟面校时精度，每次开关机试验的均值都应小于指标要求。

4.3.2.14　抗多径性能

抗多径性能测试主要是验证监测接收机对抗多径效应的能力，可以采取有线测试与实际收星测试两种方式进行[3]。

1）有线测试

模拟源和监测接收机采用有线同源方式连接。模拟源发射 1 号和 2 号卫星信号,设置为静态条件(相对运动速度为 0),1 号卫星信号包含一路直达信号和一路多径信号,2 号卫星信号仅包含直达信号,作为多径性能统计参考。调整信号发射功率,使两颗卫星的直达 RF 信号到达监测接收机 LNA 入口的电平为灵敏度电平,多径信号的电平按要求设置。

首先,模拟源仅发射直达信号,监测接收机存储 10min 数据;然后,模拟源同时发射直达信号与多径信号,多径信号延迟从 0 到 1.5 码片变化,步进 0.1 码片,多径延迟量每改变 0.1 码片,需存储 5min 伪码测距数据。

假定 1 号和 2 号卫星相同频点发射信号伪码调制一致,以 2 号卫星信号测量的伪距测量值为参考统计监测接收机的抗多径性能,每个频点每个信号要独立分开考核。仅以某一个频点的一个信号为例,具体统计方法如下:

(1) 1 号和 2 号卫星每改变一次多径延迟量时,统计非抗多径通道和抗多径通道的伪码测距值的均值,分别为

ρ_{1Wi}:1 号星宽相关通道在第 i 次多径延迟量测量的伪距均值。

ρ_{1Ai}:1 号星抗多径通道在第 i 次多径延迟量测量的伪距均值。

ρ_{2Wi}:2 号星宽相关通道在第 i 次多径延迟量测量的伪距均值。

ρ_{2Ai}:2 号星抗多径通道在第 i 次多径延迟量测量的伪距均值。

(2) 以 2 号卫星伪距测量值为参考,求出 1 号卫星测得的非抗多径通道和抗多径通道伪距测量值的误差,分别为

$$\Delta\rho_{Wi} = \rho_{1Wi} - \rho_{2Wi} - (\rho_{1W0} - \rho_{2W0}) \tag{4.39}$$

$$\Delta\rho_{Ai} = \rho_{1Ai} - \rho_{2Ai} - (\rho_{1A0} - \rho_{2A0}) \tag{4.40}$$

(3) 计算抗多径通道和非抗多径通道的伪距测量误差值的包络面积 S_A 和 S_W,其比值为

$$R = 1 - \frac{S_A}{S_W} \tag{4.41}$$

即为抗多径能力。

包络面积的计算方法如图 4.18 所示,以非抗多径通道伪距测量误差值的包络面积 S_W 为例,S_A 的计算方法相同:

$$S_W = \sum_i S_{W,i} \tag{4.42}$$

式中

$$S_{W,i} = \begin{cases} \dfrac{|\Delta\rho_{W,i-1} + \Delta\rho_{W,i}|}{2} & \Delta\rho_{W,i-1}\text{与 }\Delta\rho_{W,i}\text{同号} \\ \dfrac{(\Delta\rho_{W,i-1})^2 + (\Delta\rho_{W,i})^2}{2(|\Delta\rho_{W,i-1}| + |\Delta\rho_{W,i}|)} & \Delta\rho_{W,i-1}\text{与 }\Delta\rho_{W,i}\text{异号} \end{cases} \tag{4.43}$$

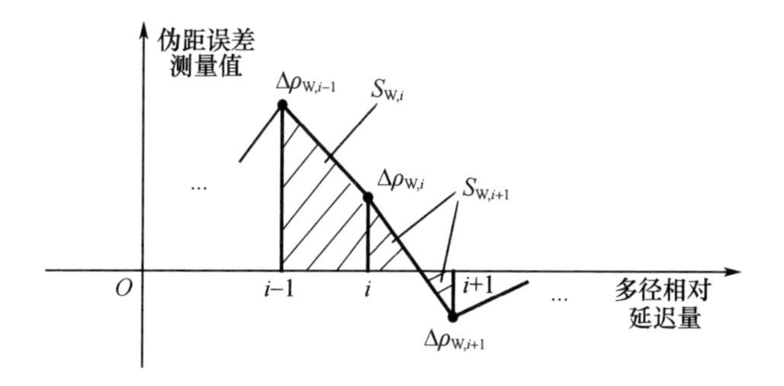

图 4.18　抗多径性能评定示意图(见彩图)

利用上述方法,可以得到有线测试条件下所有频点所有信号的抗多径性能。

2）实际收星测试

监测接收机接收实际卫星导航信号,将不同频点的伪距测量值和载波相位测量值进行组合来考察抗多径性能,组合观测值消除星地几何距离、大气传播延迟及星地钟差等因素的影响,虽然残留了载波相位的模糊度,但由于是常数,不影响多径性能的考核。多径组合观测值如下:

$$M_{P_1}=P_1+\frac{1+\alpha_{12}}{1-\alpha_{12}}C_1-\frac{2}{1-\alpha_{12}}C_2 \tag{4.44}$$

$$M_{P_2}=P_2+\frac{2\alpha_{12}}{1-\alpha_{12}}C_1-\frac{1-\alpha_{12}}{1+\alpha_{12}}C_2 \tag{4.45}$$

$$M_{P_3}=P_3+\frac{2\alpha_{13}}{1-\alpha_{13}}C_1-\frac{1-\alpha_{13}}{1+\alpha_{13}}C_3 \tag{4.46}$$

$$\alpha_{12}=f_1^2/f_2^2,\alpha_{13}=f_1^2/f_3^2 \tag{4.47}$$

式中:C_1、C_2、C_3 分别为下行 3 个载波相位观测值(m);P_1、P_2、P_3 分别为下行 3 个伪距观测值;f_1、f_2、f_3 为 3 个载波频率。

假定多径组合观测值的均值是一个常数(不考虑其他干扰信号对观测值的影响),不受时变影响且载波相位测量值无周跳现象,则 M_{P_1}、M_{P_2}、M_{P_3} 观测值主要受到伪码测距精度和多径影响[4]。统计多径组合观测值:

$$\overline{M_{P_j}}=\frac{1}{n}\sum_{i=1}^{n}M_{P_j}(i) \tag{4.48}$$

$$\hat{\sigma}_{M_{P_j}}^2=\frac{1}{n-1}\sum_{i=1}^{n}\left(M_{P_j}(i)-\overline{M_{P_j}}\right)^2 \tag{4.49}$$

式中:j 为某个频点的某个信号。某个频点的某个信号多径误差可表示为

$$\hat{\sigma}_{\text{Multipath}-j}=\sqrt{\hat{\sigma}_{M_{P_j}}^2-\hat{\sigma}_{P_j}^2} \tag{4.50}$$

式中:$\hat{\sigma}_{P_j}^2$ 为相应的伪码测距精度。

4.3.3 时间频率设备测试

4.3.3.1 时间偏差测试

时间偏差测试是指测试两个时间信号的时差，基本测试方法如图 4.19 所示。

连接好测试设备，待设备工作稳定后进行测试。将两个 1PPS 信号接入计数器的 A、B 通道分别作为开门信号和关门信号。测量参考 1PPS 信号与被测 1PPS 信号的相位差，用计算机采集不小于 1 天的时差比对数据，读取相位差的最大值 T_1，并作记录。

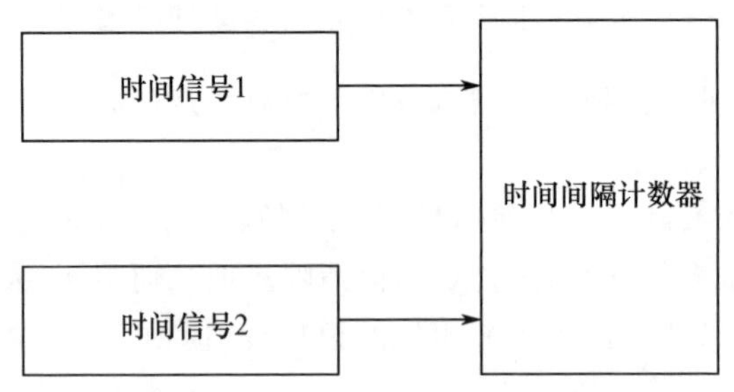

图 4.19　时间偏差测试框图

4.3.3.2 频率信号调频分辨率测试

频率信号调频分辨率测试方法如图 4.20 所示。

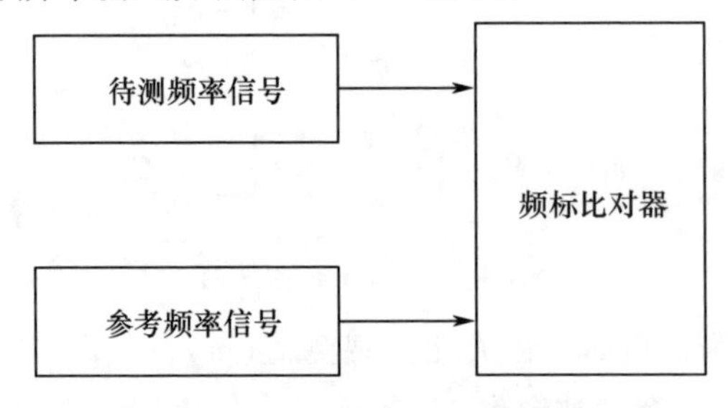

图 4.20　调频分辨率测试框图

按图 4.20 连接好测试设备，待设备工作稳定后进行测试。利用频标比对器测量信号产生链路输出频率信号和参考频率信号的频差。调整待测频率信号的频率值，记录调整量，用计算机采集不小于 7h（经验值）的时频差比对数据，利用一阶多项式拟合法计算出实测频率调整数值 a，见下式：

$$\Delta T = at + b \tag{4.51}$$

比较 a 值和调整量的关系，若二者偏差在一定要求内，则可判定 a 值为频率调整分辨率。

4.3.3.3 频率信号单次最大调频能力测试

按图 4.20 连接好测试设备，待设备工作稳定后进行测试。利用频标比对设备测量待测信号相对于参考频率信号的频差，按最大调整量调整待测信号频率，用计算机

采集不小于7h(经验值)的时频差比对数据,利用一阶多项式拟合法计算出实际频率调整数值 a。

比较 a 值和调整量的关系,若二者偏差在一定要求内,则可判定 a 值为最大频率调整能力。

4.3.3.4 主、备切换前后频率偏差测试

按图4.20连接测试设备,待设备工作稳定后进行测试。测量待测频率信号相对于参考频率信号之间的频差,用计算机采集不小于7h(经验值)利用一阶多项式拟合法计算出频率偏差 a_0,计算公式为 a_0t+b_0。人工产生待测频率信号的主、备路设备进行切换,再次测量待测频率信号相对于参考频率信号之间的频差,利用一阶多项式拟合法计算出频率偏差 a_1,计算公式为 a_1t+b_1。则主、备切换前后的频率偏差 $y(t)$ 如下式所示:

$$y(t)=a_1-a_0 \tag{4.52}$$

4.3.3.5 主、备切换前后相位偏差测试

按图4.19连接好测试设备,待设备工作稳定后进行测试。将两个1PPS信号接入计数器的A、B通道分别作为开门信号和关门信号。测量参考1PPS信号与被测1PPS信号的相位差 T_0,人工产生待测脉冲信号的主、备路设备进行切换,获得参考1PPS信号与被测1PPS信号的相位差 T_1,则主、备切换前后的相位偏差为

$$\Delta T=T_1-T_0 \tag{4.53}$$

4.3.3.6 频率准确度测试

依据国家计量检定规程中对参考频标的要求:在频率准确度测试中,参考频标的频率准确度应优于被测信号的准确度一个量级。选用高精度时频系统输出1PPS脉冲信号作为参考频标。频率准确度测试方法如图4.21所示。

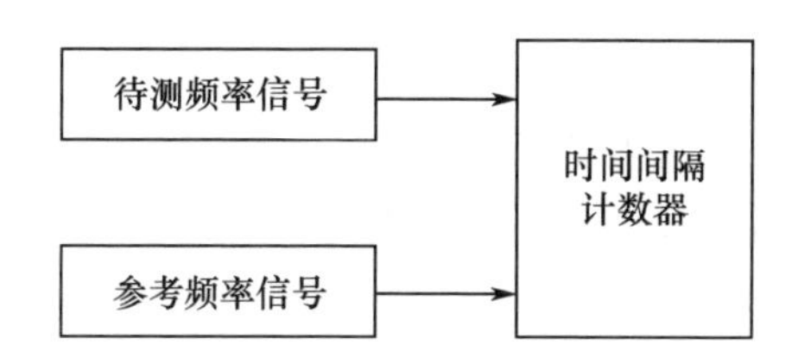

图4.21 频率准确度测试框图

按图4.21所示连接测试设备,待设备工作稳定后进行测试。被测1PPS为时间间隔计数器的开门信号,参考1PPS为时间间隔计数器的关门信号,进行时差比对,为保证计算结果的可信度,用计算机采集不小于1天的时差比对数据,计算出被测频标的频率准确度。

在时域中,频率准确度是指频率实际值靠近标称值的程度,频率偏置值通过被测频率源与参考源的时间间隔测量:

$$y(\tau)=\frac{T_2-T_1}{t_2-t_1} \tag{4.54}$$

式中：t_1、t_2 分别为始末取样时间点；$\tau=t_2-t_1$ 为取样时间(ns)；T_1、T_2 分别为 t_1、t_2 时刻测得的时间间隔(ns)。

由此可得本次准确度测试：

$$y(n\mathrm{d})=\frac{T_2-T_1}{n\times86400\times10^9\mathrm{ns}}=a\times10^{-b} \tag{4.55}$$

式中：d 为天，1d = 86400s。

频率准确度 $A=(\text{取整}|a|+1)\times10^{-b}$。

4.3.3.7 频率漂移率测试

依据国家计量检定规程中对参考频标的要求：在频率漂移测试中，参考频标的频率漂移应优于被测信号的漂移一个量级。待设备工作稳定后进行测试。被测 1PPS 为时间间隔计数器的开门信号，参考 1PPS 为时间间隔计数器的关门信号，进行时差比对，按照频标计量的通用要求，计算机连续采集时差数据 16 天，计算出相邻两天时刻差的变化量 $\Delta T_i=T_{i+1}-T_i$，用最小二乘法算出频率漂移率，见下式：

$$D_{\mathrm{d}}=\frac{\sum_{i=1}^{16}(\Delta T_i-\overline{\Delta T})(t_i-\bar{t})}{\tau\sum_{i=1}^{16}(t_i-\bar{t})^2} \tag{4.56}$$

式中：t_i 为 ΔT_i 值的取样时序，$i=1,2,\cdots,16$；$\bar{t}$ 为 $\frac{1}{16}\sum_{i=1}^{16}t_i$；$\Delta T_i$ 为与第 i 天相对应的 τ 时间内测得的时刻差的变化量；T_i、T_{i+1} 为 τ 的始、末时刻测得的相位时刻，单位为 ns；$\Delta T_i=T_{i+1}-T_i$，单位为 ns；$\overline{\Delta T}=\frac{1}{16}\sum_{i=1}^{16}\Delta T_i=\frac{1}{16}(T_{17}-T_1)$；$\tau$ 为取样时间，$\tau=1\mathrm{d}=86400\times10^9\mathrm{ns}$。

4.3.3.8 频率信号时域频率稳定度测试

依据中华人民共和国国家计量检定规程中对参考频标的要求：在频率稳定度测试中，参考频标的频率稳定度应优于被测信号的频率稳定度 3 倍；不能满足此要求时，可用同型号的频标，采用互比法，其结果除以$\sqrt{2}$。频率稳定度测试设备连接同图 4.20。待设备工作稳定后进行测试。将频标比对器置频率信号时域稳定度测量挡，累积足够的时间(15τ)直接从显示屏上分别读取 1s、10s、100s、1000s、10000s、86400s 的取样时间间隔的稳定度测量值。τ 分别取为 1s、10s、100s、1000s、10000s、86400s。

4.3.3.9 频率信号单边带相位噪声测试

依据中华人民共和国国家计量检定规程中对参考频标的要求：进行相位噪声测试时，参考频标的相位噪声应比被测信号的相位噪声小 10dBc。单边带相位噪声测试设备连接同图 4.20。待设备工作稳定后进行测试。将频标比对器置频率信号频

域相位噪声测量挡，测试被测频率信号单边带相位噪声，在其显示屏上读取偏离中心频率1Hz、10Hz、100Hz、1kHz和10kHz各点的单边带相位噪声测量值。

4.3.3.10 频率信号相位一致性测试

输出频率信号相位一致性测试设备连接同如图4.21。待设备工作稳定后进行测试。两路频率信号接入计数器的A、B通道，每路信号采样数量为100个(为一组)，在计数器上读取每组相位差的最大值即为输出频率信号的相位一致性。

4.3.3.11 频率信号频率调整范围测试

频率调整范围测试设备连接同图4.20。待设备工作稳定后进行测试。通过频标比对器测量待测频率信号和参考频率信号之间的频差，用计算机采集不小于30min调整前频差测量数据，利用一阶多项式拟合法计算出频率偏差a_0，计算公式为a_0x+b_0。调整待测频率信号的频率值，用计算机采集不小于30min调整后频差测量数据，利用一阶多项式拟合法计算出频率偏差a_1，计算公式为a_1x+b_1，计算出实际被测信号的频率调整值$y(t)$，见下式：

$$y(t)=a_1-a_0 \tag{4.57}$$

4.3.3.12 脉冲信号前沿宽度测试

脉冲信号前沿宽度测试方法如图4.22所示。

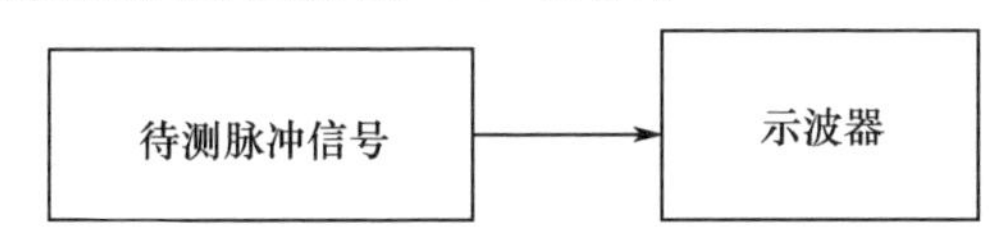

图4.22 1PPS脉冲信号前沿宽度测试框图

待设备工作稳定后进行测试。将示波器的输入阻抗设置为50Ω，幅度设置为1V/div，时间设置为5ns/div，开启测量被测信号上升沿功能，在示波器上读取1PPS幅度从10%上升到90%所需的时间为被测信号前沿宽度的实际值。

4.3.3.13 脉冲信号前沿抖动

脉冲信号前沿抖动测试设备连接同图4.21。待设备工作稳定后进行测试。以被测1PPS为时间间隔计数器的开门信号，以参考1PPS为时间间隔计数器的关门信号，测量被测氢钟输出的1PPS与参考氢钟输出的1PPS的相位差，信号采样数为100个，将计数器的测量功能键选择到JITTER功能项，直接读取被测1PPS脉冲信号的前沿抖动数值。

4.3.4 注入天线测试

在运控系统中，天线既参与站间时间同步、上行注入和遥测信号接收，也用于导航信号监测接收和信号质量监测，既有大口径的转台或桁架式抛物面天线，也有小口径的全向导航天线。根据天线收发互易原理，一副天线既可用作发射，也可用作接收。当用于发射时，天线的测试项目包括天线方向图、天线增益和极化隔离度等；当用于接收时，天线的测试项目包括天线增益、第一副瓣、极化隔离度、品质因数(*G/T*

值)等。当应用于卫星导航系统时,天线的相位中心、发射时延和接收时延也是重要的测试项目。

4.3.4.1 方向图测试

天线方向图反映的是以馈源为中心,天线在各个立体方向上辐射(接收)电磁波的能力。

1) 测试原理

理论上,固定天线位置,使用仪器测试天线在不同位置方向的电磁场强度,即可获得天线方向图。但是,该方法在实际操作中难以实现,而一般是采用固定测试仪器位置、按一定角度旋转天线的方法[5]。测试发射方向图时,由待测天线发射无线电单载波信号,标准天线接收,标准天线位置及指向保持固定,通过在方位和俯仰两个方向来转动待测天线,由标准天线测试不同方位角和俯仰角下接收信号的功率,以此绘制发射方向图;测试接收方向图时,待测天线接收已知发射功率的无线电单载波信号,发射源保持固定,转动待测天线,测试不同方位角和俯仰角下的待测天线接收功率,以此绘制接收方向图。天线方向图测试一般有卫星源法和场地法两种。

卫星源法是指借助卫星转发无线电信号或者利用卫星信标信号来完成待测天线方向图和天线接收方向图的测试,如图 4.23 和图 4.24 所示。借助卫星转发无线电信号的方式可支持待测天线发射方向图和接收方向图的测试,而利用卫星信标信号的方式只支持待测天线接收方向图的测试。该方法的优点是不受地理环境限制,但受限于卫星频率资源。

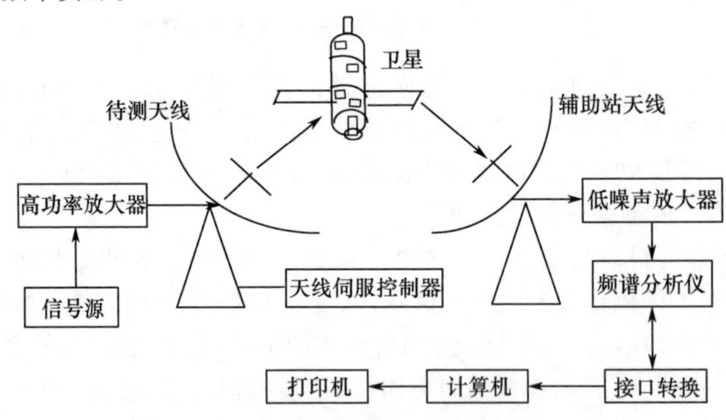

图 4.23 卫星源法测量抛物面天线发射方向图原理图

场地法是指借助地面信标塔搭建测试环境,利用标准天线与待测天线建立无线链路,可支持待测天线发射方向图和接收方向图的测试。在测试小口径全向导航天线方向图时,应在微波暗室搭建测试环境。该方法的优点是频率资源可由测试方自行架设,但对测试场地条件有严格要求,不仅要求待测天线与标准天线的距离满足远场条件,而且周边环境或建筑物不会引起信号反射、衍射和遮挡等,如图 4.25 和图 4.26所示。

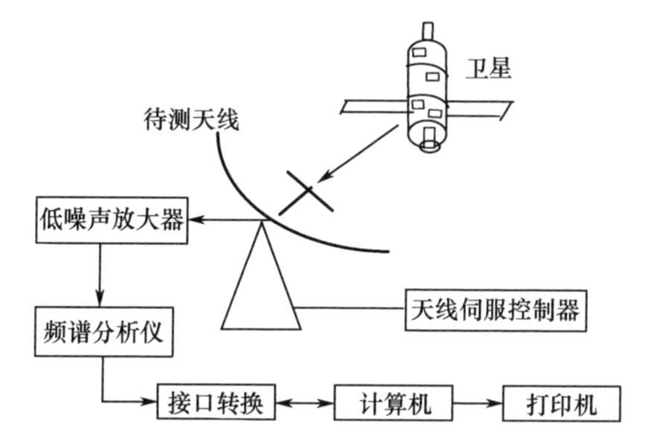

图4.24　卫星源法测量抛物面天线接收方向图原理图

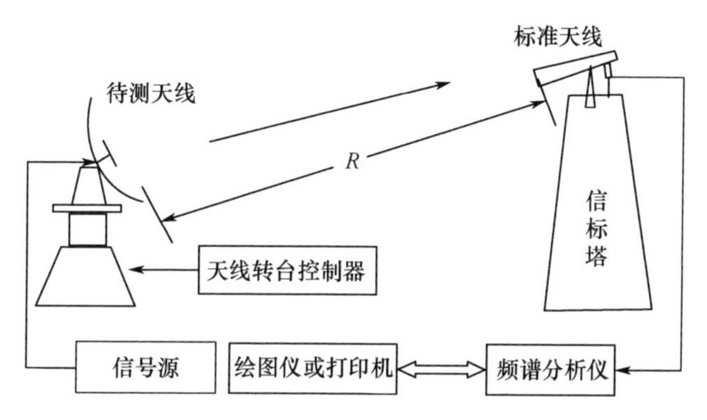

图4.25　场地法测量抛物面天线发射方向图原理图

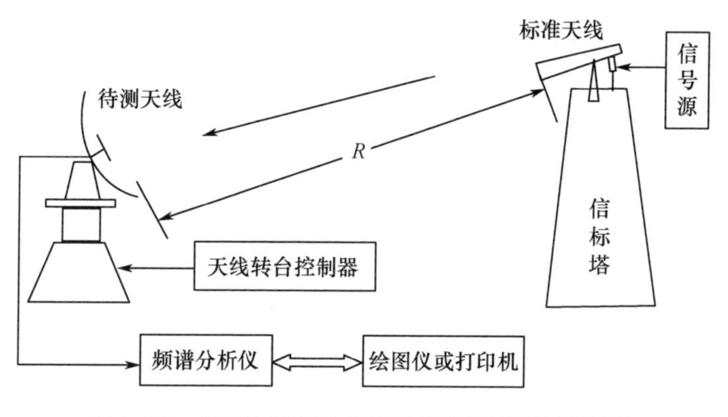

图4.26　场地法测量抛物面天线接收方向图原理图

2）测试方法

以场地法测试抛物面天线接收方向图为例来说明天线方向图测试方法，具体如下：

（1）按照原理图建立测试系统，加电预热使测试系统仪器设备工作正常。

（2）按照测试计划给定的极化和频率，调整发射天线极化方式为垂直极化，并使标准天线瞄准待测天线,用信号源发射单载波信号。

(3) 驱动待测天线,使天线波束中心精确对准信标塔的标准天线,此时频谱分析仪接收的信号功率电平最大。

(4) 依据天线测试要求以及天线转动速度,合理设置频谱仪工作状态,如分辨带宽、视频带宽和扫描时间等[6]。

(5) 将此时的待测天线方位角和俯仰角均视为0°,固定待测天线俯仰角不变,让待测天线方位逆时针转动至 $-\theta$。

(6) 注意开始和结束的口令,让待测天线顺时针旋转至 $+\theta$,频谱仪实时记录待测天线的方位方向图,并将记录曲线存储在频谱仪的存储器内或直接用绘图仪打印测试曲线。

(7) 将待测天线的方位回到波束中心,即天线对准标准天线方向,固定待测天线的方位角,将待测天线向下转动到 $-\theta$,注意开始和结束的口令,待测天线从下向上转动,同时频谱仪实时记录待测天线俯仰方向图,当待测天线向上转动到 $+\theta$ 时,即可停止。然后,将待测天线回到波束中心。

(8) 利用频谱仪对测试结果进行处理,获取天线方向图。

4.3.4.2 天线增益

天线增益为在输入功率相等的条件下,实际天线与理想的辐射单元在空间同一点处所产生的信号功率密度之比。它定量地描述一个天线把输入功率集中辐射的程度。

1) 测试原理

天线增益是采用方向图波束宽度法进行测试的,由所测天线方向图可获得方位和俯仰的 -3dB 和 -10dB 波束宽度,利用以下公式即可计算天线增益(G)[7]。

$$G_3 = \frac{31000}{\mathrm{AZ}_3 \times \mathrm{EL}_3} \tag{4.58}$$

$$G_{10} = \frac{91000}{\mathrm{AZ}_{10} \times \mathrm{EL}_{10}} \tag{4.59}$$

$$G = 10 \times \lg \frac{G_3 + G_{10}}{2} - L_\mathrm{f} - L_\mathrm{a} \tag{4.60}$$

$$L_\mathrm{f} = \frac{685.81 \times \varepsilon^2}{\lambda^2} \tag{4.61}$$

式中:AZ_3 为方位 3dB 波束宽度(°);EL_3 为俯仰 3dB 波束宽度(°);AZ_{10}为方位 10dB 波束宽度(°);EL_{10}为俯仰 10dB 波束宽度(°);G 为待测天线增益(dBi);L_f 为主反射面的精度误差导致的天线增益损失;ε 为反射面公差(cm);λ 为工作波长(cm);L_a 为馈源插入损耗(dB)。

使用场地法时,天线对准信标塔有一仰角 EL,而公式中的天线方位角显示是在水平内,因此需要对方位波束宽度进行修正,修正公式如下:

$$AZ = 2\arcsin\left[\sin\frac{AZ'}{2}\cos(EL)\right] \tag{4.62}$$

式中：AZ 为修正后的方位角(°)；AZ′为未修正的方位角(°)；EL 为待测天线对准信标塔时的俯仰角(°)。

以上算法是国际通用的、也是最新最精确的天线增益计算方法，除此之外，还有传统的 -3dB 波束宽度法，这种方法比较粗略和近似，因为它忽略了表面公差的因素和馈源损耗，但在实际中也经常使用。计算公式如下：

$$G = 10\lg\left(\frac{K}{AZ_3 \times EL_3}\right) \tag{4.63}$$

式中：K 为介于 23000 ~ 31000 之间的因子，一般取 27000。

2）测试方法

待获取天线方向图后，获取方位和俯仰的 -3dB 和 -10dB 波束宽度角，并修正方位波束宽度角后，利用公式计算天线增益。

4.3.4.3　极化隔离度

极化隔离度是指天线对交叉极化信号的抑制能力，是衡量天线馈源网络特性的一项指标。一般来说，轴向的交叉极化隔离度至少为 35dB。

1）测试原理

天线极化隔离度可以通过比较天线在主极化和交叉极化下的信号接收功率来获得的，可分为直接测量法和窄角方向图电平比较法两种。

直接测量法是借助卫星或者信标塔发射的信标信号来实现的，在主极化方式下接收功率达到最大时，测量交叉极化方式下的最小接收功率，两者的功率比即为天线极化隔离度。该方法简单易行，测量结果较准确，能够满足测量要求，是实际测试中的常用方法。

窄角方向图电平比较法是借助测量主极化和交叉极化两种方式的方向图来实现的，两种极化方式下的天线增益差即为天线极化隔离度。该方法要求天线有准确的转动角速度，这对一些没有电动机驱动的小型天线来讲，无疑是一种苛刻的要求，在实际中较少采用[5]。

2）测试方法

以直接测量法为例来说明天线极化隔离度的测试方法，具体如下：

(1) 待测天线对准卫星或信标塔天线，频谱仪接馈源主极化口，微调方位、俯仰角，使接收到的卫星信标信号电平最大。

(2) 调整天线馈源极化角，使天线极化与卫星或信标塔天线极化完全匹配，此时频谱仪显示的信号电平最大，记录数据 L_1(dB)。

(3) 将频谱仪改接到馈源交叉极化口，调整馈源极化角，使频谱仪显示的信号电平最小，记录数据 L_2(dB)。

(4) 将频谱仪再接回到馈源主极化口，观察信号电平是否还是最大，如果电平有下降,则转步骤(2),如果没有下降,则继续。

计算极化隔离度 $R(\mathrm{dB}) = L_1 - L_2$。

4.3.4.4 天线隔离度

天线隔离度包括发射阻收抑制度、接收阻发抑制度和收发隔离抑制度三个指标。

发射阻收抑制度是指发射馈源对期望信号带外频率的抑制能力,反映发射信号的频率纯净度,发射阻收抑制度越大,对周边其他频段天线的干扰程度越小。

接收阻发抑制度是指接收馈源对期望信号带外频率的抑制能力,反映接收馈源的滤波性能,接收阻发抑制度越大,抵抗周边其他频段天线的干扰能力越强。

收发隔离抑制度是指天线馈源对自发信号的接收抑制能力,集中反映了发射馈源和接收馈源的滤波性能,收发隔离抑制度越大,收发馈源间串扰影响越小。

1) 测试原理

发射阻收抑制度测量原理如图 4.27 所示,在发端口按照接收频段发射一个扫频信号,在馈源喇叭口测量接收信号,扫频范围内两信号的最小差值即为发射阻收抑制度。

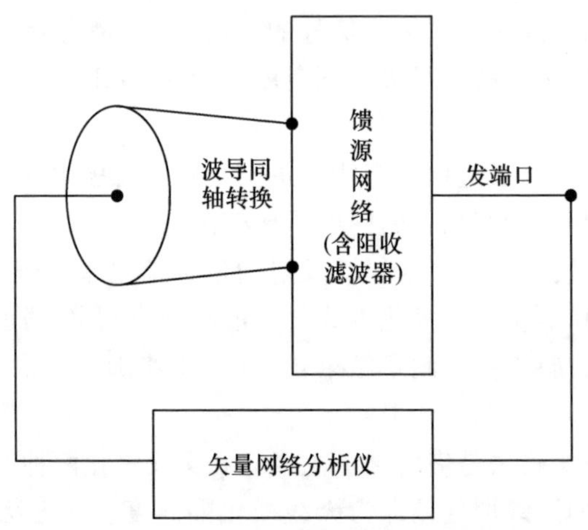

图 4.27 发射阻收抑制度测量原理图

接收阻发抑制度测量原理如图 4.28 所示,在馈源喇叭口按照发射频段发射一个扫频信号,在收端口测量接收信号,扫频范围内两信号的最小差值即为接收阻发抑制度。

收发隔离抑制度测量原理如图 4.29 所示,在馈源喇叭发端口按照发射频段发射一个扫频信号,在收端口接收测量该扫频信号,扫频范围内两信号的最小差值即为收发隔离抑制度。

2) 测试方法

以收发隔离抑制度为例来说明测试方法,具体如下:

(1) 按照图 4.27 建立收发隔离抑制度测试系统。

(2) 用矢量网络分析仪在发端口按照发射频段发射一扫频信号。

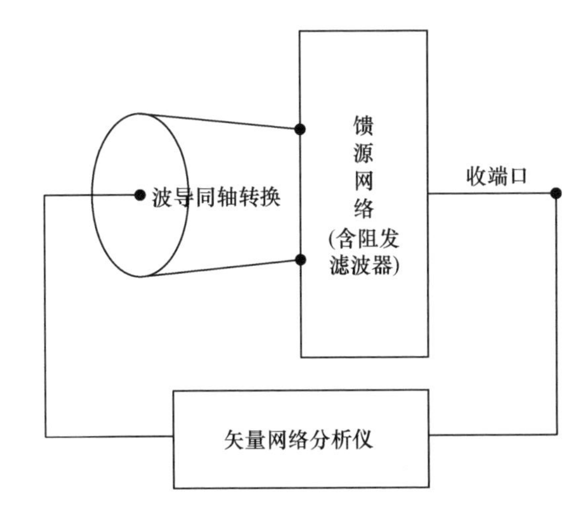

图 4.28　接收阻发抑制度测量原理图

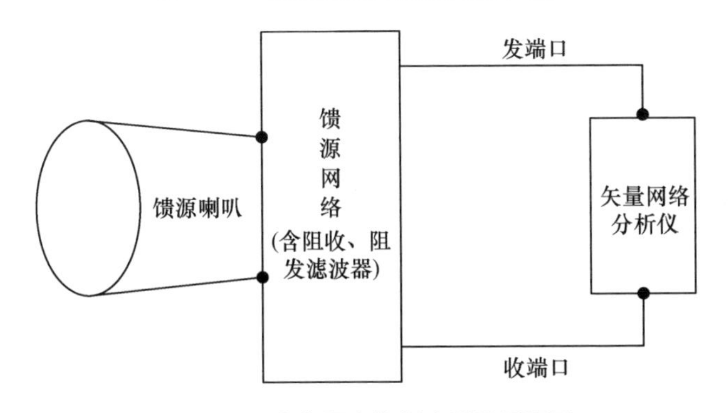

图 4.29　收发隔离抑制度测量原理图

（3）利用矢量网络分析仪在收端口测试接收信号。

（4）记录扫频范围内两信号的最小差值即为收发隔离抑制度。

4.3.4.5　品质因数

天线品质因数（G/T 值）定义为天线接收增益与系统噪声温度之比，它是卫星下行站的接收天线系统一个非常重要的性能指标。

1）测试原理

由测量的天线增益与系统噪声温度可计算出 G/T 值：

$$G/T = G - 10 \times \lg(T_a + T_{LNA}) \quad (\text{dB/K}) \tag{4.64}$$

式中：G 为天线接收增益（dBi）；T 为系统噪声温度（K）；T_a 为天馈系统噪声温度（K）；T_{LNA} 为低噪声放大器噪声温度（K）。

天线接收增益 G 可以通过天线增益测试方法获得，而系统噪声温度 T 可以采用 Y 因子法测量，其原理如图 4.30 所示。

将 LNA 连接到常温负载上，调整好频谱仪的工作状态，记录此时频谱仪测量的

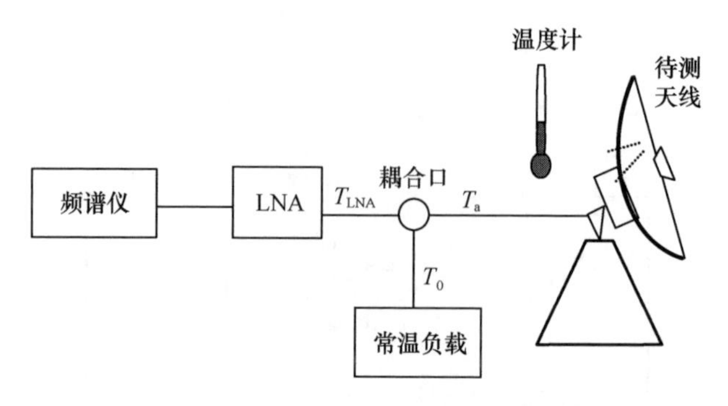

图 4.30　天线噪声温度测量原理图

噪声功率 P_1(dBm);在测试条件相同情况下,将 LNA 连接到待测天线上,记录此时频谱仪测量的噪声功率 P_2(dBm),则可得到测量的 Y 因子[8]:

$$Y = 10^{\frac{P_1 - P_2}{10}} \tag{4.65}$$

根据测量的 Y 因子,利用下式计算系统噪声温度:

$$Y = \frac{T_0 + T_{LNA}}{T_a + T_{LNA}} = \frac{T_0 + T_{LNA}}{T} \tag{4.66}$$

$$T = \frac{T_0 + T_{LNA}}{Y} \tag{4.67}$$

式中:T_0 为环境温度(K);T_{LNA} 为低噪声放大器噪声温度(由低噪声放大器指标决定)(K)。

具体方法如下:

(1) 天线指向开阔方向,一般为仰角 20°;

(2) 将测试系统与天线连接,记录频谱仪读数 A_1(dBm);

(3) 将测试系统与常温匹配负载连接,记录频谱仪读数 A_2(dBm);

(4) 计算 Y 因子,$Y = 10^{(A_1 - A_2)/10}$。

(5) 根据下式计算出天线噪声温度:

$$T_a = Y^{-1}(T_{KBA} + T_H) - T_{LNA} \tag{4.68}$$

式中:T_{LNA} 为低噪声放大器噪声温度;T_H 为常温负载噪声温度,$T_H = 273 + T_0$,T_0 为环境温度。

2) 测试方法

(1) 连接好测试系统,使测试系统工作正常,将待测天线转动到需要测试的俯仰角上。

(2) 将 LNA 连接到常温负载上,调整好频谱仪工作状态,记录此时频谱仪测试的噪声功率 P_1(dBm);

(3) 在相同测试条件下,将 LNA 连接到待测天线上,记录此时频谱仪测试的噪声功率 P_2(dBm);

(4) 由测试的 P_1 和 P_2,可计算得到测试的 Y 因子;

(5) 由测试的 Y 因子,结合环境温度和低噪声放大器指标计算被测天线噪声温度;

(6) 利用测试的天线增益计算 G/T 值。

4.3.4.6 相位中心标定不确定度

大口径天线的相位中心难以直接测量,实际应用中是通过计算的方式给出天线相位中心的坐标,该坐标与真实值之间存在误差,误差大小使用标定不确定度表征。误差主要来源于天线的结构加工精度和对天线物理结构件的测量误差。因此,天线相位中心标定的不确定度误差由天线的设计和加工精度保障。

1) 测试原理

天线相位中心不确定度 σ 主要包含以下误差:基准点到三轴中心部分的加工和安装误差 σ_1、三轴中心到天线口面测量误差 σ_2。由此,可获得天线相位中心不确定度

$$\sigma = \sqrt{\sigma_1^2 + \sigma_2^2} \tag{4.69}$$

不同的天线,其设计方案不同,安装环境也不同,参考点和相位中心的测量必须在设备进场安装时完成。

2) 测试方法

(1) 给出天线相位中心参考点的大地测量结果及其不确定度。

(2) 给出天线相位中心归算模型及其机械尺寸和公差。

(3) 计算天线相位中心位置及其不确定度。

4.3.4.7 天线时延标定不确定度

天线时延是天线馈源网络时延值与待测天线等光程自由空间传播时延值之和,天线馈源网络时延值是利用矢量网络仪测量得到的,而待测天线等光程自由空间传播时延值是根据等光程计算得到的,等光程又是由天线结构加工工艺来保障的,因此天线时延的标定必然存在误差,这种误差由天线时间标定不确定度表征,包含了矢量网络仪测量误差和天线结构加工误差。

1) 测试原理

(1) 天线馈源网络时延测量。

天线馈源网络系统时延测量原理如图 4.31 所示。

在按照图 4.31 所示的系统定标后,以图 4.32 所示的方式测量出不同频率点的时延大小,记为 τ_0,扣除馈源喇叭和波导探头之间的自由空间传播时延 τ_R 和波导探头传播时延 τ_b,即得到待测馈源网络系统时延 τ_{feed}:

$$\tau_{feed} = \tau_0 - \tau_R - \tau_b \tag{4.70}$$

τ_R 和 τ_b 的计算公式如下:

$$\tau_R = \frac{R}{c} \tag{4.71}$$

$$\tau_b = \frac{l}{c\sqrt{1 - \left(\frac{\lambda}{\lambda_c}\right)^2}} \tag{4.72}$$

式中：R 为馈源喇叭和波导探头之间距离（m）；c 为光速（m/s）；l 为波导的电长度（m）；λ 为工作波长（m）；λ_c 为波导的截止波长（m）。

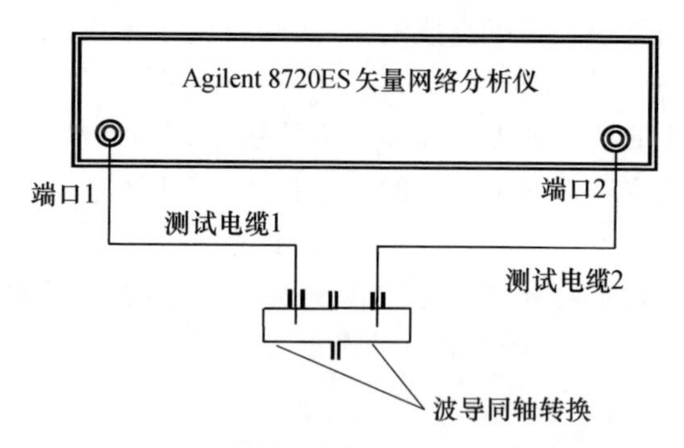

图 4.31　天线时延测量的系统定标示意图

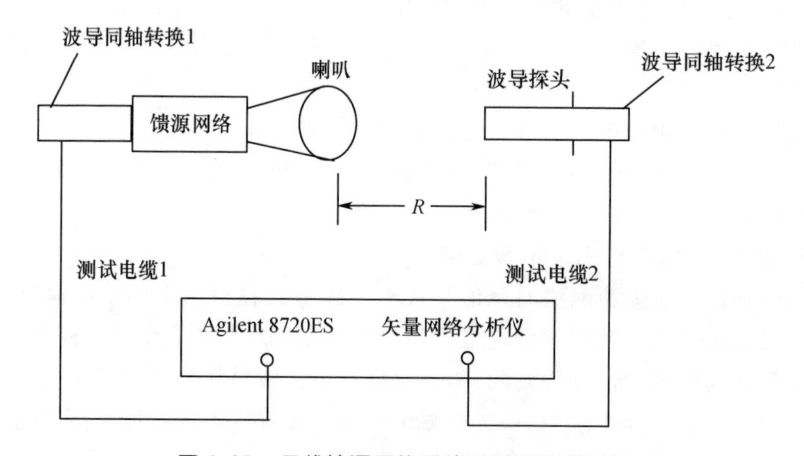

图 4.32　天线馈源网络系统时延测量原理图

（2）待测天线等光程自由空间传播时延测量。

反射面天线等光程为

$$d = \frac{D_s}{2\sin\theta_m} + \frac{D - D_s}{2\sin\theta_{vm}} \tag{4.73}$$

式中：D 为反射面天线主面口径；D_s 为反射面天线副面口径；θ_m 为馈源相心对副面的半张角；θ_{vm} 为副面边缘对主面的张角。

等光程自由空间传播时延 τ_{gc} 为

$$\tau_{gc} = \frac{d}{c} \tag{4.74}$$

（3）天线时延测量。

天线时延 τ_{ant} 可计算为

$$\tau_{ant} = \tau_{feed} + \tau_{gc} \tag{4.75}$$

由此可见，天线时延标定不确定度 σ 由天线结构加工误差所导致的光程时延 τ_{gc} 计算误差 σ_1 和馈源网络时延 τ_{feed} 测量误差 σ_2 构成。其中，等光程误差主要由天线馈源相位中心位置误差等因素引起，可由相位中心标定不确定度表示；天线馈源网络的时延测量误差 σ_2 包括矢量网络分析仪测量误差、波导同轴转换测量误差、喇叭与波导探头之间的光程时延测量误差，该项误差可通过统计多次测量结果样本方差获得：

$$\sigma_2 = \sqrt{\frac{\sum_{i=1}^{n}(T_i - T_0)^2}{n-1}} \tag{4.76}$$

式中：T_0 为天线馈源网络的 n 次测量平均值；T_i 为第 i 次单次测量的 τ_{feed} 实际值。

最后，可以计算天线时延标定不确定度：

$$\sigma = \sqrt{\sigma_1^2 + \sigma_2^2} \tag{4.77}$$

2）测试方法

（1）首先测试天线馈源网络时延，建立时延测试系统，加电预热，使系统仪器设备工作正常。

（2）设置矢量网络分析仪的工作状态参数，如起始频率、停止频率和选择时延测试模式等。

（3）在不接待测天线馈源网络的情况下，将测试电缆 1、2 及相应的波导同轴转换按图 4.32 所示连接，对矢量网络分析仪进行定标，并存储定标数据。

（4）接上待测天线，使用矢量网络分析仪直接测试出不同频率点时延的大小，并记录测试结果为 τ_0。

（5）测试出馈源喇叭和波导探头之间的距离 R，计算自由空间传播时延 τ_R。

（6）测试出波导的电长度，计算波导探头的传播时延 τ_b。[8]

（7）计算待测馈源网络的单次时延 τ_{feed}。

（8）重复（4）~（7）步，获得该测试频点一组时延测量结果，计算天线馈源网络的时延测量误差 σ_2。

（9）测量相位中心标定不确定度，作为等光程误差 σ_1。

（10）计算获得天线时延标定不确定度 σ。

（11）重复（2）~（10）步，测试所有工作频点的天线时延标定不确定度 σ。

4.3.4.8　天线时延稳定度

天线等光程自由空间传播距离是由喇叭及主副反射面部分结构决定，由等光程引入的时延变化量可以忽略不计，天线设备时延变化量也因此主要取决于馈源网络时延稳定度。据此，天线时延变化量可以定义为：在天线实际工作环境温度变化范围内(依据天线安装站址气象历史资料数据),天线馈源网络时延的最大值与最小值之差。

1) 测试原理

利用矢量网络分析仪可以测量不同温度下天线馈源网络时延变化量,测量方法如图 4.33 所示。

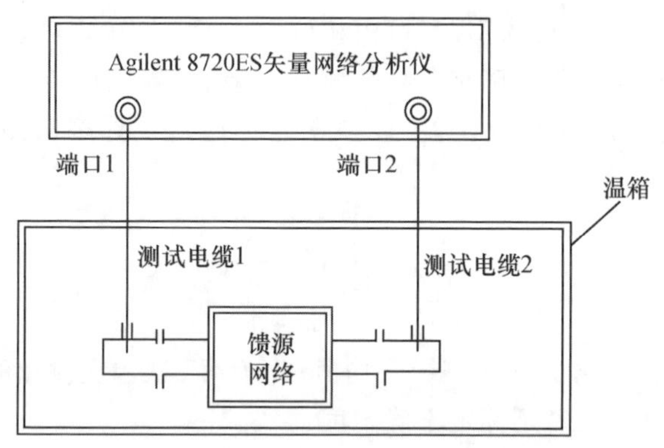

图 4.33 天线时延稳定度测量原理图

使用矢量网络分析仪连续记录在天线实际工作环境温度变化范围内的时延测量值,以温箱温度每变化 5℃ 为一个测量点,达到测量温度点后保持该温度 30min 后,矢量网络分析仪记录若干组时延测量数据,其平均值即为该温度测量点的时延测量值。通过改变温箱温度,可以得到一系列温度测量点的时延测量值,其中的最大值与最小值的差即为天线时延变化量。

2) 测试方法

(1) 按照图 4.33 所示的原理图,将馈源网络放入测试温箱,建立时延稳定度测试系统,加电预热,使系统仪器设备工作正常。

(2) 校准矢量网络分析仪,设置工作状态参数,如起始频率、停止频率和选择时延测试模式等。

(3) 根据天线实际使用场站环境和气象记录,确定温度测量范围。

(4) 设置温箱从最低温度开始,每 5℃ 一个间隔,每个温度点保持 30min 并测量时延值,为每个温度点计算时延平均值。

(5) 更换测试频段,重复(2)~(4)步,测量不同温度下的时延平均值。

(6) 根据测试结果,计算时延变化最大值。

4.4 系统级测试方法

4.4.1 广播星历精度测试

广播星历精度测试是基于模拟测试系统的数学仿真分系统产生的理论卫星轨

道，通过考核由广播星历参数计算出的卫星位置和速度的精度来反映广播星历参数的精度。具体测试步骤如下：

1）由广播星历计算卫星位置速度

由广播星历计算的卫星位置速度是地固系的，记 t_k 时刻卫星的位置和速度分别为 $(x_k, y_k, z_k, v_{xk}, v_{yk}, v_{zk})$，计算方法如下：

利用广播星历参数计算出参考历元前后一段时间内观测时刻 t 的卫星坐标，其精度随着观测时刻 t 距参考历元时间间隔的增加而降低。因此，定位计算中要选择相应时间的广播星历计算卫星坐标。根据广播星历计算卫星位置的方法为：

(1) 按卫星质点在地球质心引力作用下的运动方程计算轨道参数[9]。

首先，计算观测时刻平近点角 M_k：

$$M_k = M_0 + nt_k \tag{4.78}$$

式中：M_0 为参考时刻的平近点角；摄动改正数 n 为

$$n = n_0 + \Delta n \tag{4.79}$$

式中：Δn 由导航电文获得；平均角速度 n_0 由下式获得，即

$$n_0 = \frac{\sqrt{\mu}}{\sqrt{a^3}} \tag{4.80}$$

式中：$\mu = GM = 3.986004418 \times 10^{14} \mathrm{m}^3/\mathrm{s}^2$。

然后，利用 M_k 解开普勒方程，获得偏近点角 E_k：

$$E_k = M_k + e\sin E_k \tag{4.81}$$

E_k 采用迭代计算，先赋初值 $E_k = M_k$，再代入式(4.81)迭代。

再者，利用 E_k 求真近点角 f_k：

$$f_k = 2\arctan\left(\sqrt{\frac{1+e}{1-e}} \cdot \tan\frac{E_k}{2}\right) \tag{4.82}$$

或者

$$f_k = \arctan\frac{\sqrt{1-e^2} \cdot \sin E_k}{\cos E_k - e} \tag{4.83}$$

最后，根据 f_k 计算升交点幅角：

$$\varphi_k = f_k + \omega \tag{4.84}$$

式中：ω 为近地点角距，由导航电文给出。

(2) 根据广播星历给出的轨道摄动参数，进行摄动修正，计算修正后的轨道参数。

考虑二阶带谐项摄动，对纬度幅角、卫星矢径和轨道倾角进行改正：

$$\begin{cases} \delta u_k = C_{\mathrm{us}}\sin 2\varphi_k + C_{\mathrm{uc}}\cos 2\varphi_k \\ \delta r_k = C_{\mathrm{rs}}\sin 2\varphi_k + C_{\mathrm{rc}}\cos 2\varphi_k \\ \delta i_k = C_{\mathrm{is}}\sin 2\varphi_k + C_{\mathrm{ic}}\cos 2\varphi_k \end{cases} \tag{4.85}$$

摄动改正后的纬度幅角、卫星矢径和轨道倾角：

$$\begin{cases} u_k = \phi_k + \delta u_k \\ r_k = a(1 - e\cos E_k) + \delta r_k \\ i_k = i_0 + \delta i_k + (\mathrm{d}i/\mathrm{d}t) t_k \end{cases} \tag{4.86}$$

（3）计算卫星在轨道坐标系中的坐标：

$$\begin{cases} x'_k = r_k \cos u_k \\ y'_k = r_k \sin u_k \\ z'_k = 0 \end{cases} \tag{4.87}$$

（4）仅考虑地球自转影响，进行轨道坐标转换。

将卫星的轨道系位置转化为地固系位置：

$$\begin{cases} x_k = x'_k \cos\Omega_k - y'_k \sin\Omega_k \cos i_k \\ y_k = x'_k \sin\Omega_k - y'_k \cos\Omega_k \cos i_k \\ z_k = y'_k \sin i_k \end{cases} \tag{4.88}$$

式中：观测时刻升交点大地经度 Ω_k 的计算方法如下：

$$\Omega_k = \Omega_0 + \left(\frac{\mathrm{d}\Omega}{\mathrm{d}t} - \omega_e\right) t_k - \omega_e t_{oe} \tag{4.89}$$

式中：$\omega_e = 7.2921150467 \times 10^{-5}$ rad/s。

获得位置坐标后，计算卫星的速度。首先计算相关参数：

$$\dot{E}_k = \frac{n_0 + \Delta n}{1 - e\cos E_k} \tag{4.90}$$

$$\dot{\Phi}_k = \sqrt{\frac{1+e}{1-e}} \cdot \frac{\cos^2(f_k/2)}{\cos^2(E_k/2)} \dot{E}_k \tag{4.91}$$

$$\dot{r}_k = ae\sin E_k \cdot \dot{E}_k + 2(C_{rs}\cos 2\Phi_k - C_{rc}\sin 2\Phi_k)\dot{\Phi}_k \tag{4.92}$$

$$\dot{u}_k = (1 + 2C_{us}\cos 2\Phi_k - 2C_{us}\sin 2\Phi_k)\dot{\Phi}_k \tag{4.93}$$

$$\mathrm{d}i_k/\mathrm{d}t = 2(C_{is}\cos 2\Phi_k - C_{ic}\sin 2\Phi_k)\dot{\Phi}_k + \dot{i} \tag{4.94}$$

$$\dot{\Omega}_k = \dot{\Omega} - \omega_e \tag{4.95}$$

根据以上参数计算卫星轨道坐标系速度：

$$\begin{cases} \dot{x}'_k = \dot{r}_k \cos u_k - r_k \sin u_k \cdot \dot{u}_k \\ \dot{y}'_k = \dot{r}_k \cos u_k - r_k \sin u_k \cdot \dot{u}_k \\ \dot{z}'_k = 0 \end{cases} \tag{4.96}$$

将轨道坐标系速度转化为地固坐标系速度：

$$
\begin{cases}
v_{xk} = \dot{x}_k = \dot{x}_k'\cos\Omega_k - \dot{y}_k'\sin\Omega_k\cos i_k + y_k'\sin\Omega_k\sin i_k \cdot (\mathrm{d}i_k/\mathrm{d}t) - \\
\qquad (x_k'\sin\Omega_k - y_k'\cos\Omega_k\cos i_k)\dot{\Omega}_k \\
v_{yk} = \dot{y}_k = \dot{x}'\sin\Omega_k - \dot{y}_k'\cos\Omega_k\cos i_k + y_k'\cos\Omega_k\sin i_k \cdot (\mathrm{d}i_k/\mathrm{d}t) - \\
\qquad (x_k'\cos\Omega_k - y_k'\sin\Omega_k\cos i_k)\dot{\Omega}_k \\
v_{zk} = \dot{z}_k = \dot{y}_k'\sin i_k + y_k'\cos i_k \cdot (\mathrm{d}i_k/\mathrm{d}t)
\end{cases}
\tag{4.97}
$$

2）将卫星轨道理论值从惯性系转换到地固系

设 t_k 时刻的卫星轨道理论值在惯性系的位置和速度分别为$(x_{0k,I}, y_{0k,I}, z_{0k,I})$和$(v_{0xk,I}, v_{0yk,I}, v_{0zk,I})$，则卫星在地固系中的位置$(x_{0k}, y_{0k}, z_{0k})$和速度$(v_{0xk}, v_{0yk}, v_{0zk})$为

$$
\begin{bmatrix} x_{0k} \\ y_{0k} \\ z_{0k} \end{bmatrix} = [\mathrm{HG}] \begin{bmatrix} x_{0k,I} \\ y_{0k,I} \\ z_{0k,I} \end{bmatrix}
\tag{4.98}
$$

$$
\begin{bmatrix} v_{0xk} \\ v_{0yk} \\ v_{0zk} \end{bmatrix} = [\mathrm{HG}] \begin{bmatrix} v_{0xk,I} \\ v_{0yk,I} \\ v_{0yk,I} \end{bmatrix} + [\mathrm{HGD}] \begin{bmatrix} x_{0k,I} \\ y_{0k,I} \\ z_{0k,I} \end{bmatrix}
\tag{4.99}
$$

式中：[HG]和[HGD]是由惯性系到地固系的转换矩阵。

3）计算 t_k 历元时刻卫星位置和速度误差

由广播星历计算的卫星位置分量误差和总的位置误差分别为

$$
\begin{bmatrix} \Delta x_k \\ \Delta y_k \\ \Delta z_k \end{bmatrix} = \begin{bmatrix} x_k - x_{0k} \\ y_k - y_{0k} \\ z_k - z_{0k} \end{bmatrix}
\tag{4.100}
$$

$$
e_{\mathrm{pos},k} = \sqrt{(\Delta x_k)^2 + (\Delta y_k)^2 + (\Delta z_k)^2}
\tag{4.101}
$$

由广播星历计算的卫星速度分量误差和总的速度误差分别为

$$
\begin{bmatrix} \Delta v_{xk} \\ \Delta v_{yk} \\ \Delta v_{zk} \end{bmatrix} = \begin{bmatrix} v_{xk} - v_{0xk} \\ v_{yk} - v_{0yk} \\ v_{zk} - v_{0zk} \end{bmatrix}
\tag{4.102}
$$

$$
e_{\mathrm{vel},k} = \sqrt{(\Delta v_{xk})^2 + (\Delta v_{yk})^2 + (\Delta v_{zk})^2}
\tag{4.103}
$$

4）统计卫星位置误差和速度误差的均值和均方差

卫星轨道位置误差的均值和均方差分别为

$$M_{\text{pos}} = \frac{1}{M}\sum_{i=1}^{m} e_{\text{pos},i} \tag{4.104}$$

$$\sigma_{\text{pos}} = \sqrt{\frac{1}{m-1}\sum_{i=1}^{m}(e_{\text{pos},i} - M_{\text{pos}})^2} \tag{4.105}$$

卫星速度误差的均值和均方差分别为

$$M_{\text{vel}} = \frac{1}{m}\sum_{i=1}^{m} e_{\text{vel},i} \tag{4.106}$$

$$\sigma_{\text{vel}} = \sqrt{\frac{1}{m-1}\sum_{i=1}^{m}(e_{\text{vel},i} - M_{\text{vel}})^2} \tag{4.107}$$

式中:m 为测试历元数。

5）将上述计算的卫星位置精度和速度精度与指标要求进行比较确定测试是否合格。

4.4.2 卫星钟差精度测试

模拟测试系统的数学仿真分系统生成卫星钟差理论值和监测站原始观测数据，主控站处理监测站观测数据,获得监测站钟差系数,计算卫星钟差系数,然后生成导航电文。评估卫星钟差精度时,根据导航电文获取卫星钟差系数和相对论改正(由广播星历信息得到),并由此计算实际卫星钟差,将该卫星钟差与理论值进行比较,统计卫星钟差误差。

根据导航电文中的卫星钟差参数,可以计算任意 t_k 历元的卫星钟差,即

$$\Delta t_k^{j'} = a_0^j + a_1^j(t_k - t_{\text{oc}}) + a_2^j(t_k - t_{\text{oc}})^2 \tag{4.108}$$

式中:a_0^j、a_1^j 和 a_2^j 为卫星钟差系数,其中上标 j 表示卫星号;t_{oc}为参考历元。

对卫星钟差进行相对论改正:

$$\Delta t_k^j = \Delta t_k^{j'} + \Delta t_r = a_0^j + a_1^j(t_k - t_{\text{oc}}) + a_2^j(t_k - t_{\text{oc}})^2 + \Delta t_r \tag{4.109}$$

式中:Δt_{r} 为星载时钟相对论效应参差项,由下式计算:

$$\Delta t_{\text{r}} = e\sqrt{A}F\sin E_k \tag{4.110}$$

式中:e 为卫星轨道偏心率;A 为卫星轨道半长轴;E_k 为卫星轨道偏近点角。e、A、E_k 均由广播星历得到。

$$F = -2\sqrt{\mu}/c^2 \tag{4.111}$$

式中:c 为光速。卫星钟差误差为

$$e_{\text{cl},k}^j = \Delta t_k^j - \Delta t_{0k}^j \tag{4.112}$$

式中:Δt_{0k}^j为星载时钟理论钟差。

卫星钟差精度使用均值和均方根来评估:

$$M_{\mathrm{cl}}^{j}=\frac{1}{m}\sum_{i=1}^{m}e_{\mathrm{cl},i}^{j} \tag{4.113}$$

$$\sigma_{\mathrm{cl}}^{j}=\sqrt{\frac{1}{m-1}\sum_{i=1}^{m}(e_{\mathrm{cl},i}^{j}-M_{\mathrm{cl}}^{j})^{2}} \tag{4.114}$$

式中:m 为测试历元数。

4.4.3 卫星等效钟差精度测试

导航电文中播发的卫星等效钟差参数是对卫星广播星历误差和卫星钟差的综合修正,以钟差的形式播发,更新频度较快,方便用户及时使用它修正观测数据,提高导航定位的精度。测试方法如下:

(1) 计算卫星钟差的误差,方法同“卫星钟差精度测试”。

(2) 计算在轨道坐标系 R、T、N 三个方向的卫星位置误差分量。根据“广播星历精度测试”中地固系坐标中的卫星位置分量误差,利用两坐标系的转换关系得到轨道坐标系中的卫星位置误差分量:

$$\begin{bmatrix}\Delta R\\ \Delta T\\ \Delta N\end{bmatrix}=\boldsymbol{G}\begin{bmatrix}\Delta x_{k}\\ \Delta y_{k}\\ \Delta z_{k}\end{bmatrix} \tag{4.115}$$

式中:$\boldsymbol{G}$ 为地固系到卫星轨道坐标系的转换矩阵;Δx_{k}、Δy_{k}、Δz_{k} 为广播星历在地固坐标系中位置误差的三个分量。

(3) 计算卫星等效钟差误差及统计特性。相对于卫星至地心或地面的距离来说,卫星位置误差是小量,所以伪距误差受广播星历在卫星飞行方向 T 和卫星轨道面法向 N 等水平面上误差的影响较小,主要受径向 R 上误差影响。因此,卫星等效钟差的误差序列可以表示为

$$\mathrm{d}e_{\mathrm{cl},k}^{j}=\Delta\tau^{j}-e_{\mathrm{cl},k}^{j}-\Delta R/C \tag{4.116}$$

式中:$\Delta\tau^{j}$ 为导航电文中播发的卫星等效钟差参数,是待测试项。

卫星等效钟差的统计可以表示为

$$\mathrm{d}M_{\mathrm{cl}}^{j}=\frac{1}{m}\sum_{i=1}^{m}\mathrm{d}e_{\mathrm{cl},i}^{j} \tag{4.117}$$

$$\mathrm{d}\sigma_{\mathrm{cl}}^{j}=\sqrt{\frac{1}{m-1}\sum_{i=1}^{m}(\mathrm{d}e_{\mathrm{cl},i}^{j}-\mathrm{d}M_{\mathrm{cl}}^{j})^{2}} \tag{4.118}$$

式中:m 为测试历元数。

4.4.4 电离层格网垂直延迟精度测试

电离层处于地球大气层的外围,高度在 50 ~ 1000km 之间,受太阳紫外线、X 射线及高能粒子流的影响,其中部分气体分子被电离成大量带电自由离子。当电磁波

信号穿过电离层时,其传播速度会发生改变,从而使测得的信号传递距离会偏大,引入距离测量误差,这部分误差对卫星导航系统单频用户影响很大。因此,卫星导航系统需要建立电离层延迟模型,发布电离层延迟改正参数,帮助用户改进定位精度。

在系统服务区域内,导航信号所历经的电离层延迟由地球上空 350 ~ 400km 处的一个虚拟格网来表示,格网上的每一点都对应着由主控站计算出的垂直电离层延迟,用户接收机通过内插这些延迟获得其接收信号电离层穿刺点处的电离层延迟[9]。

电离层格网垂直延迟精度的测试原理是:在系统服务区域内,以一定数量的监测站对卫星进行观察,在电离层格网面上形成许多离散穿刺点,处理监测站观测数据,能按一定采样间隔给出这些穿刺点的垂直延迟值。对于格网上任一格点 j,用其周围一定范围内的穿刺点实时计算出其相应的电离层垂直延迟平均值,用这些平均值可以统计电离层格网垂直延迟误差。测试方法如下:

1) 求取穿刺点电离层垂直延迟

穿刺点电离层垂直延迟的计算是建立在监测站与卫星视线方向上的斜向电离层延迟已知的基础上。每个监测站用双频接收机测量可见星的电离层延迟,并求出此视线在假想电离层穿刺点的经纬度和电离层垂直延迟。

设卫星和监测站在地固坐标系中的坐标分别为

$$\begin{aligned} \boldsymbol{R}_{\mathrm{S}} &= (X^{\mathrm{S}}, Y^{\mathrm{S}}, Z^{\mathrm{S}})^{\mathrm{T}} \\ \boldsymbol{R}_0 &= (X_0, Y_0, Z_0)^{\mathrm{T}} \end{aligned} \tag{4.119}$$

那么卫星在监测站的站坐标系中的位置矢量为

$$\boldsymbol{r}_{\mathrm{S}} = \begin{pmatrix} x_{\mathrm{S}} \\ y_{\mathrm{S}} \\ z_{\mathrm{S}} \end{pmatrix} = \begin{bmatrix} -\sin\varphi_{\mathrm{p}}\cos\lambda_{\mathrm{p}} & -\sin\varphi_{\mathrm{p}}\sin\lambda_{\mathrm{p}} & \cos\varphi_{\mathrm{p}} \\ -\sin\lambda_{\mathrm{p}} & \cos\lambda_{\mathrm{p}} & 0 \\ \cos\varphi_{\mathrm{p}}\cos\lambda_{\mathrm{p}} & \cos\varphi_{\mathrm{p}}\sin\lambda_{\mathrm{p}} & \sin\varphi_{\mathrm{p}} \end{bmatrix} \cdot (\boldsymbol{R}_{\mathrm{s}} - \boldsymbol{R}_0) \tag{4.120}$$

式中:φ_{p}、λ_{p} 为监测站的大地纬度和经度,可由监测站的地固系坐标换算得到。

由此,卫星在监测站坐标系中的极坐标为

$$S = \sqrt{x_{\mathrm{S}}^2 + y_{\mathrm{S}}^2 + z_{\mathrm{S}}^2} \tag{4.121}$$

$$A = \arctan\left(\frac{y_{\mathrm{S}}}{x_{\mathrm{S}}}\right) \tag{4.122}$$

$$E = \arctan\left(\frac{z_{\mathrm{S}}}{\sqrt{x_{\mathrm{S}}^2 + y_{\mathrm{S}}^2}}\right) \tag{4.123}$$

式中:S 为卫星至监测站的距离;A 为卫星方位角;E 为卫星高度角。

设监测站在 f_1、f_2 两个频点的伪距观测量为 ρ_1 和 ρ_2,则频率 f_1 的电离层延迟为

$$\Delta\rho_1 = \frac{f_2^2}{f_2^2 + f_1^2}(\rho_2 - \rho_1) \tag{4.124}$$

该延迟是斜向延迟,映射到穿刺点处的垂线上,即得到穿刺点电离层垂直延迟:

$$I_{\mathrm{IPP}} = \Delta\rho_1 \cdot \sec\left(\arcsin\left(\frac{r_{\mathrm{E}}}{r_{\mathrm{E}}+H}\cos E\right)\right) \tag{4.125}$$

式中:r_{E} 为平均地球半径;H 为平均电离层的高度,一般取 350 ~ 400km。

同时,还可得到穿刺点的大地坐标:

$$\phi_{\mathrm{IPP}} = \arcsin(\sin\phi_{\mathrm{p}}\cos\theta + \cos\phi_{\mathrm{p}}\sin\theta\cos A) \tag{4.126}$$

$$\lambda_{\mathrm{IPP}} = \lambda_{\mathrm{p}} + \arcsin\left(\frac{\sin\theta\sin A}{\cos\phi_{\mathrm{IPP}}}\right) \tag{4.127}$$

$$\theta = 90^\circ - E - \arcsin\left(\frac{R_0}{R_0+H_{\mathrm{p}}}\cos E\right) \tag{4.128}$$

式中:θ 为监测站与电离层参考面穿刺点的地心夹角。

考虑到目前地磁北极位于东经 291.0°、北纬 78.4°,得穿刺点 IPP 的地磁纬度为

$$\phi_{\mathrm{IPP}}^{m} = \phi_{\mathrm{IPP}} + 11.6 \cdot \cos(\lambda_{\mathrm{IPP}} - 291.0^\circ) \tag{4.129}$$

2）计算格网点电离层垂直延迟

对每一个格网点 i,计算周围四个格网内所有穿刺点的电离层垂直延迟的加权平均值,该值发布到导航电文中为

$$\mathrm{d}\tau_i = \frac{\sum_{j=1}^{n} w_j I_{\mathrm{IPP}j}}{\sum_{j=1}^{n} w_j} \tag{4.130}$$

式中:$I_{\mathrm{IPP}j}$ 为周围四个格网内第 j 个穿刺点的电离层垂直延迟;w_j 为权函数,是第 j 个穿刺点到格网点的距离 d_j 的倒数。

3）计算格网点电离层垂直延迟改正误差

根据导航电文获取某格网点电离层垂直延迟为 $\mathrm{d}\tau_i$,此为待评估项,其格网点电离层垂直延迟理论值为 $\mathrm{d}\tau_{0i}$,则格网点的电离层垂直延迟误差为

$$\Delta\mathrm{d}\tau_i = \mathrm{d}\tau_i - \mathrm{d}\tau_{0i} \tag{4.131}$$

电离层垂直延迟误差的均值和均方差分别为

$$\Delta\mathrm{d}\tau = \frac{1}{m}\sum_{i=1}^{m}\Delta\mathrm{d}\tau_i \tag{4.132}$$

$$\sigma_{\Delta\mathrm{d}\tau} = \sqrt{\frac{1}{m-1}\sum_{i=1}^{m}(\Delta\mathrm{d}\tau_i - \Delta\mathrm{d}\tau)^2} \tag{4.133}$$

式中:m 为评估历元数。

4.4.5　星地时间同步精度测试

星地时间同步是在地面与卫星之间建立双向时间传递链路来完成卫星钟与地面

钟的时间比对,以获得对卫星钟差的估计,是建立在站间时间同步的基础上的。星地时间同步测试原理示意如图 4.34 所示,利用卫星模拟器和时间间隔计数器完成测试。

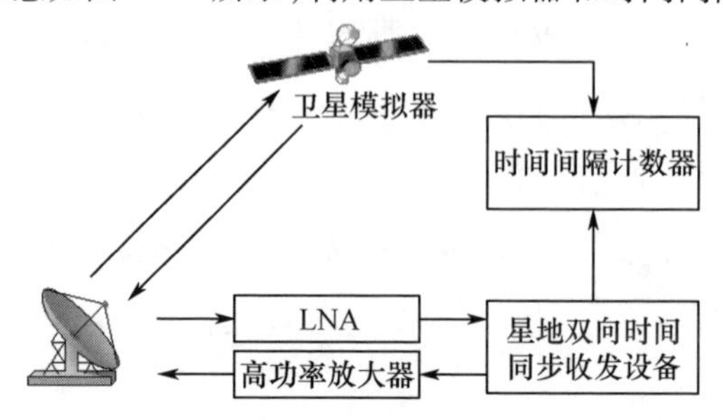

图 4.34 星地时间同步测试原理示意图

(1) 卫星模拟器发送下行模拟信号,地面站星地双向时间同步收发设备接收模拟信号并测量星地距离;同时地面设备向卫星模拟器发送上行模拟信号,卫星模拟器接收信号并测量星地距离,并将测量值发送给地面。

(2) 地面站利用双向测量值计算卫星钟与地面站的时差。对于双向测量值,上下行传播时延相等且无电离层和对流层的延迟,双向测量值之差仅包含星地时差、卫星模拟器收发通道时延、地面设备的收发通道时延。卫星模拟器收发通道时延、地面设备的收发通道时延事先经过标定或者实时标定。利用标定的收发通道时延进行修正后,双向测量值之差仅剩下星地时差。

(3) 在地面站利用时间间隔计数器,测量星地双向时间同步收发设备的秒信号与卫星模拟器时标信号的时差值。

(4) 将利用双向测量值计算的星地时差与时间间隔计数器测量结果进行比较,抖动即为星地同步精度。

4.4.6 站间时间同步精度测试

站间时间同步是完成地面站钟与主控站主钟的时间比对,目前主要是通过卫星双向时间传递实现的,也是目前能实现最高精度远程比对的方法,时间同步精度能达到 2~3ns。卫星双向时间传递使用移动校准设备进行站间时间同步精度测试。假设被测的两站分别为 A 站和 B 站,站间时间同步精度测试的流程如图 4.35 所示。

(1) 通过卫星互发互收,在 A 站对两套双向移动校准设备进行零基线比对,测得的结果记为 T_1。两套设备的时频参考由 A 站的时间频率基准提供。因为是同源零基线比对,两移动站的上下行传播时延基本相等,电离层和对流层的延迟也是一样的,T_1 即为两套移动校准设备在 A 站环境下的相对时延。

$$T_1 = (\tau_{1R} - \tau_{1T}) - (\tau_{2R} - \tau_{2T}) \tag{4.134}$$

式中:τ_{1R}、τ_{2R} 和 τ_{1T}、τ_{2T} 分别是移动校准设备 1 和 2 的接收和发射时延。

(2) 将其中一套设备移动到 B 站, 以 B 站时间频率基准为参考, 与 A 站的移动

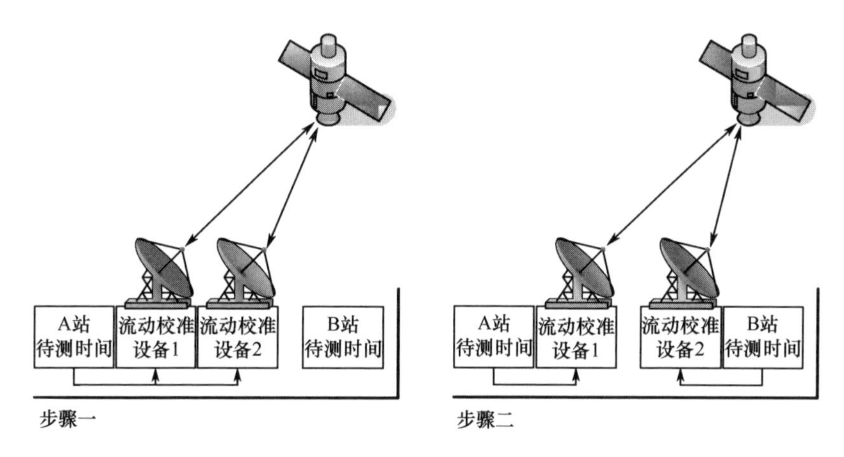

图4.35 站间时间同步测试流程

校准设备建立双向时间频率传递链路，测得的结果记为 T_2，包含了两被测站钟差、两套移动校准设备相对时延、上下行路径传播时延差[10]：

$$T_2 = (\tau_{1T} - \tau_{1R}) - (\tau_{2T} - \tau_{2R}) + 2\Delta T \tag{4.135}$$

式中：ΔT 为A站和B站的钟差。

（3）在对双向移动校准设备的测试数据 T_2 扣除两套移动校准设备相对时延，进行误差改正后，得到两站的实际钟差：

$$\Delta T = \frac{T_2 - T_1}{2} \tag{4.136}$$

（4）两被测站在同一时间段的时间同步数据与移动校准设备所测得的两站实际钟差进行比较，即可完成站间时间同步精度的测试评估。

4.4.7 系统时间性能评估

系统时间性能评估系统包含时间比对链路及系统时间性能分析评估软件。其中比对链路包含北斗时（BDT）与UTC（NTSC①）的GPS/北斗共视、卫星双向以及GNSS精密单点定位（PPP）比对链路，UTC（NTSC）与UTC之间的比对链路。系统时间性能分析评估软件主要包含频率准确度、频率稳定度，以及时差结果高精度处理与分析等基本模块。基于地面系统及在轨卫星，利用BDT与UTC（NTSC）之间的卫星双向、北斗/GPS共视、GPS PPP比对链路，获取BDT与UTC（NTSC）之间的钟差数据。通过数据分析综合评定BDT频率准确度、稳定度等相关性能评估指标。为保证评估结果的可靠，可利用BDT UTC（NTSC）之间的多条比对链路，形成三角闭环结构，相互验证比对结果，提高测试评估的可靠性。系统具体构成如图4.36所示。

4.4.7.1 GPS共视数据处理

GPS有专门的共视时间传递规范和数据处理方法，时间用户可以从共视定时接

① NTSC：中国科学院国家授时中心。

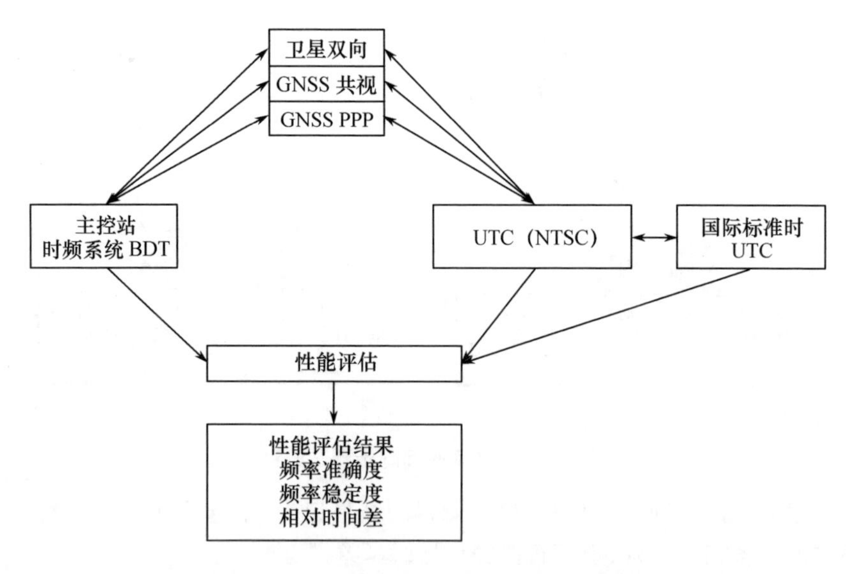

图 4.36 系统时间性能评估系统构成图

收机输出的标准数据格式 GGTTS 中提取 Ref_GPS 这一项数据,找到共视双方用户的共视卫星直接进行时间比对。

在选取共视数据时,必须满足以下几个条件:

(1) 确定在同一时刻观测到的是同一颗卫星。同时观测同一颗卫星才能消除卫星钟差等的共同影响,否则影响共视时间比对的结果。

(2) 确定观测时刻要对齐。对于相距不大于 3000km 的两个接收机来说,绝对的共视(时刻相同,卫星相同)才能降低由于某些共同因素(卫星钟差,传播路径上的延迟等)引起的误差。

(3) 优先选取跟踪长度是 780s 的数据。国际 GPS 共视规范规定一次 GPS 共视跟踪数据长度为 13min,加上 2min 的预置准备和 1min 的数据处理,全长为 16min。其规范中数据处理步骤为:①按时间顺序将数据分为 52 组,每组 15 个;②用二次多项式拟合生成的 52 组数,得到每组观测中间时刻的拟合结果;③将得到的 52 个数线性拟合取中点处的值;④拟合结果归算到整个观测时间 780s 的中间时刻。在共视计算时优先选取跟踪长度为 780s 的数据。

(4) 选取仰角不小于 15°。仰角大于 15°时,相应的观测噪声较小。

GPS 共视数据经过数据选取时刻对齐后,按下式进行数据计算待比对用户与参照比对方在时刻 i 的相对偏差[11]:

$$\Delta T_i = \frac{1}{10n}\sum_{k=i}^{n}(\mathrm{Refgps}_{1,i}^{k} - \mathrm{Refgps}_{0,i}^{k}) \tag{4.137}$$

式中:n 为双方在时刻 i 观测到的相同卫星的个数;$\mathrm{Refgps}_{1,i}^{k}$、$\mathrm{Refgps}_{0,i}^{k}$ 为双方在时刻 i 测得的本地时间与广播 GPS 时的时差(0.1ns)。

4.4.7.2　北斗共视数据处理

在北斗区域系统时间性能评估中，北斗共视数据采用观测数据按照共视基本原理计算，本次试验仍然采用此方法。

A、B两地的北斗时间接收机在同一个共视时间表作用下，在同一时刻接收同一颗北斗卫星信号，接收机输出代表北斗时间的秒脉冲，送至接收机内置的时间间隔计数器，与本地原子钟输出的秒脉冲比较。在A地，我们得到本地时刻 t_{A} 与 t_{BD} 差。同时，在B地得到 t_{B} 与 t_{BD} 的差。A、B两地通过互联网进行数据交换，便可获得两地原子钟之间的时间差。

对于单颗北斗卫星（编号为 i），卫星在时刻 t_0（以星载原子钟为参考）发射伪码信号；接收机在时刻 t_{r}（以本地原子钟A为参考）收到该伪码信号；通过对其进行时延修正 $\delta t_{i,\mathrm{A}}$，可得到卫星信号的发射时刻，即

$$t_0 = t_{\mathrm{r}} - \delta t_{i,\mathrm{A}} \tag{4.138}$$

用数学形式描述，对于卫星 i 和原子钟A，它们之间的几何距离可以表示为

$$\rho_{i,\mathrm{A}} = P_{i,\mathrm{A}} + c \times \Delta t_{i,\mathrm{A}} + d_{i,\mathrm{A}}^{\mathrm{trop}} + d_{i,\mathrm{A}}^{\mathrm{ion}} + d_{i,\mathrm{A}}^{\mathrm{Sagnac}} + \varepsilon_{\mathrm{other}} \tag{4.139}$$

式中：$\rho_{i,\mathrm{A}}$ 为卫星到接收机天线的伪距观测值；$P_{i,\mathrm{A}}$ 为卫星到接收机天线的几何距离；c 为光在真空中的速度；$\Delta t_{i,\mathrm{A}}$ 为卫星 i 与地面原子钟A之间的钟差；$d_{i,\mathrm{A}}^{\mathrm{trop}}$ 为对流层传播延迟修正项；$d_{i,\mathrm{A}}^{\mathrm{ion}}$ 为电离层传播延迟修正项；$d_{i,\mathrm{A}}^{\mathrm{Sagnac}}$ 为Sagnac效应修正项；$\varepsilon_{\mathrm{other}}$ 为其他延迟改正，主要是测量噪声，计算中通常将其忽略。

$\rho_{i,\mathrm{A}}$ 为实测量，它是信号从卫星到地面接收机的伪距，可从接收机中直接获得。北斗时间接收机天线中心的位置可预先精确测定，所以通过计算卫星位置便可获得接收机天线与卫星之间的几何距离。根据导航电文可得知卫星的星历和电离层附加时延，根据气象等参数可得对流层附加时延。由此可以计算出式中的待解参数 $\Delta t_{i,\mathrm{A}}$，即得本地原子钟和星载原子钟的钟差[12]。

分别对两站同一时刻观测的同一颗卫星进行做差，求出两地的钟差。

4.4.7.3　卫星双向时间传递数据处理

A站和B站完全处于同等的地位。中国科学院国家授时中心（NTSC）假设为A站，其主钟秒脉冲经调制解调器调制变成中频（70MHz），经上变频变为KU频段，最后经功率放大器通过天线送至卫星，卫星转发器把信号变成下行频率送至B站。另外NTSC接收到的信号经低噪声放大及下变频变成中频70MHz，经终端调制解调器解调求得本地时间基准和B基站秒脉冲经路径时延后的时刻差。同样，B站同时刻也接收发送基准信号给NTSC站，过程与NTSC站相同，同样求得NTSC站和B站经时延后的时刻差。

理论上，NTSC站与B站发射接收秒脉冲的路径完全相同，方向相反，路径时延完全抵消了。这就是卫星双向比对方法精度高的原因。但在实际时间传递中，得到的时间间隔差值不是真正的B站和NTSC站之间时间基准的时刻差，存在路径时延的影响。其中时延包括：调制解调器时延、上行路径时延、下行路径时延、卫星转发器

时延、Sagnac 效应引起的时延等,关系式表示如下:

$$\begin{cases} R_{ba} = T_b + T_a + \tau_a^{\mathrm{U}} + \tau_b^{\mathrm{D}} + \tau_{\mathrm{S}} + \tau_b^{\mathrm{R}} + \tau_a^{\mathrm{T}} + \tau_{\mathrm{Sagnac}}^{b} \\ R_{ab} = T_a - T_b + \tau_a^{\mathrm{D}} + \tau_b^{\mathrm{U}} + \tau_{\mathrm{S}} + \tau_a^{\mathrm{R}} + \tau_b^{\mathrm{T}} + \tau_{\mathrm{Sagnac}}^{a} \end{cases} \tag{4.140}$$

式中:R_{ij}为 i 站计数器接收到 j 站的秒脉冲的读数($i,j = a$ 或 b);T_i 为 i 站钟面时刻;τ_i^{U} 为 i 站到卫星时延;τ_i^{D} 为卫星到 i 站的时延;τ_{S} 为卫星转发器的时延;τ_i^{R} 为 i 站接收机时延;τ_i^{T} 为 i 站发射机时延;$\tau_{\mathrm{Sagnac}}^{i}$为 i 站由地球自转引起的相对论效应改正。

理论上:卫星双向时间比对由于是 NTSC、B 两站同时发送接收信号,相同的路径,并认为卫星转发器的时延相同;对同一站上下行时延、发射与接收的时延也相同;Sagnac 效应可以计算得到;卫星的移动也可以忽略不计,那么两地钟的时刻差仅与两站时间间隔计数器的读数有关,与卫星位置、对流层、卫星转发器等的影响无关[13]。

4.4.7.4 GPS 载波相位时间传递数据处理

GPS PPP 时间比对技术是 GPS 载波相位时间传递技术的一个重要应用。PPP 时间比对原理同 GPS 全视原理基本相同,均使用 GPS 时间作为公用的参考时间尺度。PPP 时间比对技术是测码伪距观测值 GPS 共视和全视的自然延伸,其采用双频载波相位和伪距观测值计算得到的本地钟差(由于定时接收机具有外接频标,在接收机经过校准后,该本地钟差可以看作本地参考时间(UTC(k))与 GPS 时间的偏差)。任何装备有 GNSS 定时接收机的时间实验室可以通过 PPP 方法计算出本地时间与 GPS 时间的差,通过简单的差分,即可得到链路的时间比对结果,即本地时间与 GPS 时间的差。使用 GNSS PPP 进行时间传递的前提是该 GNSS 具有精密的轨道和精密的卫星钟差,同时参考时间的稳定性要等于或优于 GNSS 时间[11]。

4.4.7.5 系统时间性能评估

1) BDT 相对准确度计算模型

通过卫星双向比对、GPS 共视和北斗共视均能得到 BDT 与 UTC(NTSC)比对钟差 $x(t)$,将钟差数据进行粗差剔除后,采用最小二乘法进行线性拟合,拟合方法如下:

设 $\bar{t}_i = \dfrac{1}{N}\sum_{i=1}^{N} t_i,\ \bar{x}_i = \dfrac{1}{N}\sum_{i=1}^{N} x_i(\tau),i = 1,2,3,\cdots,N$。

通过平均点($\bar{t}_i,\bar{x}_i$)作一条直线,其方程为

$$x(t) = \bar{x}_i + k(t - \bar{t}_i) \tag{4.141}$$

式中

$$k = \frac{\sum (x_i - \bar{x}_i)(t - \bar{t}_i)}{\sum (t - \bar{t}_i)^2}$$

考虑到钟差数据受频率漂移率的影响,因此拟合数据不宜取太长,这里取 $\tau = 1$ 天,即采用一天的测量数据,根据式(4.12)进行线性拟合,拟合后取零点结果记为

$\bar{x}(t)$。将所有测量数据完成拟合处理后，则可以得到每天一个数据点 $\bar{x}_i(t)$，$i=1,2,3,\cdots,N$。

通过时差比对计算频率准确度的方法称为时差法，得到的频率准确度称为相对频率偏差，即 BDT 相对于 UTC(NTSC)的频率偏差，由于参考信号 UTC(NTSC)准确度比被测信号 BDT 准确度高一个量级以上，因此，可以认为相对频率偏差就是 BDT 的频率准确度[14]，其计算公式为

$$A = f(\text{offset}) = \frac{-\Delta t}{T} = \frac{\hat{x}(t_2) - \hat{x}(t_1)}{t_2 - t_1} = \frac{\hat{x}(t+\tau) - \bar{x}(t)}{\tau} \tag{4.142}$$

式中：$f(\text{offset})$ 为频率偏差；$\hat{x}(t)$ 为钟差数据；τ 为取样时间。

由于频率的不稳定性，存在频率漂移率，因此测量时的取样时间，应使此取样时间的频率稳定度量值比欲校准的准确度量值小一个数量级。因此，综合考虑钟差比对不确定度给频率不确定度带来的影响，以及频率漂移的影响，取 $\tau=7$ 天。这样在整个试验周期内，以 τ 为取样时间可计算得到多个频率准确度，取平均值 $\bar{A}$ 作为最终结果。

2）BDT 稳定度计算模型

通过卫星双向比对、GPS 共视和北斗共视均能得到 BDT 与 UTC(NTSC)比对钟差 $x(t)$，将钟差数据进行粗差剔除后，采用最小二乘法进行线性拟合，拟合方法同频率准确度中的计算方法。

根据阿伦方差的计算公式的变换可计算得到 BDT 的频率稳定度。

$$\sigma_x(\tau) = \frac{1}{\tau}\sqrt{\frac{1}{2(N-2)}\sum_{i=1}^{N-2}(\hat{x}_{i+2} - 2\hat{x}_{i+1} + \hat{x}_i)^2} \tag{4.143}$$

式中：τ 为取样时间，这里取 7 天；N 为取样个数。

4.5　地面模拟测试环境

要完成测试任务，必须在正式测试前完成构建相应测试环境，根据需要开展的任务要求和测试内容配备相应的测试设备。而运控系统设备测试、运控系统集成联试则需要辅助的测试设备来实现模拟输入或模拟接收。除频谱仪、矢量分析仪等通用仪器之外，主要测试设备是模拟测试系统，可为主控站提供模拟观测数据，为注入站提供模拟运控信息下传信号和上行注入模拟接收，为监测站提供模拟 RNSS 导航信号，为各地面站提供模拟站间数传信号、时间同步信号以及模拟接收，下面具体介绍模拟测试系统。

4.5.1 主要功能

模拟测试系统必须能够完成如下功能：

(1) 星座仿真，实现导航卫星轨迹的数学仿真。

(2) 环境仿真，实现电离层和对流层的数学仿真。

(3) 观测数据仿真，模拟地面监测站分布，实现不同监测站对不同卫星和不同RNSS导航信号的观测数据仿真。

(4) 数字信号和射频信号仿真，可根据外部设置改变码结构和调制方式，并根据卫星位置、用户位置以及用户与卫星运动状态生成RNSS导航信号、站间数据传输信号、站间时间同步信号、运控信息下传信号。

(5) 时间同步仿真，包括站间时间同步和星地时间同步。

4.5.2 基本原理和流程

模拟测试系统为运控系统的仿真和测试提供所需要的原始数据，同时提供仿真和测试两种模式，即数据模式和射频模式。数据模式是为测试对象提供仿真数据，而射频模式是以射频信号的形式为测试对象提供输入。模拟测试系统生成卫星轨道所需的星历数据，既可以通过外部置入，也可以通过主控站对仿真数据进行处理后生成并注入，形成闭环系统。该系统的基本原理和流程如下：

首先，对卫星导航系统空间段进行精确建模，主要包括卫星轨道建模、卫星钟差建模、大气层传输时延建模以及各种误差模型。

其次，根据用户的运动轨迹以及主控站、注入站和监测站的位置，生成用户以及主控站、注入站和监测站所接收的导航仿真数据、运控信息仿真数据、站间数传仿真数据、站间同步仿真数据。导航仿真数据主要包括伪距数据、多普勒频移数据和载波相位数据等；运控信息仿真数据主要包括卫星载荷状态信息、业务处理信息、星间伪距数据、星间多普勒频移数据和星间载波相位数据等；站间数传仿真数据主要包括监测站观测数据、状态信息以及控制指令回执信息等；站间同步仿真数据主要包括时间引导信息和伪距数据。

再次，将所生成的仿真数据或射频信号分别传输至相应的仿真和测试对象，包括用户机、主控站、注入站和监测站。

最后，将主控站、注入站和监测站等测试对象生成的射频信号分别传输至测试设备，包括站间同步模拟接收机、站间数传模拟接收机和卫星模拟接收机。

4.5.3 结构和模块设计

模拟测试系统是一个开放式的多任务系统，每个模块与其他模块独立，仅提供入口参数和出口参数，各模块之间通过参数联系和通信，从而有利于扩展和删减，具体的结构和模块设计如图4.37所示。

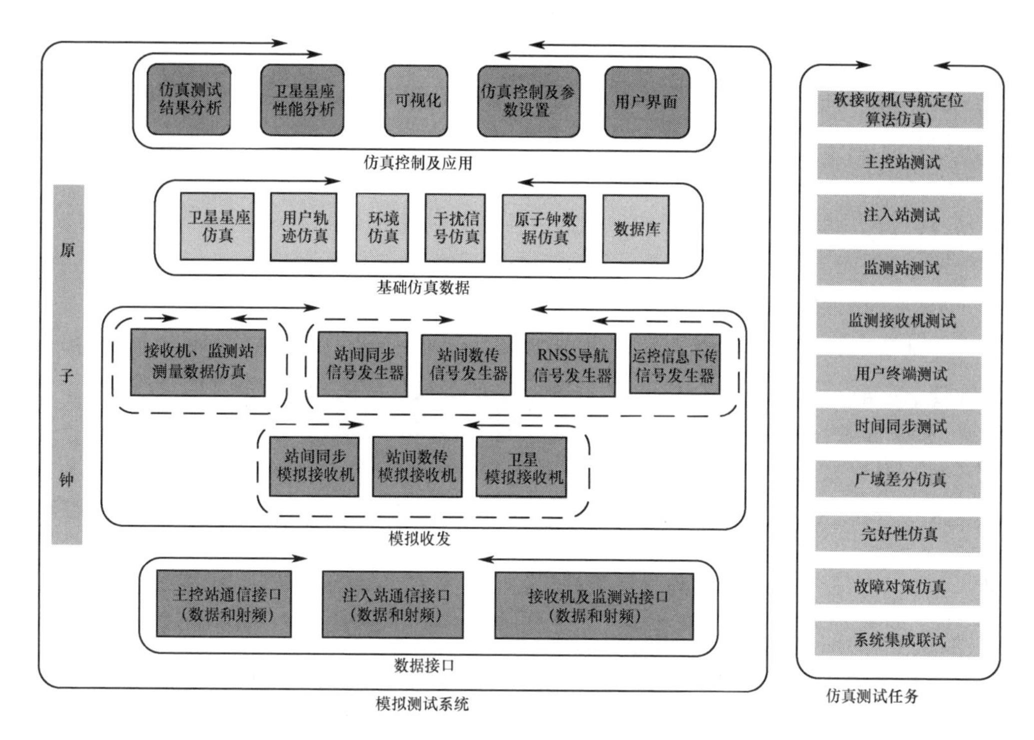

图 4.37　模拟测试系统结构和模块设计(见彩图)

由图 4.37 可以看出,模拟测试系统由五层组成,分别为仿真控制及应用层、基础仿真数据层、模拟收发层、数据接口层和原子钟。其中最后两层较为简单,这里不专门介绍。

1) 仿真控制及应用层

仿真控制及应用层的主要功能是提供良好的人机交互界面,方便操作人员对仿真与测试任务的控制,完成不同仿真与测试的参数调整,对仿真和测试的结果进行评价,并以直观的方式对仿真结果显示,便于参试人员对结果的理解。包含用户界面模块、仿真控制和参数设置模块、可视化模块、卫星星座性能分析模块、仿真测试结果分析模块。

(1) 用户界面模块:是参试人员与计算机交互的接口,参试人员通过该接口可以完成对仿真测试平台的管理和控制,实现对软件、仿真与测试任务、可视化及结果的管理。

(2) 仿真控制和参数设置模块:对仿真与测试任务的模式、参数进行控制和调整,包括星座控制、卫星信号功率控制、卫星状态控制、仿真任务控制、数据存储控制、卫星故障模式控制、大气层模型控制、噪声模型及噪声水平控制等内容,不同的参数设置直接影响最终的仿真结果。

(3) 可视化模块:为参试人员观察仿真和测试结果提供一个直观的方式,主要包括二维、三维图形显示,图表显示,曲线图显示,趋势图显示等。

(4) 卫星星座性能分析模块:根据星座仿真模块生成的数据对卫星星座的覆盖性进行分析,以检测不同地域、不同时刻几何精度衰减因子(GDOP)、位置精度衰减因子(PDOP)、水平精度衰减因子(HDOP)、时间精度衰减因子(TDOP)的大小,从而为导航定位结果给出一个评价指标[15]。

(5) 仿真测试结果分析模块:通过一定的手段和衡量指标对仿真与测试的结果进行评价,从而判断算法的优劣和各分系统的性能以及工作状态。

2) 基础仿真数据层

基础仿真数据层的主要功能是构造整个仿真测试平台的基础数据,并对数据进行管理、存储以及事后的重演,包含卫星星座仿真模块、用户轨迹仿真模块、环境仿真模块、原子钟数据仿真模块、数据库模块、干扰信号仿真模块。

(1) 卫星星座仿真模块:考虑地球非球形、日月引力、太阳光压等摄动力影响的条件下,模拟 GNSS 绕地球运行的轨道,可以通过参数控制卫星数目及数据误差模型。

(2) 用户轨迹仿真模块:根据用户的动力学模型生成用户运动过程中的位置、速度、加速度、加加速度、姿态等数据,用于最终模拟数据的生成。

(3) 环境仿真模块:模拟环境因素对观测值的影响,包括电离层、对流层、多径效应和其他干扰。

(4) 原子钟数据仿真模块:为仿真平台提供统一的时间基准,并在所生成的时间数据的基础上,根据钟差模型生成每颗卫星的钟差参数。

(5) 数据库模块:对静态数据例如地球引力场数据、仿真过程中生成的轨道数据、观测数据以及仿真结果进行存储和管理,便于事后对仿真结果的分析和处理。

(6) 干扰信号仿真模块:模拟各种方式的卫星导航信号干扰方式,并通过信号发生器混合在射频信号中输出,以测试接收机的抗干扰能力。

3) 模拟收发层

模拟收发层主要分为信号发生器部分和模拟接收机部分。

信号发生器部分:根据仿真控制及应用层设定的仿真测试任务、参数和基础仿真数据层的数据生成卫星到用户的伪距信息和相关的参数,并驱动硬件产生射频信号。根据任务不同,该部分又分为数据模块和射频模块。

模拟接收机部分:接收运控系统设备输出的射频信号,测试和评估信号的功能指标和性能指标。

(1) 信号发生器数据模块:基于基础仿真数据层提供的数据,包括卫星轨道信息、用户运动信息、环境信息以及时间参数,构造卫星到用户或监测站的伪距数据、多普勒频移数据等,并增加一定的噪声,用于验证导航定位算法的有效性,并驱动信号发生器的射频部分产生模拟的卫星测距信号。

(2) 信号发生器射频模块:根据信号发生器数据模块产生的数据和原子钟的信号产生真实的站间同步信号、站间数传信号、运控信息下传信号、RNSS 导航信号,从

而完成对站间接收设备、运控信息接收设备、接收机和监测站的测试和评估。

（3）模拟接收机模块：接收由主控站、注入站和监测站输出的站间同步、站间数传、上行注入的射频信号，从而完成对站间发射设备、上行注入发射设备的测试和评估。

参考文献

[1] 周巍．北斗卫星导航系统精密定位理论方法研究与实现[D]．郑州：解放军信息工程大学，2013.

[2] 李晴．多系统卫星导航信号跟踪电文处理研究与实现[D]．北京：北京理工大学，2015.

[3] 满丰．GNSS高精度接收机抗多径技术研究[D]．西安：西安电子科技大学，2013.

[4] 冯晓超，程晓滨，高帅，等．GNSS接收机观测数据多径效应分析方法研究[J]．全球定位系统，2010，35(1)：11-15.

[5] 刘海洋．浅谈卫星地球站天线系统测试[J]．中国无线电，2004(5)：34-39.

[6] 蒋金冰．一种新型低轨卫星跟踪测角控制系统设计[D]．南京：南京邮电大学，2014.

[7] 张建秀，邢建华．501台C波段12米发信天线技术指标的验证测试[J]．内蒙古广播与电视技术，2013，30(1)：18-20.

[8] 黄旭峰，王宇，王金华．微波暗室内的天线时延标定技术研究[C]//第三届中国卫星导航学术年会电子文集-S06北斗/GNSS测试评估技术．北京：第三届中国卫星导航学术年会组委会，2012.

[9] 朱利伟．卫星导航系统主控站模拟测试与评估关键技术研究[D]．长沙：国防科学技术大学，2008.

[10] 李玮．卫星导航系统时间测试评估方法研究[D]．西安：中国科学院研究生院（国家授时中心），2013.

[11] 广伟．GPS PPP时间传递技术研究[D]．西安：中国科学院研究生院（国家授时中心），2012.

[12] 杨帆．基于北斗GEO和IGSO卫星的高精度共视时间传递[D]．西安：中国科学院研究生院（国家授时中心），2013.

[13] 张虹．卫星双向时间比对系统稳定性的研究[D]．西安：中国科学院研究生院（国家授时中心），2006.

[14] 贾小林，冯来平，毛悦，等．GPS星载原子钟性能评估[J]．时间频率学报，2010，33(2)：115-120.

[15] 陈希．GPS观测数据仿真系统的设计与实现[D]．成都：电子科技大学，2013.

第5章　应用终端测试

5.1　应用终端分类与指标体系

5.1.1　应用终端分类

从 GPS 接收机分类开始讨论。目前国际上有一定规模的 GPS 接收机生产厂家有数十家,产品种类达数百种之多。由于使用领域、技术特点及提供的服务复杂多样,因此很难利用一个通行标准对 GPS 接收机进行准确分类。目前比较容易为人接受的典型分类方法为按功能、原理、用途等进行分类。比如按用途分,主要可以分为导航型接收机、测量型接收机和授时型接收机。导航型接收机主要为运动载体提供定位导航服务,按运动载体类型不同还可以再细分为手持型、车载型、航海型(船载型)、航空型(机载型)等子类型。测量型接收机主要用于精密大地测量和精密工程测量,数量和细分型号相对较少。授时型接收机利用 GPS 卫星信号为用户提供高精度时间标准。如按原理分,可包括单频接收机、双(多)频接收机,或多通道接收机、序贯通道接收机、多路多专用通道接收机等类型,或码相关型接收机、平方型接收机、混合型接收机、干涉型接收机等类型。按功能分则种类更加繁杂,往往与其他手段联合使用,比如救生型接收机、电子监控接收机等。

对 GPS 接收机分类方法进行延展,可以概括出北斗卫星导航终端的多种分类方法。一般情况下,可以直接采用 GPS 接收机的分类方法进行分类。但是,为便于讨论应用终端测试方法,本书综合整理后仅从特定角度进行分类。

1）按功能分类

根据提供的服务不同,北斗卫星导航应用终端可以简单分为通用终端和专用终端。通用终端主要功能是为用户提供定位、短报文通信、定时、导航等基本服务,并可实现对其他应用平台与集成系统的支撑。通用终端技术特点主要有:覆盖绝大部分用户使用要求,指标内容体现了导航终端的主要使用效能。因此通用终端一般指标相通性较高,如定位测速算法基本一样、测距性能相当、码捕获能力基本相同。通用终端工作边界条件范围不大,所面临的工作环境变化可预见性高,信号接收环境相对较好,指标上对抗干扰性能仅有普通要求或基本不作要求,动态范围要求一般。针对通用终端使用要求和技术特点,在测试方案设计上,要注重考虑指标测试方法的通用性、标准化和可扩展性。通用终端数量很大,应用覆盖面很广,将成为未来导航应用与测试的主体部分。因此在测试技术研究和测试条件方案设计时,除需考虑测试方

法的通用性、标准化外，还需要重点兼顾提升检测效率和降低检测成本。

与作为大众产品的通用终端相比，专用终端充分体现了“专”的特点，应用范围窄，数量相对较少。但是，恰恰通过专用终端的应用可以更清晰地看出卫星导航应用全方位、多层次、多模式的行业发展态势。在技术特点上，专用终端首先继承了通用终端的基本功能与性能，在此基础上根据使用要求在某一个或某一类功能或指标上有针对性地裁减或加强。比如，高精度测量、航天测控、高精度授时等终端，性能上与大众产品差异就十分明显。

2）从技术原理分类

根据采用的技术体制的不同，北斗应用终端还可以分为RDSS应用终端和RNSS应用终端。RNSS应用终端工作原理与GPS接收机相似。RDSS应用终端（含北斗一号应用终端）能实现RDSS定位、短报文通信和单双向定时功能。这里以RDSS定位功能实现过程简要说明RDSS应用终端工作原理。当应用终端仅能收到一颗北斗卫星的出站信号时，以单收双发方式工作。中心站通过两颗卫星接收到应用终端定位申请信号后，对测量收到信号的时间差进行定位解算。当应用终端能收到两颗北斗卫星的出站信号时，以双收单发方式工作。应用终端测量两颗卫星信号到达时刻差值，按规定格式填写在入站电文中，通过卫星发射到中心站进行定位解算。中心站解算完成后从出站信号中将定位结果发送到应用终端。RDSS定位功能为应用终端RDSS体制的主要功能之一。选用何种方式工作，受到当时紧急情况、卫星信号覆盖、应用终端接收天线性能及姿态、植被遮挡等多种因素制约。该功能为策略性功能，功能生效基本不受运载方式、环境应力等因素影响。

根据载波频率使用的不同，应用终端还可分为单频、双频、三频接收机。以GPS为例，单频接收机只能接收L1载波信号，测定载波相位观测值进行定位，由于不能有效消除电离层延迟影响，单频接收机只适用于短基线（小于15km）的精密定位。双频接收机可以同时接收L1、L2载波信号，利用双频对电离层延迟的不一样，可以消除电离层对电磁波信号的延迟的影响。

按技术原理，应用终端还可分为码相关型接收机、平方型接收机、混合型接收机、干涉型接收机等。码相关型接收机是利用码相关技术得到伪距观测值。平方型接收机是利用载波信号的平方技术去掉调制信号，来恢复完整的载波信号，通过相位计测定接收机内产生的载波信号与接收到的载波信号之间的相位差，测定伪距观测值。混合型接收机综合上述两种接收机的优点，既可以得到码相位伪距，也可以得到载波相位观测值。干涉型接收机是将GPS卫星作为射电源，采用干涉测量方法，测定两个测站间距离。

3）从产品形态分类

从产品形态出发，北斗应用终端可以分为整机和嵌入式模块两大类。整机形态指从信号接收发射到服务信息获取、从终端供电到信息交换均自主完成的应用终端形态，通常不需要另行增加额外配套设备情况下即可发挥使用效能。比如，北斗

RDSS 应用终端整机主要包括天线(含低噪声放大器、功率放大器)、主机、显控、电池、配套电缆及上层软件等部分。主机主要由变频模块、RDSS/RNSS 基带信号处理模块、信息处理模块、接口单元、保密芯片、时钟模块等部分组成。RNSS 应用终端整机不含发射单元。因此应用终端指标可以分成整机指标和部件指标。部件指标包括信道指标(含天线、放大器、滤波器等)、基带指标、时频指标、电源指标等。典型北斗应用终端组成如图 5.1 所示。

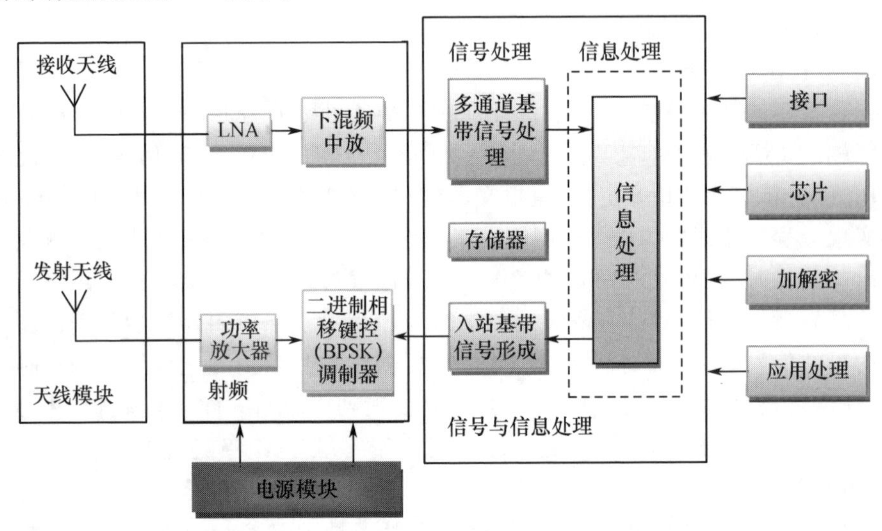

图 5.1　典型北斗应用终端组成框图(见彩图)

整机形态测试时,考核重点是综合效能,除性能调试外,对测距精度、通道时延一致性、P 码直捕性能等指标普通产品可以不予考核。在测试流程设计时,要采用较少的测试项目,尽可能涵盖更多技术指标。测试场景设计在充分考虑指标要求的边界条件情况下,采用一定变化模型覆盖全指标数值范围。如动态指标,除了要涵盖最大动态,还在指标规定的变化范围内连续变化以遍历覆盖所有可能出现的动态。在测试条件设计方面,着重考虑测试流程的成熟性和批量测试的高效性。

嵌入式模块形态较多,一般情况下嵌入式模块主要指除天线模块、供电模块和显控模块以外的部分。嵌入式模块一般以板卡形式固定在其他平台中,采用平台统一提供的电源、时钟和显示交互设备完成功能的发挥。有部分嵌入式模块也可以包括天线模块。由于嵌入式模块与整机之间的差异主要体现在封装形式上,因此大部分指标测试需求基本相同。测试技术研究需要解决的是测试原理、流程和评估准则及其应用问题,因此针对嵌入式模块,大部分指标测试可以继承整机指标测试技术。由于封装形式不同,因此嵌入式模块往往对电磁兼容性要求较高,因此该指标是考核重点之一。在测试条件设计上,由于嵌入式模块一般没有自主供电等条件,需要增加配置部分硬件,为其提供供电、时钟信号和标准接口信号,部分还需要提供接口协议转换软件,将其集成为类似于整机的形态加以测试。测试评估时应充分考虑另配器件

性能对指标测试的影响。

4）其他分类方法

从使用功能出发，北斗应用终端大体可以分为导航型、定时型、测量型三大类。导航型终端主要通过 RNSS 信号或 RDSS 服务获得当前位置信息，来为用户进行导航。定时型终端主要通过 RNSS 信号或 RDSS 服务获得当前精确时间信息，来实现与北斗系统时间同步并向外授时。测量型终端主要通过相对测量手段，实时或非实时获取被测点精确位置信息。

以上各种分类方法，均是从不同侧面对目前主要的应用终端进行分类。每一类根据需要还可以继续细分，如车载型还包括车载单频导航型、车载双模导航型等。

业界也可以根据其他属性进行分类。比如从使用载体出发，应用终端可以分为手持型、车载型、船载型、机载型、星载型等类型。

5.1.2 应用终端指标体系

目前，全世界卫星导航系统中，美国 GPS 发展最为成熟。经过 20 余年的实践证明，GPS 是一个高精度、全天候和全球性的无线电导航、定位和定时的多功能系统。GPS 技术已经发展成为多领域、多模式、多用途、多机型的国际性高新技术产业。

同一种导航终端按照不同的分类方式可划分到不同类别中，这几种分类方法是交叉重叠的。本书以按照导航终端的用途分类为例进行终端指标分析。

导航型终端主要用于运动载体的导航，它可以实时给出载体的位置和速度，这类终端一般采用 C/A 码伪距测量，单点实时定位精度较低，一般为 ±10m，而有 SA 影响时为 ±100m，这类终端价格便宜，应用广泛。测量型终端主要用于精密大地测量和精密工程测量，主要采用载波相位观测值进行相对定位，定位精度高，结构复杂，价格较高。定时型终端主要利用 GPS 卫星提供的高精度时间标准进行授时，常用于天文台及无线电通信中时间同步。北斗导航终端目前按用途可分为基本型、兼容型、双模型、定时型、指挥型。

基本型终端主要具有北斗卫星定位、定时、测速、导航等功能；兼容型终端的主要功能包括北斗/GPS 定位、定时、导航和北斗/GPS 兼容定位功能；双模型终端除包括兼容型终端的功能外，还具有 RDSS 的通信、位置报告等功能；定时型终端的主要功能是利用北斗卫星提供的高精度时间标准进行单向和双向定时，同时也兼有北斗定位等基本功能；指挥型终端除具有导航、定位、定时等基本功能外，还具有监收、通播、指挥调度等特殊功能。

虽然不同类型导航终端的测试指标有所区别，侧重点不同，但衡量各种类型导航终端功能和性能的基本指标大体相同，功能指标主要包括定位、定时、通信等功能；性能指标主要包括灵敏度、首次定位时间 TTFF、重捕获时间、定位精度、测速精度、定时精度等。对于特殊应用的导航终端还包括抗干扰性、高动态性、环境适应性、电磁兼容性等。同时，导航终端类型多、技术复杂，单位容积所占有的元器件数量高，维修和保障复杂，为确保导航终端的使用效能充分发挥，还应具有一套合理的、可检验的综合保障类指标体系（包括可靠性、维修性、保障性、测试性、安全性等）。

对于不同类型、不同用途的终端，对需要测试的项目以及各指标的要求也不相同，在寿命周期不同阶段需要测试的项目也不同，但是总体来说，用户关心的指标一般可划分为以下三大类顶层指标，如：

（1）功能类（定位、定时、通信、测速等）；

（2）性能类（灵敏度、定位时间、定位精度、测速精度、定时精度、环境适应性、电磁兼容性等）；

（3）综合保障类（可靠性、维修性、保障性、测试性、安全性、运输性、人-机-环境工程等）。

本书采用结构法描述导航终端体系，体系结构框架如图 5. 2 所示。依据导航终端各顶层指标的组成部分及其相互关系，进一步可分解和建立二级、三级指标体系。

犹如采用横切、竖切、斜切等切法均可将一块蛋糕分成多块一样，北斗应用终端检测指标体系划分的方法也不唯一。在某大型工程中，对所确定的北斗应用终端共 75 项测试指标（包括本书所列举的 44 项重要指标）采用了以下划分方法：按指标属性划分，按设备寿命阶段划分，按功能特点划分，以及其他划分方法。具体采用什么样的划分方式，应根据工程需要而定，本书所给出的划分方法可作为参考。

1）按通用电子设备指标属性划分

按通用电子设备指标属性，测试指标包括性能特性、常规六性、环境适应性、通用检测类指标，这种按属性分列式的指标集合划分具体如图 5. 3 所示。

2）按产品寿命周期各状态阶段划分

产品的寿命周期分为论证阶段、方案阶段、工程研制阶段、设计定型阶段、生产定型阶段、生产阶段、使用阶段。设备检测的工作起始剖面一般设立在产品定型阶段，因此指标体系一般划分为要求全面覆盖性的定型指标、兼顾检测效率的应用终端验收指标、注重基本功能的应用终端使用指标。产品具体有哪些寿命阶段、每个阶段关心哪些指标，与产品使用范围、功能特点、用户群等均有密切关系，可根据需要进行明确。

3）按北斗应用终端功能特点划分

北斗应用终端测试指标按其功能要求覆盖性可分为基本要求指标、常规要求指标、常规六性指标、环境适应性指标等，随着功能要求覆盖性地提升，指标集合涵盖内容从基本功能考核延伸到全面功能考核，从常规常温测试扩展到复杂环境应力测试。这种涟漪式的指标集合划分具体如图 5. 4 所示。

4）其他划分方法

（1）按考核独立性划分。

有些指标如多系统兼容互操作功能、单频定位功能、双频定位功能、接收灵敏度、接收功率范围、低温工作、高温工作、抗干扰功能等实际上为测试条件指标，部分指标

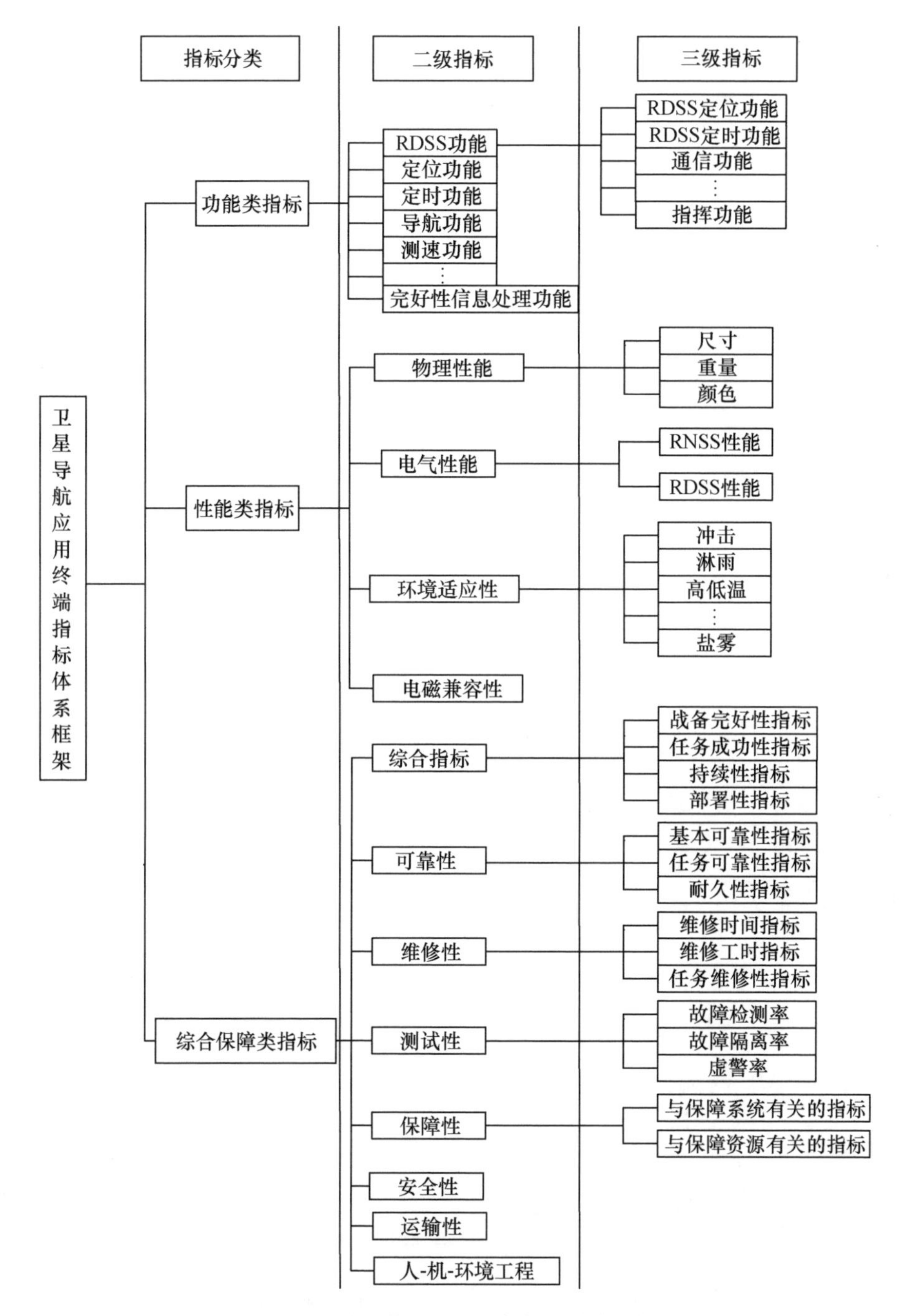

图5.2　应用终端测试指标体系结构框架

如定位精度、发射EIRP值、通信功能等是可直接考核指标。测试指标本身可以不作为测试项目，只作为直接考核指标的配置条件。该类指标评估是通过检查与之相关的直接考核指标是否达标来实现的。

RDSS性能特性			RNSS性能特性		通用检查	常规六性	环境适应性
定位功能	双向零值	指挥功能	P码策略	定位精度	外观检查	可靠性	高温试验
抑制功能	发射EIRP值	抗干扰性能	自主完好性	测速精度	设备自检	维修性	低温试验
发射频度控制	发射信号频率准确度	兼容功能	系统完好性	定时精度	设备自毁	安全性	湿热试验
永久关闭	定位成功率	授时功能	冷启动首次定位时间	接收信号功率范围	设备功耗	测试性	淋雨试验
通信功能	接收通道数	单向定时精度	温启动首次定位时间	动态范围	电源要求	保障性	冲击试验
位置报告	接收灵敏度	加注功能	热启动首次定位时间	数据更新率	电池续航时间	电磁兼容性	振动试验
无线电静默	首次捕获时间	授权管理	信号重捕时间	捕获灵敏度	整机齐套性		盐雾试验
口令识别	失锁再捕时间	身份认证	失锁重定位时间	跟踪灵敏度	软件界面及功能		低气压试验
发射同步精度	通道时差测量误差	RDSS加解密	通道时延一致性	伪距测量精度			太阳辐射试验
载波抑制度	BPSK载波相位调制偏差	密钥切区	RNSS解密	双频功能			
	双向定时精度			惯导辅助功能			

图5.3 按通用电子设备指标属性划分指标体系示意图(见彩图)

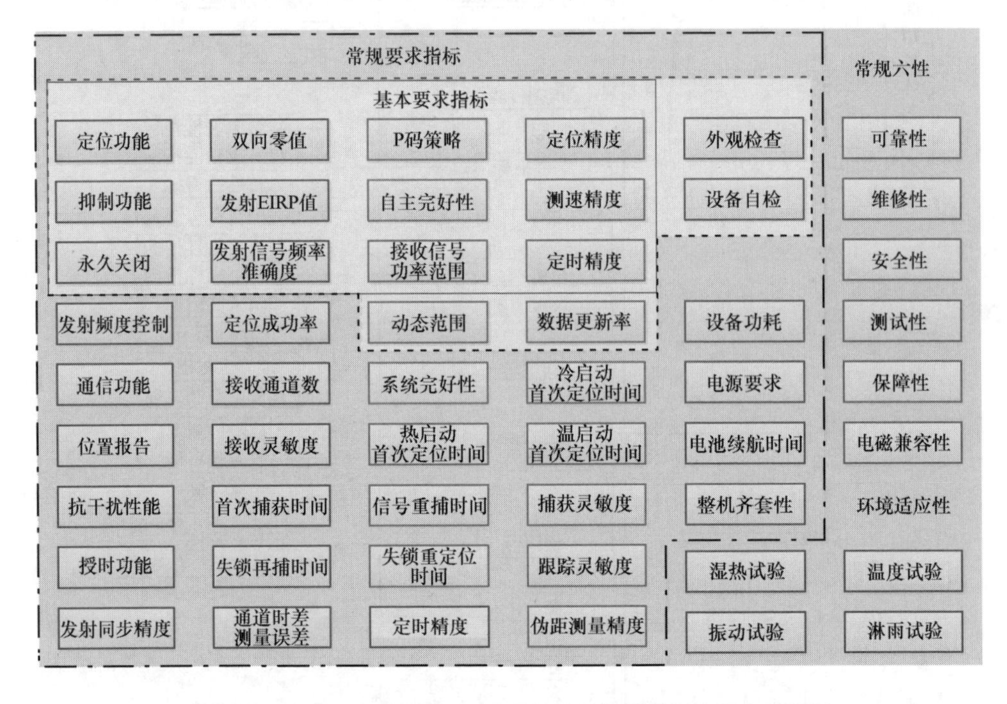

图5.4 按北斗应用终端功能要求划分指标体系示意图(见彩图)

(2) 按设备形态划分。

从设备形态看,北斗应用终端主要包括手持一体式、车载一体式、车载分体式等。

(3) 按信号体制划分。

从工作信号体制看,应用终端主要包括北斗 RDSS 应用终端(含北斗一号应用终

端)、北斗RNSS应用终端,既含有RDSS信号体制又含有RNSS信号体制北斗双模应用终端,既含有北斗信号又含有GPS信号体制或GLONASS信号体制的兼容星座应用终端(简称兼容应用终端)。因此,应用终端测试指标包括RDSS指标、RNSS指标、兼容指标、双模指标。

(4) 按应用终端功能划分。

从设备功能看,有无源定位应用终端、有源定位应用终端、通信应用终端、定时应用终端、导航型应用终端,或综合以上功能的应用终端。从这方面划分指标主要包括定位功能、通信功能、授权管理功能、定时功能、测量功能、导航功能等。

(5) 按应用场合划分。

北斗应用终端可应用于太空、高空、陆地、海洋等野外场所,也可应用于指挥所等场所,应用场合特点包括沙尘、盐雾、强光照、强腐蚀、极限温度与气压等场合。这方面指标主要体现在环境适应性上。

(6) 按指标技术内容划分。

从应用终端信号处理与工作流程看,指标在技术内容上主要包括参数指标和功能指标。参数指标主要包括接收通道性能指标、发射通道性能指标、设备时延指标、基带处理指标等。功能指标主要指为完成导航、定位、定时、通信等过程,应用终端软件所必须具备的处理、存储与显示交互等功能。

以上各种分类方法并不改变指标本质要求,仅是从不同侧面对指标特点进行归纳,表明所述指标应用于什么样的领域,以什么样的形态在什么样的场合发挥什么样的功能,具备什么样的技术特点,同时要求什么样的基本保障条件。这种分类方法有利于用户在论证研制要求时能迅速根据自身关注点和应用需求,不遗漏地提出符合全面、准确的参数和功能要求。此外,还有利于统一研制、测试、使用等各环节对指标意义的理解,确保指标提出目的、试验测试结果和实际使用效能的一致。

5.2 应用终端通用指标测试

5.2.1 天线性能测试评估

5.2.1.1 天线相位中心偏差

在GNSS测量应用中,所观测到的伪距或载波相位值都是基于接收机天线相位中心到卫星天线相位中心之间的距离测量得到,在GNSS数据处理中,接收机点位坐标以其几何中心为基准;由于天线本身的特性,实际的天线相位中心与其几何中心不一致,因此有必要进行天线相位中心测试,以修正在数据处理中的误差。

天线相位中心的影响可分为天线相位中心偏移(PCO)和天线相位中心变化(PCV)两部分(图5.5)。PCO是指GNSS天线接收卫星信号的平均相位中心与其几何中心之差。任何特定天线的PCO和PCV都具有一定的稳定性。

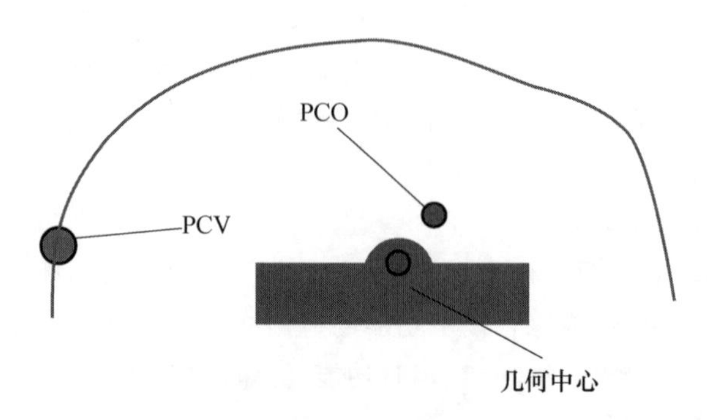

图 5.5　天线相位中心的影响原理图(见彩图)

用户应用终端在使用过程中,GNSS 卫星在空间运动,造成卫星的信号投射到天线的位置随着时间而变化;地球的形状,造成不同接收机天线在同一时刻接收到的同一卫星的信号不同;不同类型和型号的 GNSS 天线,天线相位中心也不相同。

测试方法可采用微波暗室测定法或室外相对定位测定法。

1) 微波暗室测定法

利用安装在微波暗室内的多探头球面近场测试系统进行。测试前应对微波暗室的三轴转台的旋转回转中心进行定位,偏差小于 1mm;安装测试工装并标定,确定工装轴心在极化转台轴线上。

如图 5.6 所示,将被测天线安装在工装上,保证被测天线的几何中心与工装转轴重合;根据被测天线的几何中心调整工装高度,使得被测天线几何中心与三轴转台回转中心重合。

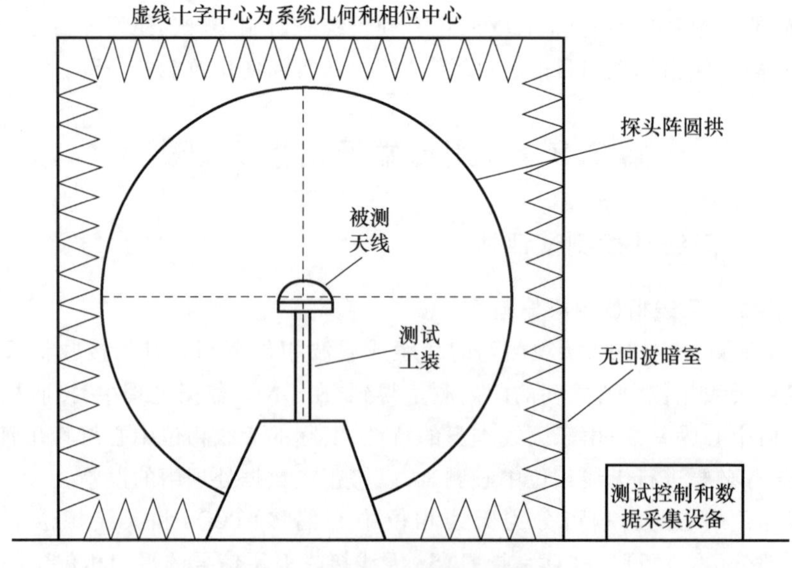

图 5.6　天线辐射参数测试框图

用右旋圆极化喇叭天线作辅助发射天线，设置测试参数：频段、点数、转角范围、步进等，开始测试，分别设置不同仰角，测试不同仰角下方位面的相位方向图。通过相位方向图分布，反推得到天线各仰角下的相位中心分布并统计出天线相位中心稳定度。

2）室外相对定位测定法

如图5.7所示，将带有GNSS天线的2台被测设备安置在短基线测试台上，其中一个天线是已标定过的参考天线，另一个是被测天线。进行4次观测，每次观测1h，观测时卫星截止高度角设置为10°，数据采样率设置为1s。第一次将两个天线标志线都指向北方向。后面三次观测时，参考天线指向不动，只转动被测天线，使被测天线标志线分别指向东、南、西方向。观测完成后进行基线解算，解算时应采用厂家提供的天线相位中心模型，以4次基线解算结果的平均值作为参考，将4次基线解算结果与参考值进行比较，确定各次基线坐标分量的变化量，各次基线坐标分量变化量的最大值即为被测天线在该坐标方向上的相位中心稳定度。

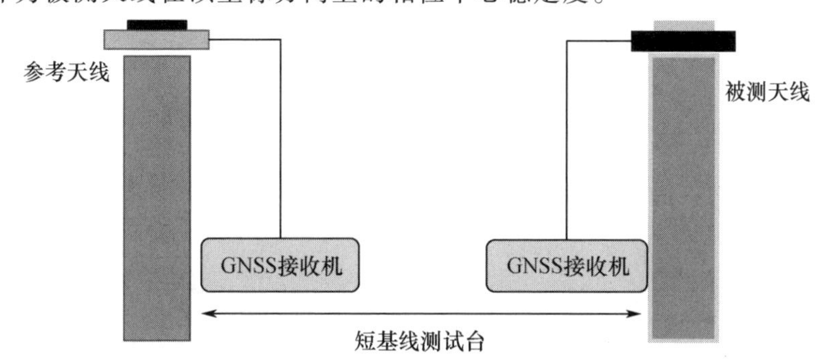

图5.7　天线相位中心稳定度测试连接图(见彩图)

5.2.1.2　天线圆度

利用安装在微波暗室内的多探头球面近场测试系统进行。

将待测天线法向向上平放在测试工装上，调整工装高度，保证天线几何中心与测试系统中心重合，调整天线底面使水平激光能够全部照射到天线相位中心高度切面，从而保证天线水平基准面与水平方向夹角小于1°。

将测试电缆与无源衰减器一端相连，衰减器的另一端连接到终端测试系统的输出端，终端测试系统的输入端连接到天线端口，将暗室恢复为测试状态。

创建检测项目，输入测试频点，开始测试，完成球面三维数据(幅度、相位、极化等)的采集。

用方向图导出软件导出仰角0°~80°(间隔10°)，方位角0°~360°(间隔1°)切面右旋圆极化增益方向图。

用结果统计软件进行数据统计，取每个频点仰角10°~80°(间隔10°)切面右旋圆极化增益方向图峰值的1/2作为该频点仰角10°~80°(间隔10°)不圆度。

取各频点所有切面不圆度的平均值作为天线在各频点的不圆度测试结果。

5.2.2 信号接收性能测试评估

5.2.2.1 跟踪通道数

应用终端跟踪卫星通道数在有线测试条件下进行(图5.8)。模拟信号源工作在仿真模式,产生多颗卫星全部频点的信号。应用终端工作稳定后,存储并上报载噪比、伪距、载波相位等原始观测量。测试评估计算机接收应用终端传送来的原始观测量,考核应用终端是否能够输出多颗卫星每个频点、每个支路原始观测量,从而判断其是否具备同时跟踪通道数的能力。

图5.8 信号接收性能测试评估设备连接示意图

设置模拟信号源发射各个频点单载波信号,通过频谱仪标定设置应用终端LNA前端的各频点RF导航信号电平均为跟踪灵敏度电平(设置跟踪灵敏度电平可能会导致接收机完全捕获不到卫星信号,所以无法完成跟踪通道数的测试,建议改成捕获灵敏度+5dB),后续的测试场景类似,除专门测试灵敏度的场景外,其他场景均设置成捕获灵敏度+5dB。

5.2.2.2 接收灵敏度

接收灵敏度是应用终端保持正常工作的最小可接收信号强度,包括捕获灵敏度和跟踪灵敏度。

捕获灵敏度是指在指标规定的接收信号功率范围内和信号动态特性条件下,保证接收误码率满足指标要求时,导航终端接收天线相位中心处最低接收信号功率。

跟踪灵敏度是指在指标规定的接收信号功率范围内和信号动态特性条件下,保证伪距测量精度满足指标要求时,导航终端接收天线相位中心处最低接收信号功率。

接收灵敏度测试应涵盖所有频点、所有信号支路、所有卫星接收通道。对于导频+数据分量这种新型导航信号体制,接收灵敏度的评估主要针对数据分量进行。

1) 捕获灵敏度

设置模拟信号源发射各个频点单载波信号,通过频谱仪标定设置应用终端LNA前端的各频点RF导航信号电平均为捕获灵敏度电平。

应用终端与模拟信号源同源,模拟信号源工作在仿真模式,产生全部卫星、全部频点的RNSS导航信号。

启动应用终端,令应用终端接收模拟信号源传输的RNSS导航信号。应用终端将解调所得电文比特流传输至测试评估计算机接收,同时模拟信号源将生成电文比特流传输至测试评估计算机接收。

测试评估计算机接收应用终端传送来的解调电文比特流,以及模拟信号源生成的发射电文比特流,将每个信号支路、每个接收卫星通道的解调电文比特流和发射电

文比特流进行比对。

对所有通道误码数目、总接收码元数据汇总计算误码率，从而评估捕获灵敏度指标。接收误码率统计方法为

$$误码率=\frac{各通道数据误码总数}{各通道数据码元总数}$$

2）跟踪灵敏度

设置模拟信号源发射各个频点单载波信号，通过频谱仪标定设置应用终端 LNA 前端的各频点 RF 导航信号电平均为跟踪灵敏度电平。

应用终端与模拟信号源同源，模拟信号源工作在仿真模式，产生全部卫星、全部频点的 RNSS 导航信号。

启动应用终端，令应用终端接收模拟信号源传输的 RNSS 导航信号。

将应用终端信号接收所得伪距测量值传输至测试评估计算机，同时模拟信号源将生成的理论伪距值传输至测试评估计算机。

测试评估计算机接收应用终端传送来的伪距测量值，以及模拟信号源传送来的伪距理论值，将每个信号支路、每个卫星接收通道的伪距测量值和理论值进行比较，从而评估其测量精度。

5.2.2.3　通道时延一致性

此项目采用同源静态测试条件，同频测试和不同频测试同时进行。模拟信号源工作在测试模式，输出不同频点 1 号卫星的强信号。应用终端所有接收通道同时接收锁定 1 号卫星信号。待应用终端稳定工作后，同时记录每个通道的伪距观测量。测试评估计算机接收应用终端传送的伪距观测量，先计算同频、不同频通道伪距观测值的均值，求同频伪距均值的均方根误差、不同频伪距均值的均方根误差，即为同频、不同频通道间的时延一致性。具体计算方法如下。

首先对各频点 I、Q 支路的所有接收通道求各自伪距，得到测量值的均值 D_V^j，即

$$D_V^j=\frac{1}{n}\sum_{i=1}^{n}D_i^j \tag{5.1}$$

式中：n 为伪距测量值的个数；j 为相同频率所有接收通道中第 j 通道。

然后计算同频、不同频通道间的时延一致性。

1）同频时延一致性

对每个频点不同支路分别进行统计分析如下：统计接收通道伪距测量值的均值 D_V；然后通道求得其各自的伪距测量值 D_V^j 均值与 D_V 的均方根误差，即为相同频率间的通道时延互差 $\Delta D_{同频}$，计算表达式如下：

$$D_V=\frac{1}{12}\sum_{j=1}^{12}D_V^j \tag{5.2}$$

$$\Delta D_{同频}=\sqrt{\frac{1}{11}\sum_{j=1}^{12}(D_V^j-D_V)^2} \tag{5.3}$$

2）不同频时延一致性

统计所有频点所有信号支路所有接收通道的伪距测量值的均值 D'_{V}；然后对所有通道求得其伪距测量值 D_{V}^{j} 均值与 D'_{V}的均方根误差，即为不同频率间的通道时延互差 $\Delta D_{异频}$，计算表达式如下：

$$D'_{\mathrm{V}} = \frac{1}{72}\sum_{j=1}^{72} D_{\mathrm{V}}^{j} \tag{5.4}$$

$$\Delta D_{异频} = \sqrt{\frac{1}{71}\sum_{j=1}^{72} (D_{\mathrm{V}}^{j} - D'_{\mathrm{V}})^{2}} \tag{5.5}$$

设置模拟信号源发射各个频点单载波信号，通过频谱仪标定设置应用终端 LNA 前端的各频点 RF 导航信号电平均为跟踪灵敏度电平 +10dB。

应用终端与模拟信号源同源，模拟信号源工作在测试模式，按照应用终端动态范围控制伪距变化模式，产生全部卫星、全部频点的 RNSS 导航信号。

启动应用终端，设置同一频率下的所有接收通道同时接收锁定该卫星信号，待其工作稳定后存储每个通道 10min 的伪距观测数据。

应用终端将其测量所得伪距观测数据传输给测试评估计算机。测试评估计算机接收应用终端传输来的伪距观测量，若三个频点均满足 $\Delta D_{同频}$、$\Delta D_{异频}$小于规定的值，则该项指标合格。

5.2.2.4 抗多径性能

抗多径性能测试在真实卫星信号条件下进行。测试终端接收所有可见卫星 RNSS 导航信号，存储伪距和载波相位测量值，观测时间长度为 24h。将伪距观测量、载波相位观测量组合形成伪距-载波相位组合观测量，进而进行多径误差评估。该组合观测量用于描述应用终端在多径条件下的伪距测量误差，其计算方法如下。

下行 RNSS 信号 f_1、f_2 频率载波上伪距载波相位组合观测值可定义为

$$M_{P_1} = \rho_1 + \frac{1+\alpha_{12}}{1-\alpha_{12}}\Phi_1 - \frac{2}{1-\alpha_{12}}\Phi_2 \tag{5.6}$$

$$M_{P_2} = \rho_2 + \frac{2\alpha_{12}}{1-\alpha_{12}}\Phi_1 - \frac{1+\alpha_{12}}{1-\alpha_{12}}\Phi_2 \tag{5.7}$$

式中：Φ_1、Φ_2 分别为下行 RNSS 信号 f_1、f_2 载波相位测量值；ρ_1、ρ_2 分别为下行 RNSS 信号 f_1、f_2 伪距测量值。式中组合观测值中的星地几何距离、大气传播延迟及星地钟差等因素的影响已经消除，量值主要是 f_1、f_2 载波相位的模糊度，因此这些组合数值为常数。

在应用终端载波相位测量值无周跳情况下，M_{P_1}、M_{P_2}观测值主要受到外部干扰信号（如多径干扰、其他带内干扰信号）和伪距测量热噪声的影响。在应用终端伪距测量精度达标的情况下，当 M_{P_1}、M_{P_2}观测值满足以下条件时，判定应用终端抗多径性能达标。

$$\sigma_{M_{Pi}} \leqslant \sqrt{\sigma_{\rho 0}^{2} + \sigma_{M0}^{2}} \qquad i = 1,2 \tag{5.8}$$

将应用终端天线安装在室外无遮挡的环境。

启动应用终端，待其工作稳定，能够连续输出伪距、载波相位观测量后，开始存储伪距、载波相位观测量。

应用终端将存储的伪距、载波相位观测量上传给测试评估计算机。

测试评估计算机接收应用终端传送来的伪距观测量、载波相位观测量，计算得伪距-载波相位组合观测量 $\sigma_{M_{Pi}}$，$i=1,2$。若对所有频点、所有信号支路有 $\sigma_{M_{Pi}} \leq \sqrt{\sigma_{\rho 0}^2+\sigma_{M0}^2}$，则判定该项指标合格。

5.2.3 信号测量性能

5.2.3.1 伪距测量精度

伪距测量精度测试在同源条件下进行，模拟信号源工作在测试模式，设置到达定位测试终端 LNA 前端的各单支路 RF 导航信号功率电平均为灵敏度电平 +3dB。综合卫星运动动态范围和用户运动动态范围设置模拟信号源伪距变化模型，存储应用终端接收 RF 导航信号得到的伪距测量值，与模拟信号源生成的理论伪距值相比较，均方根误差即为伪距测量精度。

将应用终端信号接收所得伪距测量值传输至测试评估计算机，同时模拟信号源将生成的理论伪距值传输至测试评估计算机。

测试评估计算机接收应用终端传送来的伪距测量值，以及模拟信号源传送来的伪距理论值，将每个信号支路、每个卫星接收通道的伪距测量值和理论值进行比较，监测接收机的伪距测量精度评估方法如下：

$$\Delta\rho_i=\rho_i'-\rho_0 \tag{5.9}$$

式中：ρ_i'为应用终端伪距测量值；ρ_0 为星地距离理论仿真值（由信号源提供）。

$$\overline{\Delta\rho}=\frac{1}{n}\sum_{i=1}^{n}\Delta\rho_i$$

$$\hat{\sigma}_\rho^2=\frac{1}{n-1}\sum_{i=1}^{n}[\Delta\rho_i-\overline{\Delta\rho}]^2 \tag{5.10}$$

式中：n 为伪距测试数据个数；$\hat{\sigma}_\rho$ 为应用终端的伪码测距精度。

5.2.3.2 载波相位测量精度

载波相位测量精度测试条件与伪码测距精度测试项目相同，并与其同步进行。对每频点、每支路的载波相位测量值分别进行历元间三次估差。设 C_i 为某支路 i 时刻测得的载波相位测量值，如下所示：

$$\Delta C_i'=C_i-C_{i-1} \tag{5.11}$$

$$\Delta C_i''=C_i'-C_{i-1}' \tag{5.12}$$

$$\Delta C_i'''=C_i''-C_{i-1}'' \tag{5.13}$$

三次求差后，有

$$\Delta C'''_i = \theta_i - 3\theta_{i-1} + 3\theta_{i-2} - \theta_{i-3} \tag{5.14}$$

其统计方差为

$$\sigma^2_{\Delta C''} = D(\Delta C'''_i) = D(\theta_i) + D(3\theta_{i-1}) + D(3\theta_{i-2}) + D(\theta_{i-3}) = 20\sigma^2_C \tag{5.15}$$

式中：θ 为载波相位误差；σ_C 为载波相位误差的统计均方差。

为此，载波相位测量精度的估计值为

$$\hat{\sigma}^2_C = \frac{1}{20}\hat{\sigma}^2_{\Delta C''} = \frac{1}{20(n-1)}\sum_{i=1}^{n}[\Delta C'''_i - \overline{\Delta C'''}]^2 \tag{5.16}$$

$$\overline{\Delta C'''} = \frac{1}{n}\sum_{i=1}^{n}\Delta C'''_i \tag{5.17}$$

式中：n 为载波相位测试数据的个数。

5.2.3.3 多普勒测量精度

多普勒测量精度测试在同源条件下进行，模拟信号源工作在测试模式，设置到达定位测试终端 LNA 前端的各单支路 RF 导航信号功率电平均为灵敏度电平 +3dB。综合卫星运动动态范围和用户运动动态范围设置模拟信号源伪距变化模型，存储应用终端接收 RF 导航信号得到的多普勒测量值，与模拟信号源生成的星地距离变化率的理论仿真值相比较，均方根误差即为多普勒测量精度。具体计算方法如下。

将应用终端信号接收所得多普勒测量值传输至测试评估计算机，同时模拟信号源将生成的理论伪距值传输至测试评估计算机。

假设 D'_i 为接收机某信号在 i 时刻测得的多普勒测量值，D_{i0} 为对应时刻信号源星地距离变化率的理论仿真值（多普勒理论值），则多普勒测量误差为

$$\Delta D_i = D'_i - D_{i0} \tag{5.18}$$

统计多普勒测量误差 ΔD_i 的标准差 σ_D：

$$\sigma^2_D = \sqrt{\frac{1}{n}\sum_{i=1}^{n}[\Delta D]^2} \tag{5.19}$$

式中：n 为多普勒测试数据的个数；σ_D 为导航型终端的多普勒测量精度。

5.3 应用终端测试系统

5.3.1 测试系统原理

一套成熟的、功能全面的测试系统应包括数据仿真分系统、射频信号仿真分系统、控制与评估分系统、监测与自校分系统，其功能模块组成框图如图 5.9 所示。

其中，对于北斗导航测试系统来说，射频信号仿真分系统主要由 RNSS 射频信号仿真和 RDSS 射频信号仿真两部分组成。具体系统工作原理图如图 5.10 所示。

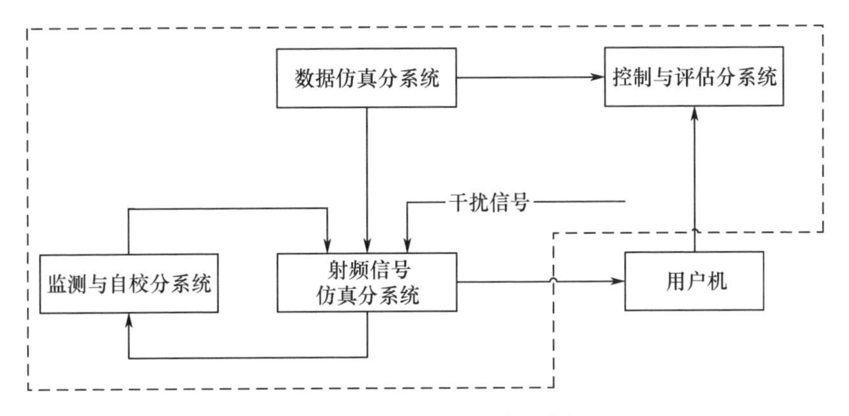

图 5.9　测试系统功能模块组成框图

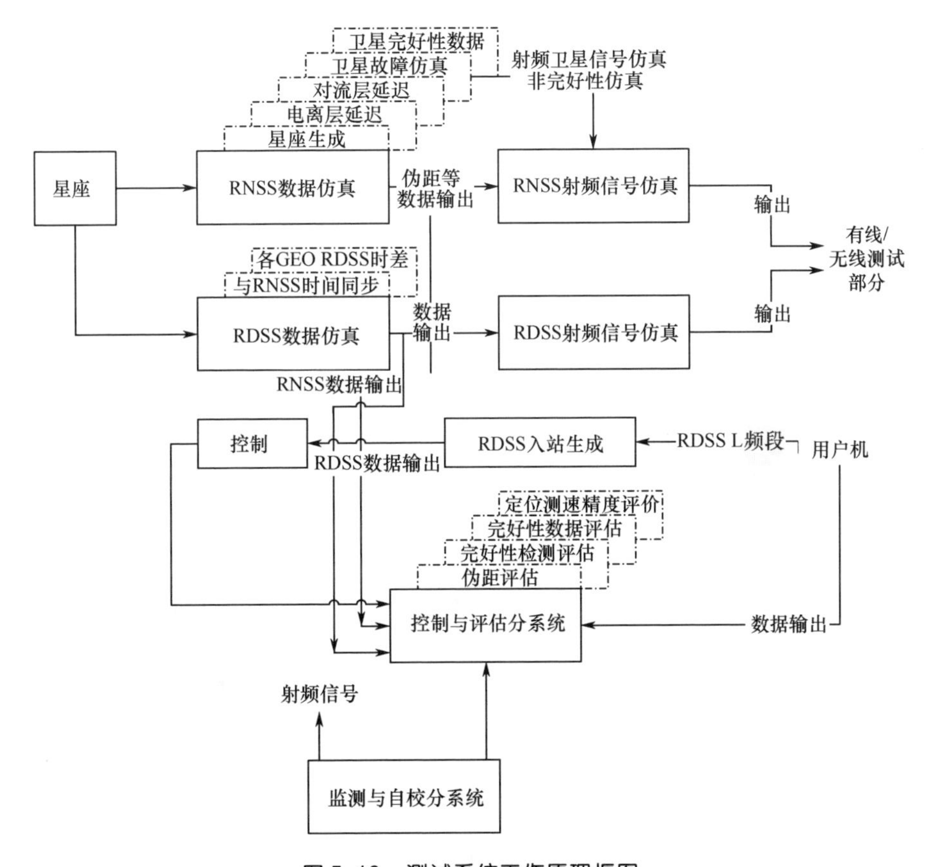

图 5.10　测试系统工作原理框图

数据仿真分系统主要任务是仿真应用终端在不同运动状态条件下接收到的多星座、多频点的各类观测数据，包括对卫星星座仿真、用户轨迹仿真及观测量仿真的观测数据，为射频信号仿真分系统提供数据源，为控制与评估分系统提供评估基准。从信号体制上划分，数据仿真分系统由 GNSS 数据仿真部分和 RDSS 数据仿真部分构成。其中GNSS数据仿真包含星座仿真、用户轨迹仿真、空间环境仿真、广域差分及完好性信息仿真、导航电文生成、观测数据生成。RDSS数据仿真除包含以上仿真信息外,还包含定位信息、通信信息、查询信息等专用测试数据段模拟。从功能模块划分,数据仿真分系统由卫星星座模拟模块、卫星钟差模拟模块、时空系统模拟模块、空间环境参数模拟模块、用户轨迹模拟模块、导航电文生成模块等部分组成。

测试控制与评估分系统是测试系统的控制中心,相当于整个系统的"大脑",是用户主要的人机交互接口,负责整个系统的管理控制以及测试评估。在应用层,包含一个友好的人机界面和数据存储单元(如大容量数据库)。该分系统以通用计算机为主体设备,针对不同的测试项目和应用终端的类型,形成任务计划,设定各个分系统的工作模式和工作参数,构建测试信号环境。同时,在测试过程中,对测试项目、测试结果进行评判,完成对应用终端的各项功能与性能指标的测试。从功能上分,控制与评估分系统包括控制单元和评估单元。控制单元完成数据仿真控制、射频信号控制、系统自校控制、应用终端测试模式控制等任务。评估单元包括GNSS测试评估、RDSS测试评估及RNSS/RDSS双模测试评估,及应用终端在多系统互操作、高动态、干扰条件下的性能测试评估。

射频信号仿真分系统主要任务是把仿真的观测数据精确地生成射频模拟信号。射频模拟信号应真实仿真卫星信号,考虑多普勒效应时,载波相位与伪码相位保持相关。在射频信号中含有仿真干扰信号,满足应用终端的抗干扰性能的测试要求。射频信号仿真分系统由GNSS射频信号仿真单元、RDSS射频信号仿真单元、干扰信号仿真单元、时频单元和管控单元五部分组成。

监测与自校分系统主要任务是监测仿真数据生成射频模拟信号的误差,对超过指标要求的误差进行校正,验证射频信号仿真的正确性,同时为控制与评估分系统提供参考信息。监测与自校分系统的高精度标校应用终端,与GNSS/RDSS信号源构成闭合环路,对信号源的时延、功率、频率等主要参量和仿真数据进行监测与自校;实时定位、测速、定时,为控制和评估分系统对应用终端性能评估提供参考信息。

此外,测试系统还应该为应用终端测试提供合适的测试环境,能够在有线和无线情况下完成对应用终端的单台或批量测试。

5.3.2 仿真测试场景

测试场景设计依据被测指标特点,对指标影响密切因素的改变达到检验设备技术状态目的。比如:应用终端动态特性测试和接收功率范围测试两个场景设计的侧重点分别是应用终端的轨迹动态和信号电平变化范围。动态特性指标测试时,在同样的星座结构、信号电平、误差模型等条件下,通过改变仿真轨迹的动态范围(包括速度、加速度和加加速度)检验应用终端能够实现的动态特性。接收信号功率范围测试时,保持同样的星座结构、信号动态、误差模型等条件,通过改变大小信号差别和

大小信号数量比例验证应用终端接收信号功率范围指标。由此引出测试场景设计原则:在保持大多数场景条件不变的情况下,通过设置与测试指标相关密切因素达到检验应用终端指标技术状态目的。

5.3.3 干扰信号场景

1）干扰场景1——1个窄带干扰

窄带干扰发射天线、卫星信号发射天线和接收天线的夹角小于10°(其中干扰和卫星信号同向为必测场景),如5.11所示。

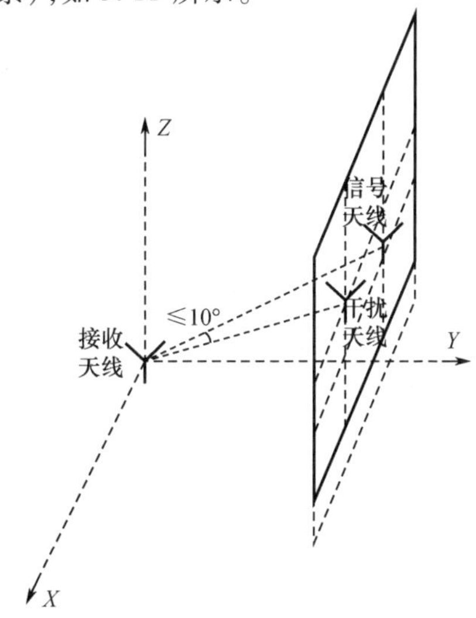

图5.11 1个窄带干扰布局

标定链路增益,设置卫星信号至接收天线口面电平,窄带干扰信号至接收天线信号电平,得到干信比,要求应用终端在未知卫星信号方位和干扰源方位的条件下完成性能指标测试。

2）干扰场景2——1个宽带干扰+1个窄带干扰

宽带干扰发射天线、卫星信号发射天线和接收天线的夹角不小于30°,如图5.12所示。

标定链路增益,设置卫星信号至接收天线口面电平,宽带干扰信号至接收天线信号电平,得到干信比;窄带干扰位置可任意摆放,设置窄带干扰至接收天线信号电平,得到干信比,要求应用终端在未知卫星信号方位和干扰源方位的条件下完成性能指标测试。

3）干扰场景3——2个宽带干扰+1个窄带干扰

两个宽带干扰发射天线、卫星信号发射天线和接收天线的夹角均不小于30°,两个宽带干扰天线和接收天线之间的夹角不小于30°,窄带干扰发射天线的位置任意摆放,如图5.13所示。

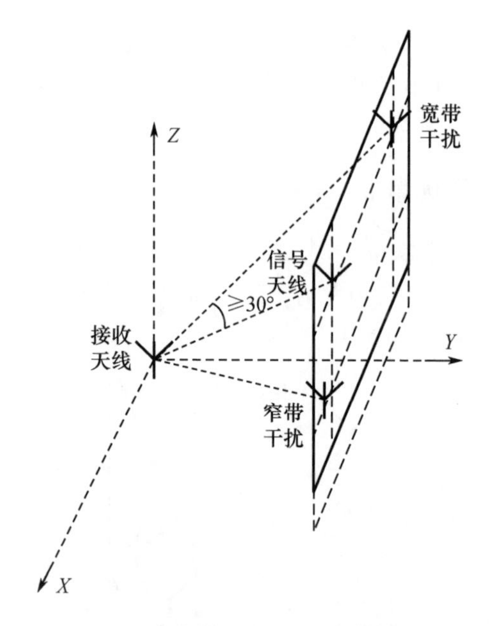

图 5.12　1 个宽带干扰 +1 个窄带干扰布局

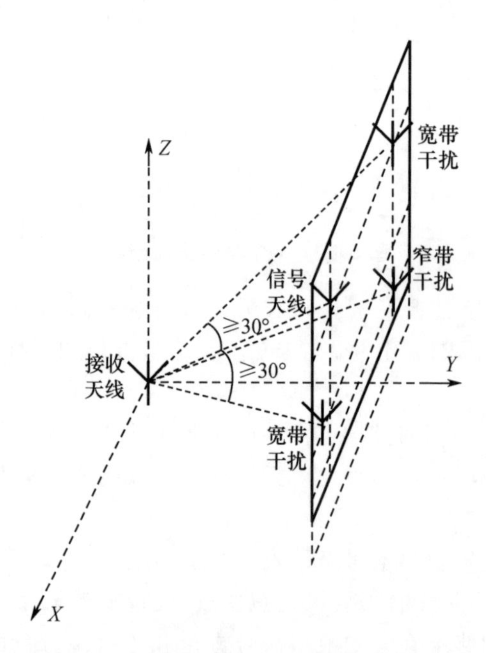

图 5.13　2 个宽带干扰 +1 个窄带干扰布局

标定链路增益,设置卫星信号至接收天线口面电平,窄带干扰信号至接收天线的信号电平 X(dBm),宽带干扰信号 1 至接收天线信号电平为 Y(dBm),宽带干扰信号 2 至接收天线的信号电平为 Z(dBm)。在测试过程中窄带干扰信号的位置和强度可进行调整,要求应用终端在未知卫星信号方位和干扰源方位的条件下完成性能指标测试。

4）干扰场景4——转发式干扰

转发式干扰由转发式平台对接收信号透明转发而成。转发式干扰信号与直达信号有以下关系。

（1）位置、速度和时间（PVT）解算得到干扰平台结果。

（2）信号转发有延迟：随转发器件时延、相对距离、相对速度而变化；对各星延迟含共同量和不同量。

（3）二者电离层、对流层等延迟效果有关联。

转发式干扰测试条件包括数据仿真、射频信号生成和发射，其核心是数据仿真。

在进行测试时，模拟信号源输出4颗卫星5个通道的信号，其中有4个通道发射标准预设轨迹的卫星信号，另外1个通道分别发射1个转发式干扰卫星信号，转发式干扰信号与标准卫星信号的格式完全一致。

为实现转发式干扰仿真，设计的数据仿真原理如图5.14所示。

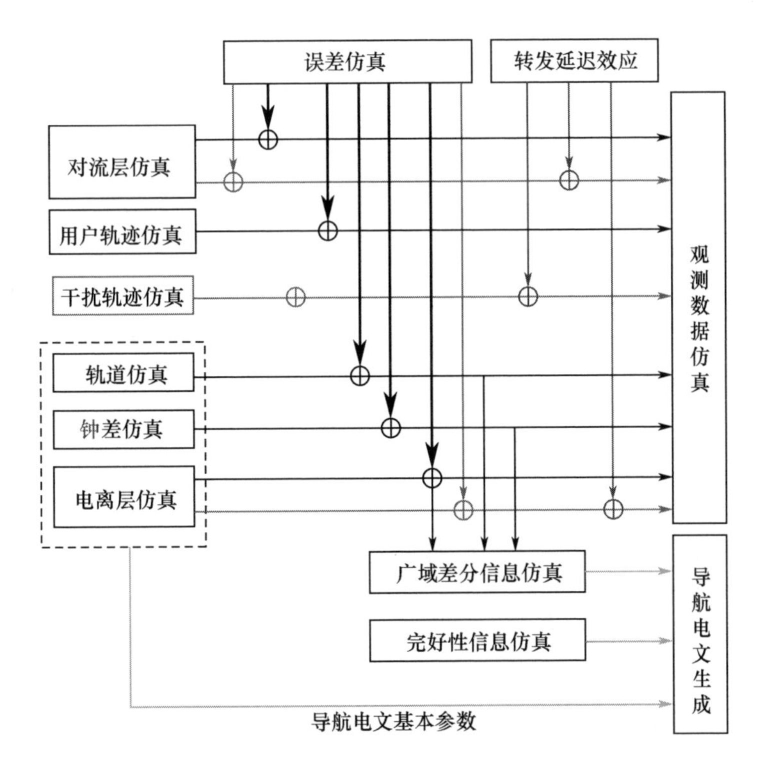

图5.14 转发式干扰仿真示意图（见彩图）

图5.14中黑线为正常信号仿真，红线为将干扰平台作为用户进行仿真的流程，深蓝线为转发延迟和位置差异造成的原始观测量改变效应。转发式干扰仿真数学模型如图5.15所示。

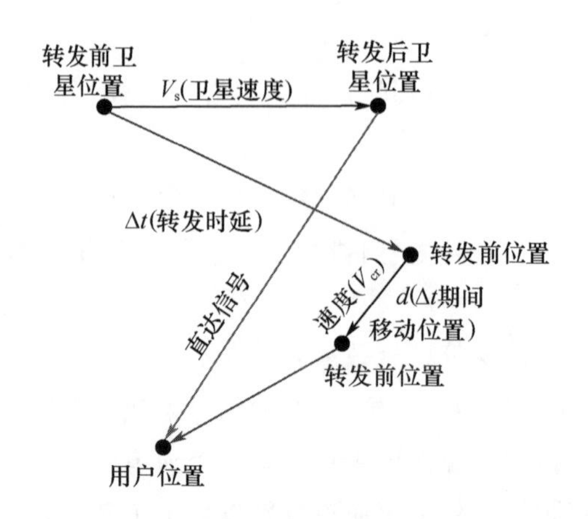

图 5.15 转发式干扰仿真数学模型示意图

5.3.4 测试平台的构建

导航信号模拟是测试平台构建的关键,可分为基于导航信号模拟器的信号模拟、转发式模拟方法、基于实际信号的采集与重构三种。基于实际信号的采集与重构又可分为利用采集数据的重构、通过建模的重构。

为了便于应用终端测试,对导航信号模拟器提出了以下功能要求。

(1) 工作模式。

① 静态模式:静态卫星;用户自定义时间偏移、功率、多普勒频移、初始载波相位。

② 自动定位模式:基于自定义星历文件,位置和时间的动态卫星;根据场景自动优化卫星位置;无仿真时间限制自动进行卫星的交换;自动模拟卫星位置和功率的变化。

③ 自定义定位模式:基于自定义星历文件,位置和时间的动态卫星;自定义卫星位置;自定义卫星交换和卫星功率的调整;自定义导航信息。

④ GNSS 混合配置:多种制式和多种模式混合使用。

(2) 能够提供多种测试场景。

① 开阔场景测试;

② 拥挤的城市;

③ 多径效应。

(3) 能够测试多模接收机。

(4) 具有遮挡模拟功能。能够自定义接收机周围的建筑物参数,包括距离、长度、高度。

(5) 具有装机状态天线方向图模拟功能。

(6) 具有用户运动轨迹和姿态模拟功能。

5.3.5　典型测试系统

典型测试系统主要软件包括数据仿真软件、测试控制与评估软件，主要硬件包括时频单元、卫星导航信号模拟源、监测与自校分系统、入站接收机、标准接收机、通用仪器、有线测试台、微波暗室。系统设备组成框图如图 5.16 所示。

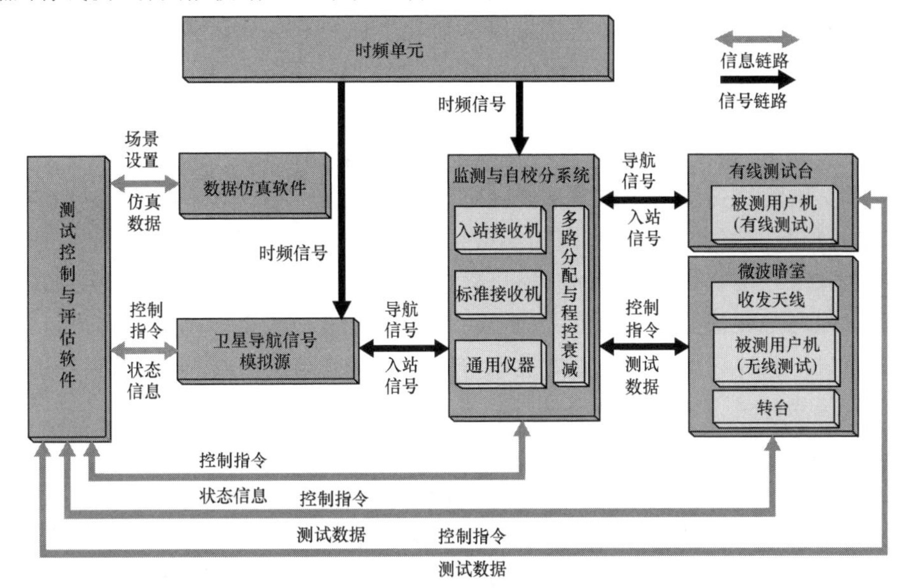

图 5.16　典型应用终端测试系统设备组成框图(见彩图)

测试系统主要分布在两个区域：微波暗室和控制机房。微波暗室中的设备主要包括收发天线和转台，主要负责完成系统无线试验测试环境的建立。其他包括数据仿真、测试控制与评估等软件，以及时频单元、卫星导航信号模拟源、监测自校分系统等硬件设备，主要放置于暗室外控制机房的屏蔽机柜和系统控制台内。控制机房与暗室内设备通过开关矩阵实现系统各项测试的控制。

设备屏蔽机柜包含时频单元、转台控制器和卫星导航信号模拟源。

测试控制与评估软件与数据仿真软件运行在一台高性能工作站上，它们通过以太网和数据仿真计算机进行数据交互。

射频信号仿真控制软件运行在工控机上，采用网络或总线与卫星导航信号模拟源进行数据交互。

入站信号接收机接收来自开关矩阵的有线或无线入站信号，解调和解析入站数据后通过串口服务器上报试验控制与评估软件。

开关矩阵连接射频信号源、有线测试台、收发天线，通过开关的切换，实现有线与无线测试。

监测与自校设备通过控制开关矩阵及通用仪器完成对射频仿真信号时延和功率等参数的检测校正，完成对功率分配器、电缆馈线、开关矩阵等信号传输电路以及功率/相位补偿单元的自校。

标准接收机用于监测射频仿真信号,监测伪距、伪距变化率、载波相位、功率和导航电文的正确性。

应用终端的输出信息经由 RS232 串口送入串口服务器,串口服务器经以太网送给测试控制与评估软件。

测试系统根据信号链路的连接可以分为有线模式和无线模式,按照系统使用功能划分可以分为测试模式和联调模式。

1）有线模式

有线模式中,测试系统通过有线连接的方式与被测应用终端构成闭环。信号仿真分系统与被测应用终端接口采用同轴电缆,将卫星导航模拟信号送入被测应用终端,在出站信号链路方面与被测应用终端构成闭环。被测应用终端入站信号通过同轴电缆送入入站接收机,在入站信号链路方面与入站接收机构成闭环。在信息链路方面测试控制与评估分系统软件和信号仿真与处理分系统通过网络连接进行通信,入站接收机以及被测应用终端则通过串口服务器转换与网络连接,测试系统通过网络通信在信息链路方面构成闭环。

2）无线模式

无线模式中,测试系统通过无线连接的方式与被测应用终端构成闭环。信号仿真分系统与被测设备接口采用发射天线把卫星导航信号送入到被测应用终端,在出站信号链路方面与被测应用终端构成闭环。被测应用终端的入站信号通过接收天线送入入站接收机,在入站信号链路方面与入站接收机构成闭环。在信息链路方面测试控制与评估分系统软件和信号仿真与处理分系统通过网络连接进行通信,入站接收机以及被测应用终端则通过串口服务器转换与网络连接,测试系统通过网络通信在信息链路方面构成闭环。

3）测试模式

在测试模式下,测试系统按照用户配置自动完成所有测试项目的测试,测试过程自动化,不需要人为干预,确保测试结果的客观性。用户配置完测试环境并选择事先保存的测试模板后,测试控制与评估软件即自动按照模板中规定的测试项目及测试参数,自动完成所有项目的测试和分析评估以及报表生成。测试过程信息分类以日志文件形式进行保存,试验测试数据存储入数据库。

4）联调模式

联调模式是相对于测试模式而言的,用户可以根据联调需要单独控制系统中的每个分系统或设备。这些分系统或设备包括数据仿真分系统、信号仿真与处理分系统、监测与自校分系统、入站接收机、转台以及被测应用终端等。测试控制与评估分系统软件按照与各分系统及设备之间的接口协议,通过网络或串口实现对各分系统和各设备的实时控制。对各分系统和设备进行参数设置及控制指令发送,并从各设备获取状态信息及测试数据。

第6章 卫星电测与星地对接试验

卫星导航系统导航卫星与地面运控系统地面对接试验（简称星地对接试验）是卫星导航系统研制过程中系统间的大型试验之一，被纳入系统工程建设的计划与技术流程，对保证地面运控系统与卫星系统间接口状态的匹配性与协调性，验证信息收发与处理流程的正确性，以及考核关键性能指标的符合性具有重要作用。星地对接试验一般在卫星主要研制生产工作完成后进行，地面运控系统采用系统真实设备或可代表地面运控系统设备技术状态的专用设备参与星地对接试验。

卫星导航系统导航卫星与地面运控系统的星地联合试验（简称星地联试）是卫星导航系统研制过程中的大型试验，同样被纳入系统工程建设的计划与技术流程，主要用于验证地面运控系统与在轨卫星间的接口状态匹配性，信息收发流程与处理正确性，各类关键导航业务处理功能的正确性。星地联试一般在导航卫星进入预定轨道后进行，地面运控系统采用系统真实设备参加。

本章内容主要针对这两项试验工作进行介绍，重点介绍两类试验的试验内容以及试验方法等。

6.1 卫星电测

6.1.1 电测目的

卫星电测的主要目的是进行卫星系统级电气功能和性能指标的全面验证，其测试结果用于评价卫星研制质量，完善卫星设计，改进工艺，为卫星能否发射提供重要依据。卫星电测是卫星研制流程的重要环节，是保证卫星可靠性的必要手段。卫星电测的主要目的如下：

（1）检查验证卫星各分系统之间电性能接口的合理性和匹配性；

（2）检查卫星的电性能指标是否满足任务书的要求；

（3）检查星上信息传输、频率配置、电平分配的正确性、合理性和兼容性；

（4）检查卫星系统与地面运控和应用系统接口的正确性、匹配性；

（5）检查卫星部分系统间的电磁兼容性及卫星与运载火箭的电磁兼容性；

（6）通过各阶段的测试，检查数据的一致性和稳定性，并使测试项目满足测试覆盖性的要求。

卫星是一个较为复杂的系统，可能包含十几个分系统、数千台单机，各个分系统间、单机间的信号流以及信息流异常复杂。而且卫星在轨工作后,不能或很难进行维修,某个单机的损坏可能造成卫星某项功能的丧失。因此,卫星在发射前,需要对卫星进行详尽、反复的测试工作,确保卫星功能性能正常。卫星的测试工作不仅在卫星测试厂房里进行,还会在热真空环境、力学环境、复杂电磁环境、噪声环境下进行,考核卫星的环境适应性。

除此之外,卫星电测还可以发现卫星设计文件的问题,验证设计文件的正确性以及设计文件与实物的一致性。特别是卫星单机之间的协调性问题,往往在卫星电测中暴露出来。

6.1.2 电测工作流程

卫星电测工作从大的流程来说,分为两个阶段:测试设计阶段和测试实施阶段。对于测试设计阶段,以卫星电测的测试需求分析开始,经历测试系统设计、测试方法设计、测试设备研制、测试系统联调。对于测试实施阶段,卫星经历 A 状态测试、B 状态测试、综合对接试验、C 状态测试、电磁兼容性(EMC)试验、力学试验、热试验、出厂测试、发射场技术区测试、发射场发射区测试、卫星发射。卫星电测整体流程如图 6.1所示。

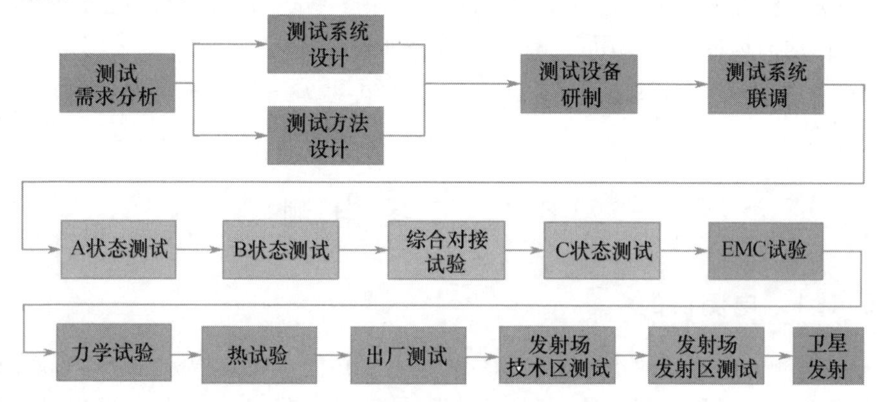

图 6.1　卫星电测整体流程图(见彩图)

1) 测试需求分析

为了确保卫星任务的完成,需要在地面对卫星进行全面、详细的测试和试验。测试试验的全面性和合理性事关卫星的成败,不全面的测试覆盖性可能导致卫星在轨无法正常工作,不合理的测试试验可能对卫星造成显性或隐性损坏。完备的测试需求分析是卫星测试工作顺利开展的前提。开展测试需求分析,形成测试覆盖性分析报告,是测试大纲编制和测试设计的重要输入。完备的测试覆盖性分析需要具备以下两个特点:

(1) 确认卫星的各项指标和要求的可测试性和完备性;

(2) 确认不可测试项目均采取了有效的控制和验证措施。

2）测试系统设计、测试方法设计

根据测试覆盖性分析结果和电测大纲要求，开展测试系统设计和测试方法设计。测试系统设计重点在方案设计，提出设备配置清单，制定设备接口规范等。测试方法设计重点在明确测试大纲要求的测试项目的测试方法。对于通用指标，测试方法要满足相关标准规范要求；对于专用指标，要会同相关单位，共同研究测试方法，形成统一的测试标准规范。

3）测试设备研制

依据测试系统设计与测试方法设计的结果，测试设备研制阶段工作包括提出专用测试设备技术要求、通用设备采购要求、测试软件研制、测试设备研制跟产、测试设备验收等工作。在测试设备与测试软件都到位后，测试设备与测试软件要进行联试，确认测试软件与测试设备的匹配性、协调性。另外，测试方法的验证工作，也可在测试设备与测试软件都到位后开展，确保测试方法的正确性，设备产生的激励对卫星没有损坏。

4）测试系统联调

卫星测试系统通常是两级分布式体系结构，由 OCOE 和 SCOE 组成。OCOE 即为总控设备，它是卫星测试系统的后台服务系统，负责完成测试过程管理、数据处理及验证、实时测试控制、测试数据归档、测试数据回放、测试数据查询等功能。SCOE 是指专用测试设备，专门为某一分系统测试、并能与总控设备交换信息的测试设备。测试系统联调，是指多个分系统测试设备及软件与卫星总控系统的联调。卫星测试涉及的测试设备种类繁多，常常按照卫星分系统来划分。不同分系统测试设备之间的信息交互、分系统测试设备与总控设备的信息交互很频繁。测试系统联调是要确认整个测试系统各个部分信息交互的正确性以及测试接口的匹配性。

5）A 状态测试

A 状态测试主要完成平台各分系统（电源、总体电路、测控、综合电子、控制、推进）的接口、功能及性能测试项目。该阶段主要检查验证整星工作状态下，卫星平台各分系统电性能是否满足设计指标要求，功能是否正确，验证各分系统仪器设备之间电性能接口的正确性和匹配性。首先进行整星接口检查，在保证整星接口正确性的前提下，再开展平台各系统功能性能测试。

6）B 状态测试

B 状态测试是对整星功能和性能的全面检验，是卫星全状态下的一个测试阶段，包括各分系统测试（平台、载荷）、整星联试项目。该阶段是整星状态下的有线测试，特别是对卫星性能指标可以进行较为详细的定量测试，获取整星全状态下的测试数据。

7）综合对接试验

综合对接试验是卫星系统与工程其他系统的测试，重点进行各大系统间接口的正确性、协调性和一致性验证。在综合对接试验期间，也会开展大系统信息流、关键性能指标的测试。

8）C 状态测试

C 状态测试在无线状态下进行，测试卫星各分系统在无线状态下的功能和性能，是否满足要求。

9）EMC 试验

EMC 试验在无线状态下进行，验证卫星与运载的电磁兼容性，星上各分系统之间的电磁兼容性和卫星的自兼容性。主要工作内容是卫星分系统射频互干扰测试、卫星上升段辐射发射测试、在轨段辐射发射测试。

10）力学试验

力学试验验证卫星承受运载火箭主动段力学环境的能力，获取卫星正弦振动和噪声振动响应数据，考核卫星在正弦振动和噪声环境下性能是否满足要求。力学试验测试内容包括力学试验前健康状态检查、力学振动过程中状态监视、振后健康状态检查、噪声试验、太阳翼展开及光照试验、天线展开等工作。

11）热试验

热试验包括热平衡试验和热真空试验，全面检验整星在模拟太空环境下的功能和性能。热平衡试验验证热控分系统满足卫星及其设备在规定的温度范围及其他热参数指标的能力，验证热设计的正确性及热控产品的功能；热真空试验验证卫星各系统在规定的压力和循环温度应力环境下的工作能力，暴露由于元器件、材料、工艺和制造中可能潜在的质量缺陷造成的早期故障，验证卫星各分系统在热真空条件下的工作性能是否满足要求。

12）出厂测试

出厂测试是卫星在出厂前最后一次较为全面详细的检查，最终确认卫星的电性能指标是否满足设计要求，进一步对卫星进行老炼，检查测试数据的一致性和稳定性，给出卫星出厂电性能是否正常的结论。

13）发射场测试

发射场技术区测试检查卫星通过长途运输后电气系统的性能是否满足设计指标要求，获得较详细的测试数据。发射场发射区测试检查卫星从发射场技术区转场至发射区后卫星电气系统的性能是否满足发射星的技术指标。

6.1.3 测试原理与方法

1）供电接口测试

整星供电接口测试主要目的是再次确认测试设备接口设计的正确性，保证测试设备接入整星后的安全性，不对接口的性能指标进行检查。

供电接口在设备接收端串转接盒测试，测试前确保供电输出端设备的接插件已插上，如图 6.2 所示。

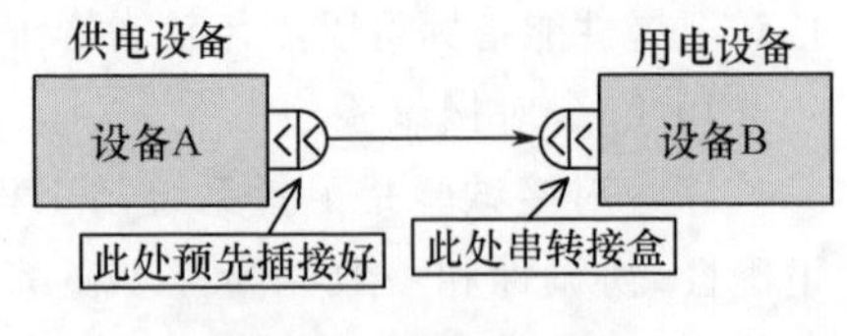

图 6.2　设备连接图

2）供配电分系统测试

在整星系统级测试中，供配电分系统测试内容包括指令测试、电源控制单元功能测试、蓄电池功能测试等。

指令测试：通过遥控通道发送电源控制单元相关指令，检查遥测监视电源控制单元的相关指令执行情况是否正常。通过地面测试软件发送有线指令，检查遥测监视有线指令是否正常执行。

电源控制单元功能测试：根据测试状态的改变，通过供配电测试设备分别调用不同的分流曲线，观察母线电压是否稳定，验证电源控制单元是否对蓄电池组的输出电压进行调节，确保母线电压稳定。

蓄电池功能测试：对蓄电池的充电功能进行测试。

3）测控分系统测试

测控分系统测试主要对扩频应答机及其通道进行测试，主要测试内容包括扩频应答机的动态范围和捕获时间、下行输出功率和频谱、测距测速稳定性测试等。

扩频应答机动态范围：地面测试设备输出动态范围内不同功率大小的上行扩频信号，通过遥测查看扩频应答机各个通道的锁定情况是否正常。

扩频应答机捕获时间：地面测试设备同时输出不同功率、不同频偏的上行信号，记录上行信号发出时刻和扩频应答机捕获时刻，计算得到扩频应答机捕获时间。

下行输出功率和频谱：采用通用测试设备对测控下行输出功率和频谱进行检查。

测距测速稳定性测试：地面测试设备同时输出多路上行测量信号，并工作在不同频偏或不同曲线动态扫描条件下，测试扩频应答机多路测量通道的测距、测速稳定性情况。

4）综合电子分系统测试

综合电子分系统测试主要完成在整星状态下对综合电子分系统各项功能和性能指标进行验证，主要测试内容包括遥测及数传功能检查、遥控功能检查等。

遥测及数传功能检查：此测试覆盖多种遥测速率情况，地面测试设备发送遥测速率切换指令，观测遥测参数是否正常。

遥控功能检查：地面测试设备向卫星注入遥控指令，通过遥测判断指令比对信息、指令执行是否正确。

5）热控分系统测试

热控分系统测试内容主要包括加热器功能测试、热敏电阻功能测试以及热控软件功能测试等。

加热器功能测试：通过地面上注测试指令，验证卫星安全开关、加热器通断及电流变化值与指令执行预期是否相符。

热敏电阻功能测试：在卫星初始加电状态下，通过遥测温度检查，验证热敏电阻温度的正确性。

热控软件功能测试：地面测试设备指令上注控温阈值、控温传感器等信息，通过遥测判断热控软件功能的正确性。

6）控制和推进分系统测试

控制和推进分系统测试内容主要包括开路测试、闭路测试、专项测试等。开路测试主要验证部件间电接口及控制器极性的正确性；闭路测试主要验证控制系统软件逻辑、控制时序、控制性能指标等；专项测试对敏感器部件光学通路进行测试。

开路测试：将地面测试设备设置在开路状态下，此时地面设备采集到星上的执行机构信息后，不进行动力学运算，敏感器激励信号按照设置值保持不变，通过记录控制分系统控制器的输出来实现对相关接口的正确性、控制器参数的正确性及相关部件的正确性的判断。

闭路测试：由动力学软件设置初始姿态、初始轨道条件等初始状态作为测试的初始输入状态，地面测试设备激励输入到控制计算机，控制计算机输出控制力矩和控制参数给执行机构。

专项测试：利用专用模拟器为敏感器提供光学信号，实现对敏感器光路以及光信号处理电路的测量。对专用模拟器输出角度进行设置，通过遥测判断与设置值是否一致。

6.2 星地对接试验

6.2.1 星地对接试验内容

6.2.1.1 星地设备信号层对接试验

信号层星地对接试验主要进行两方面的试验验证：①验证地面运控系统与卫星系统之间信号接口的匹配性；②验证地面运控系统与卫星工作状态的一致性。基于以上目标，信号层星地对接试验的主要试验需求包括：

（1）地面导航信号接收观测设备与导航卫星导航信号播发载荷间的试验。

（2）地面站导航电文上行注入业务设备与导航卫星上行注入信号接收测量载荷间的试验。

（3）地面站星间链路数传与测量业务设备与导航卫星星间链路载荷间的信号收发测量试验。

（4）地面站 RDSS 设备与导航卫星 RDSS 载荷间的信号收发测量试验。

（5）地面站站间卫通数传与测量设备同卫星通信转发器间的信号收发测量试验。

6.2.1.2 星地信息层对接试验

信息层星地对接试验主要进行三个方面试验验证：①验证地面运控系统与卫星系统间星地信息接口协议的一致性；②验证地面与卫星间星地信息流程的正确性；③验证卫星信息功能处理的正确性。基于以上目标，信息层星地对接试验的主

要卫星需求包括：

（1）星地信息接口协议的星地对接试验，目的是验证地面运控系统与卫星间信息接口协议的一致性与正确性，主要对接内容包括：

① 地面站导航电文上行注入与卫星接收解调间的信息接口协议的一致性与正确性试验；

② 导航卫星播发导航电文与地面接收设备接收解调间的信息接口协议的一致性与正确性试验；

③ 地面站星间链路数传与测量设备同卫星星间链路设备间相互接收解调的信息接口协议的一致性与正确性试验；

④ 地面站 RDSS 设备与导航卫星 RDSS 载荷间的信息接口协议的一致性及正确性试验；

⑤ 地面站站间卫通数传与测量设备同卫星通信转发器间的信息接口协议的一致性及正确性试验。

（2）星地信息流程的星地对接试验，目的是验证地面运控系统与卫星间星地信息流程及处理的正确性，主要对接内容包括：

① 数据管理控制业务星地对接试验，目的是验证主控站管控系统与卫星载荷间星地链路规划调度、导航电文编辑管理、卫星载荷状态信息解析监视等的正确性和一致性；

② 地面站导航电文上行注入，卫星接收、处理、播发导航电文信息流程的正确性；

③ 导航卫星自主完好性监测与信息流程的正确性。

（3）导航卫星载荷状态控制与监测信息接口协议的星地对接试验，目的是验证导航卫星接收地面站载荷状态控制指令信息执行的正确性及地面站接收卫星载荷状态信息的正确性。

6.2.1.3　星地时频层星地对接试验

时频层星地对接试验主要验证地面运控系统与卫星之间时频信号及时间的管理控制正确性，基于以上目标，时频层星地对接试验的主要试验需求包括：

（1）地面站与导航卫星间的时间同步性能正确性试验。

（2）地面站对导航卫星的时频信号控制性能正确性试验。

6.2.1.4　星地关键指标评估

关键指标测试评估是对卫星接收灵敏度、抗干扰性能、测距精度、时延特性、导航信号质量等关键指标的测试评估，为后续卫星在轨运行状态评估提供数据支撑，主要包括以下内容：

（1）卫星 L 上行注入接收关键指标测试评估，主要包括卫星上注载荷的接收灵敏度、抗干扰性能、测距精度、时延特性等。

（2）RNSS 导航信号发射关键指标测试评估，主要包括 RNSS 载荷发射导航信号的频谱、杂散、抑制、S 曲线偏差（SCB）、功率比等质量特性，以及导航信号精度、时延特性等。

(3) 卫星星间链路接收与发射关键指标测试评估,主要包括卫星星间链路设备的接收灵敏度、抗干扰性能、测距精度、时延特性等,以及发射信号的频谱、杂散、测距精度、时延特性等。

(4) 卫星 RDSS 及位置报告载荷关键指标测试评估,主要包括卫星 C/S1、C/S2、L/C1 和 L/C2 转发器的功率、增益、接收灵敏度及抗干扰性能检核等,卫星 C 转发器输出信号幅频特性、带内谐杂波等测试,信号传输误码率及其受转发器增益影响测试,卫星转发器信号传输时延值测量、时延稳定性测试等。

(5) 卫星站间时间同步与数传载荷关键指标测试评估,主要包括卫星 C 转发器的功率、增益、接收灵敏度及抗干扰性能检核等,出入站信号幅频特性、带内谐杂波等测试,出入站信号传输误码率测试及信道参数对误码率的影响试验,卫星 C 转发器传输时延值测量、时延稳定性测试等。

(6) 卫星原子钟与时频、自主完好性监测等其他关键指标。

6.2.2 参加星地对接试验的载荷系统

星地对接试验是在卫星研制厂家已完成研制生产流程的技术状态测试后,交由主管部门组织开展的重大试验。显而易见,星地对接试验的作用是在导航卫星出厂前与地面控制段设备一起进行的星地技术状态的最后确认,以及卫星关键功能和性能指标的总检验,由主管部门组织实施,可确保试验的高效性。星地对接试验也是卫星出厂放行的重要依据。

星地对接试验涵盖了导航卫星的上行注入接收分系统、星上任务处理分系统、导航信号产生分系统、卫星钟与时频分系统、星间链路分系统等几部分,其中上行注入接收分系统、星上任务处理分系统、导航信号产生分系统的星地对接试验统称为 RNSS 载荷星地对接试验。

星地对接试验采用有线连接方式进行,不含卫星接收及发射天线设备。

导航卫星有效载荷星地对接试验设备连接如图 6.3 所示。

6.2.2.1 上行注入与导航信号生成载荷

导航卫星上行注入信号接收,导航信号生成与发射是导航卫星的主要任务,执行该任务的卫星载荷包括上行注入接收设备、星上任务处理设备、导航信号生成设备、卫星钟与时频设备,其中时频设备作为相对独立的测试部分,直接与星地对接地面测试系统构成时频性能的测试链路,而上行注入接收设备、星上任务处理设备、导航信号生成设备则与星地对接地面测试系统的上行注入信号发射及导航信号接收测量设备采用有线连接的方式,构建为:注入信号上行注入→信号接收解析→信息处理→导航信号生成→导航信号播发→导航信号接收测量解析的测量链路。

星地对接地面测试系统上行注入测试设备按照星地信号接口、信息流程、时间流程等试验需求产生上行注入信息及信号,向导航卫星发送,同时导航信号接收测量与信号质量监测设备接收导航卫星播发的导航信号,进行伪距、载波相位测量,导航电

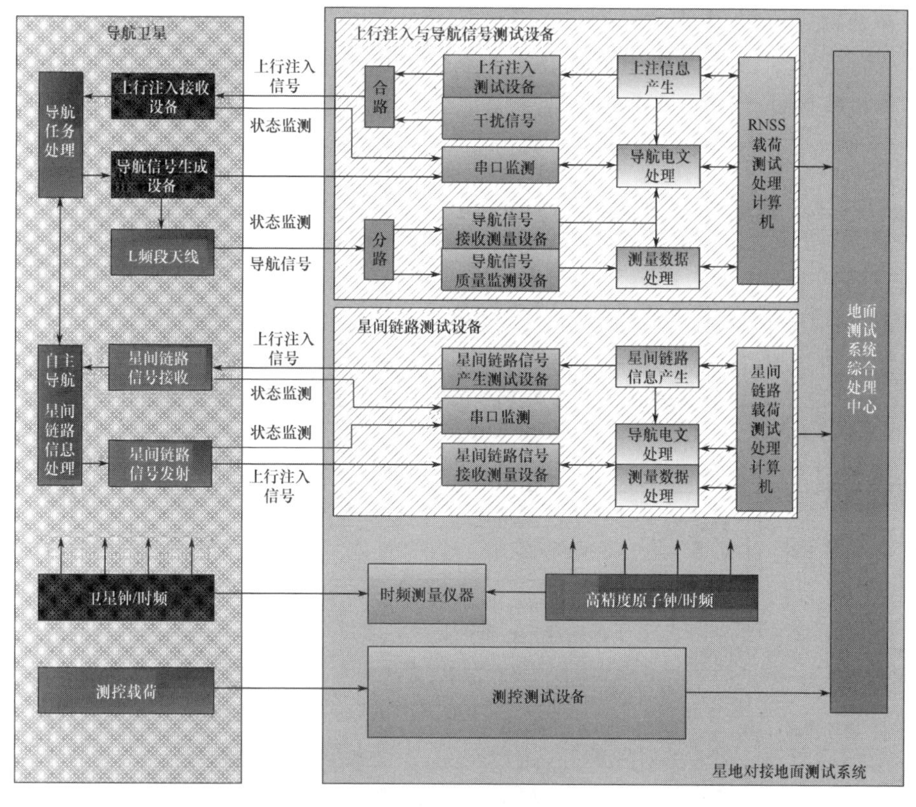

图6.3 导航卫星星地对接试验设备连接原理图(见彩图)

文解析,以及导航信号质量监测,形成星地上下行信号与信息链路。后端的测试数据处理计算机实现对所有测试结果的数据存储、处理与分析,实现测试结果的输出与显示,并形成相应的测试报告。

6.2.2.2 星间链路载荷

导航卫星星间链路载荷的主要任务是通过卫星间的伪距测量及信息传输,实现卫星自主导航。星间链路载荷包括星间链路信号发射、信号接收设备,以及自主导航与星间链路数据处理设备。星间链路信号发射、信号接收设备与星地对接地面测试系统星间链路测试设备采用有线连接的方式,构建为:测试系统星间链路信号发射→卫星星间链路信号接收解析→测量与数传信息处理,以及卫星星间链路信号产生→测试系统星间链路信号接收解析→测量与电文解析的两个闭合测量链路。

星间链路载荷星地对接试验时,星地对接地面测试系统的星间链路测试设备相当于另一颗卫星的星间链路设备,与卫星的星间链路载荷形成信号收发测量链路。卫星与地面测试系统星间链路设备相互进行信号发射与测量。地面测试系统的星间链路设备可模拟卫星导航系统多颗卫星的星间链路发射信号,实现对星间链路接收载荷的精密测距性能及误码率、捕获时间等指标的测试。星间链路模拟信号源根据卫星初始轨道参数,仿真与被测卫星形成可视关系的星座和自主导航所需的信息,产生模拟时延可变、频率动态和幅度动态的星间链路信号,信号通过有线接入卫星的星间链路接收机,同时控制星间链路测试评估设备接收星间链路载荷的回传数据进行星上星间链路有效载荷设备的测试和指标分析,完成对卫星自主导航性能的测试。

6.2.3 试验链路的参数测量

星地对接地面测试系统与导航卫星载荷采用有线连接方式,需要对测试链路的功率、时延等参数进行测量标定。本节将介绍测试链路的标定方法。

典型的星地对接地面测试系统与导航卫星载荷间的测试链路连接如图 6.4 所示,为便于说明测试链路的标定,在此将测试设备与卫星载荷作为黑盒子,直接绘制了信号收发测试端口及电缆连接链路。

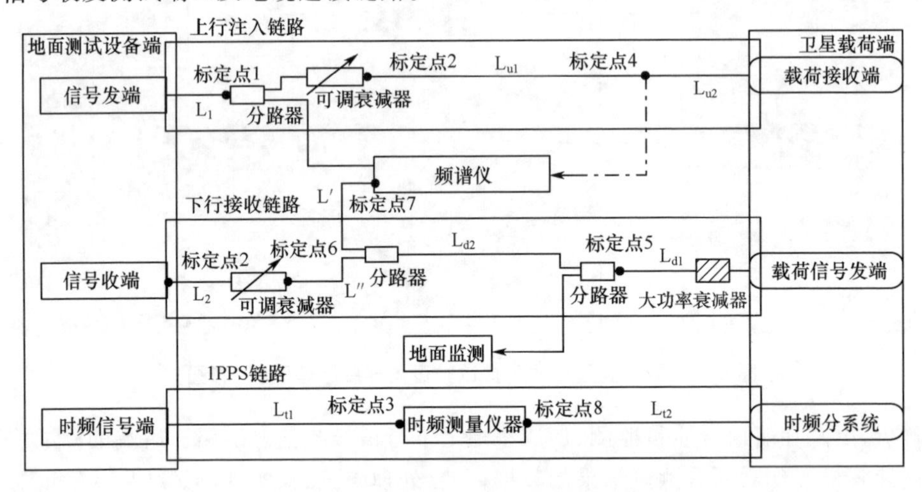

图 6.4 星地对接试验电缆连接示意图

图 6.4 中测试端口及链路定义与测试参数如表 6.1 所列。

表 6.1 测试链路端口的参数定义与内容

端口号/电缆标识	定义	测试参数
标定点 1	地面测试设备发端口	上行注入设备信号功率,设备发射单向时延
标定点 2	地面测试设备收端口	卫星导航信号接收功率、载噪比,接收设备接收单向时延
标定点 3	地面测试设备 1PPS 发端口	地面时间基准 1PPS 传输电缆时延值
标定点 4	地面测试设备至卫星发电缆末端	卫星上行注入分析接收信号功率
标定点 5	卫星载荷信号发端口	卫星发射信号功率,载荷发射单向时延
标定点 6、7	卫星载荷至测试设备发电缆末端	卫星发射信号功率
标定点 8	卫星载荷时频 1PPS 发端口	卫星时间基准 1PPS 传输电缆时延值
L_1、L_{u1}、L_{u2}	地面发射电缆	电缆传输损耗、时延
L_2、L_{d1}、L_{d2}	卫星发射电缆	电缆传输损耗、时延

1）信号功率测试

星地对接试验在有线连接方式下，信号功率 P_t 测量通常采用仪器直接测量方式，频谱仪或功率计均具备对发射信号的功率测量功能。功率计适合测量宽带信号，采用功率计测量时，发射信号须为正常的调制信号，设置功率计为信号带宽进行功率测量。多数频谱仪既具备宽带信号功率标定功能，也具备载波信号功率标定，频谱仪测量信号功率时，可设置导航信号为调制信号也可为单载波信号。通常在选择使用仪器时，功率计偏向于测量强信号，而频谱仪偏向于测量弱信号，星地对接试验多为弱信号，因此使用频谱仪测量功率是星地对接试验较常采用的方法。

信号功率标定时，一般对接收端的入口功率进行标定，以保证接收端设备工作在测量及信息解析要求的载噪比条件下。

2）设备单向时延测定

设备单向时延的测定是有效载荷时延测试与标定的重要内容，设备单向时延分为发射信道时延与接收信道时延。发射信道时延包括星地对接地面测试系统的上行注入发射信道时延和星间链路信号发射信道时延，接收信道时延包括星地对接地面测试系统导航信号接收信道时延和星间链路信号接收信道时延。

本书第8章将进行导航系统时延标定与测试内容的详细介绍。

3）传输电缆时延标定

射频传输电缆的时延可通过矢量网络分析仪进行直接测量。时频电缆的传输时延可通过时差测量设备进行测量。

6.2.4 星地对接试验方法

6.2.4.1 星地信号层对接试验方法

星地信号层对接试验目的是验证地面运控系统与卫星系统之间信号接口的匹配性和工作状态的一致性，主要包括地面站导航电文上行注入业务设备与导航卫星上行注入信号接收测量载荷间的试验和地面导航信号接收观测设备与导航卫星导航信号播发载荷间的试验两部分，对于具有星间链路功能的导航卫星还包括地面站星间链路数传与测量业务设备同导航卫星星间链路载荷间的信号收发测量试验。此外，我国北斗卫星导航系统 GEO 卫星由于具有 RDSS 服务能力及站间数传与测量功能，因此还进一步增加了地面站 RDSS 设备与导航卫星 RDSS 载荷间的信号收发测量试验、地面站站间卫通数传与测量设备同卫星通信转发器间的信号收发测量试验两个试验内容。

星地信号层对接试验的匹配性与一致性验证可对星地信号的频点、带宽、通道数量、调制方式、伪随机码、信息速率、工作频度等信号细节进行全面覆盖性的试验验证。

1）星地上行注入信号对接试验（图6.5）

地面星地对接设备产生上行注入信号通过有线方式向卫星注入，卫星接收地面上行注入信号，完成信号的接收、解调及测距，通过卫星的接收功能与性能实现情况，检核星地上行注入信号层的匹配性与一致性。星地上行注入信号层对接试验的数据判读主要通过卫星信息解调的正确性及信号测量精度性能，即评判卫星解析的地面上行注入信息是否与地面上行注入内容一致及误码率情况，卫星接收地面上行注入信号是否稳定且保持满足精度指标的测距性能。

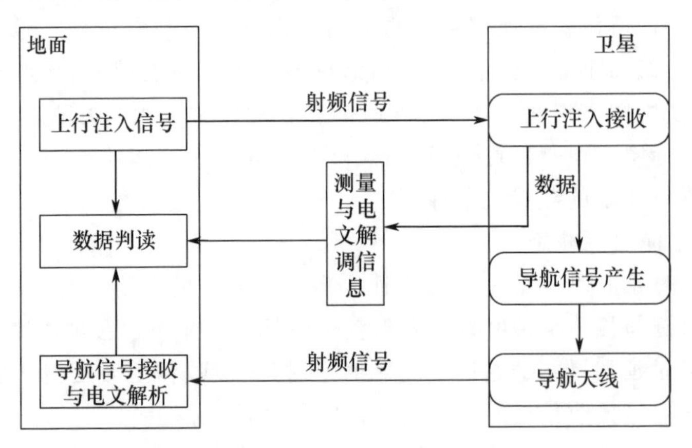

图 6.5　星地上行注入信号层对接试验

从前面导航卫星有效载荷的介绍可以看出，导航卫星上行注入接收设备、任务处理设备和导航信号生成设备在星上构成了一个完整的串行工作链路，均不是独立运转工作，因此对于导航卫星而言，上行注入接收设备接收地面上行注入信号后，电文接收解析结果将直接送至导航任务处理设备并通过导航信号生成设备向地面播发，星地电文解析内容可采用两种方式进行提取和判读：一是通过卫星上行注入接收设备内部测试监测端口提取试验数据，测试端口通过串口连接外部监测计算机，直接获取上行注入详细的工作状态及完整的上行注入电文信息；二是通过接收卫星下行导航信号，从播发的导航电文中提取对应的地面上行注入电文信息。第一种方式从卫星上行注入接收设备直接提取上行注入电文信息，对结果的评判直接高效，但由于其在卫星上额外加入了外部输出接口和信息传输通道，与星地真实运行状态存在状态改变，因此该方式多用于卫星研制阶段的测试或问题排查。第二种方式从下行导航电文中提取信息更符合星地真实运行状态，但这种方式对试验时的地面上行注入信息要求较高，同时试验出现问题时不利于问题的定位与排查。

在进行星地上行注入信号层对接试验时，卫星上行注入设备的信号锁定、接收载噪比、注入信息校验、伪距测距值等信号接收及测量状态信息均通过卫星遥测播发，试验时可直接通过卫星实时遥测提取进行判读。

星地上行注入信号对接试验需要覆盖星地系统真实运行状态下的多种场景，包括地面上行注入信号发射功率、动态性能、干扰情况的变化因素，以及电文信息和上行注入时长等因素。

2）导航信号接口试验

导航卫星按照正常工作状态播发导航信号，星地对接地面测试设备接收导航信号，对导航信号进行伪距、载波相位测量，对导航电文进行解析，对导航信号质量进行监测。通过星地对接地面测试系统的导航信号接收测量、导航电文解析处理等正确性来评判星地导航信号接口匹配性。星地对接地面测试系统接收设备采用多频点及多通道配置，可同时接收处理导航卫星所有频点及分量的导航信号，以提高试验的效率。

3）星间链路信号接口匹配性试验

星间链路信号接口匹配性试验存在收发状态，导航卫星星间链路分系统与星地对接地面测试系统星间链路设备建立信号互发互收的信号链路，双方均完成相应的伪距测量及信息解析，通过测量结果与信息的正确性评判接口的匹配性。

6.2.4.2　信息流程试验方法

信息流程试验是导航卫星星地对接试验的关键内容。与其他卫星应用系统不同，导航卫星具有复杂的星载信息处理能力，需要完成从地面段上行注入信息的接收解析、存储分类、编排组帧，到导航信息生成的信息处理过程，此外，还包括星间链路信息传输、自主信息生成、加解密、业务指令执行等。

星地信息流程试验包括地面段上行注入信息的信息流程试验及卫星间的星间链路信息流程试验。

1）上行注入信息的信息流程试验（图6.6）

主要内容包括：

（1）上行注入电文接收处理及导航电文播发的正确性验证。

（2）星地信息流程的稳定性和可靠性试验。

（3）载荷业务指令的执行正确性验证。

（4）载荷信息处理的容错性验证。

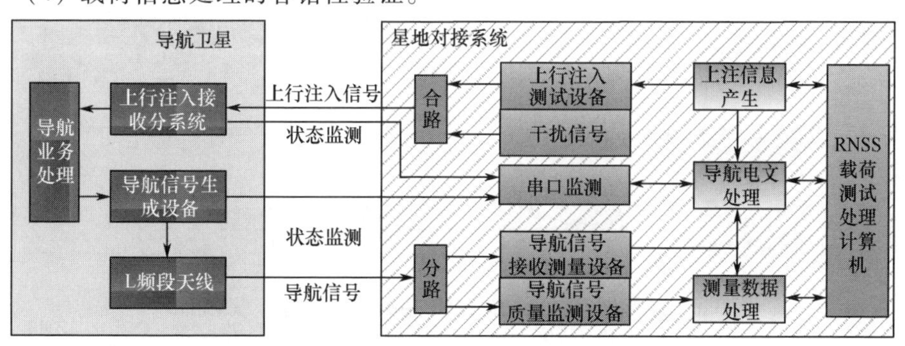

图6.6　上行注入信息流程试验连接图（见彩图）

2）星间链路信息流程试验（图6.7和图6.8）

主要内容包括：

（1）作为目标星的星间信息接收处理及导航电文播发的正确性验证。

(2) 作为节点星的星间信息接收处理及转发正确性验证。

信息流程试验侧重导航卫星载荷整体在工作状态下的信息层面的检测,测试采用的信号电平按照卫星在轨状态下的工作电平配置,也可采用灵敏度电平以提高测试条件要求。

信息流程试验可采用两种方式进行,一是保持星地正常连接状态,采用信息发端与最终处理或执行效果进行比对的方式进行,即把上注信息的处理执行效果通过下行导航电文或卫星工况状态进行评判,这种方式符合星地正常工作时的技术状态,减少了对卫星或地面测试设备的接口及处理要求;另一种是通过载荷测试端口提取信息,采用信息发端与收端直接进行原码比对的方式进行,即把上注信息的内容直接通过载荷测试端的串口连接至测试设备,直接进行比对,验证其正确性,这种测试可以实现对星载信息处理过程的分段验证,利于出现问题时的故障分离与排除定位。由于第二种方式需要改变整星的正常工作状态,常用于卫星研制过程中的信息流程试验,以增加对出现问题的定位排查能力,后期卫星技术状态较为稳定,处于批量生产时,多采用第一种方式。

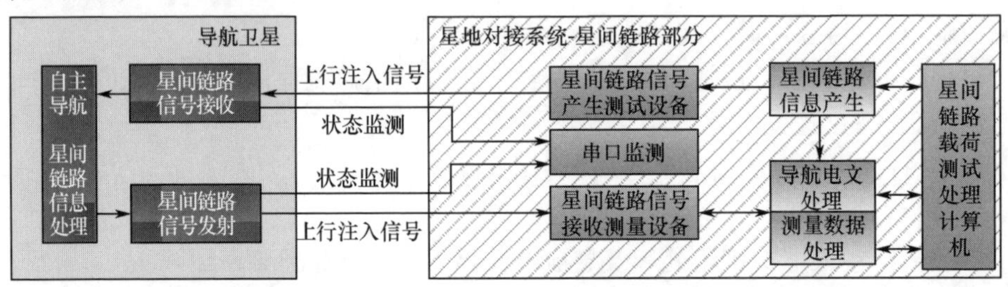

图 6.7　星间链路信息流程试验连接图(节点星)(见彩图)

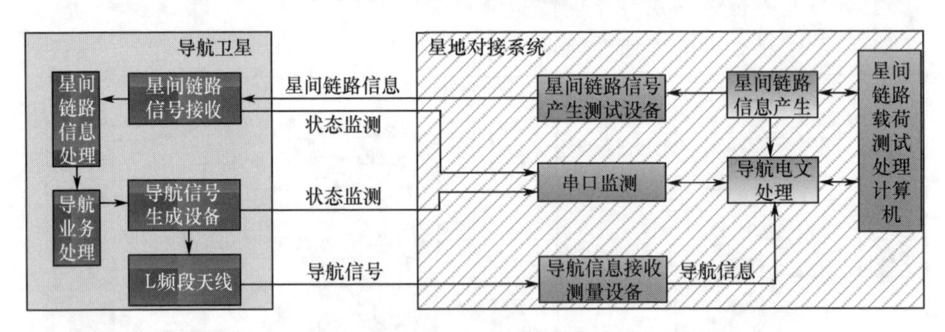

图 6.8　星间链路信息流程试验连接图(目标星)(见彩图)

下面介绍上行注入信息的信息流程试验的方法。

1) 上行注入电文接收处理及导航电文播发的正确性验证

上行注入电文接收处理及导航电文播发的正确性包括两方面:一是上行注入信息接收处理、导航电文生成的正确性,二是上注信息处理策略和启用时间的正确性。

星地对接地面测试系统上行注入设备向卫星发上行注入信号,上行注入信息产

生设备按照星地接口协议,生成上行注入信息,信息类型涵盖所有导航信息类型,包括本星基本导航信息、卫星历书、时间同步信息、快变信息、慢变信息、电离层格网信息等类型。以上注入信息均通过导航卫星进行重新组帧后向地面播发。导航卫星按照星地接口协议,完成导航电文的产生,向星地对接地面测试系统播发。星地对接地面测试系统从导航电文中提取相应的上行注入信息类型的信息,与上行注入的信息进行比对,验证信息的正确性及启用时间的正确性。

本项试验时,用例包括测试模式和仿真模式两种。测试模式是按照星地接口协议要求,产生单一的信息类型用例,主要用于对某一类型上行注入信息的接收处理正确性测试;仿真模式是按照地面段真实运行状态下的上行注入信息类产生用例。

2）星地信息流程的稳定性和可靠性试验

星地信息流程的稳定性和可靠性在上行注入电文接收处理及导航电文播发的正确性验证的基础上进行。试验用例采用仿真模式,按照地面段真实上行注入信息进行注入,连续进行长时间的注入与比对,验证星地信息流程的稳定性和可靠性。为验证星地信息流程的稳健性,地面测试系统不仅需产生真实运控的上行注入信息状态,还应仿真地面上行注入最大负荷状态产生上行注入信息,验证地面及卫星在最大负荷状态下的星地信息流程处理能力。

本项试验时,试验用例应包括跨时、天、周、年等特殊时间段,以验证信息流程在特殊时段的接收处理正确性。

3）载荷业务指令的执行正确性验证

载荷业务控制指令主要是对载荷进行的参数、状态设置类指令,主要包括:伪随机码参数设置、调制方式设置、卫星钟及分系统主、备切换、时间同步、功率调整等。

载荷业务控制指令执行正确性验证采用逐项符合的方式进行。星地对接地面测试系统按照星地接口协议逐一生成载荷业务控制指令,向卫星注入。导航卫星接收业务控制指令,按照指令要求的执行时间与内容,完成相应的执行指令。通过导航卫星播发的工况信息等,判断指令执行的正确性。

4）载荷信息处理的容错性验证

载荷信息处理的容错性验证是对导航卫星星载信息处理流程的一种特殊边界条件试验,目的是通过人为地加入错误的或超出边界的上行注入信息内容,验证星载信息处理过程的适应性。星载信息处理容错性的错误用例由星地对接地面测试系统专门产生,错误用例包括信息类型长度、地面站编号、卫星编号等超限,指令代码错误等。

下面介绍星间链路信息流程试验的方法。

1）作为目标星的星间信息接收处理及导航电文播发的正确性验证

作为目标星时,接收的星间链路信息用于本星使用,主要为用于向地面播发的导航电文信息。

试验时,星地对接测试系统设置为空间一颗在轨节点卫星,与卫星星间链路分系统进行有线条件下的测试链路建立,星地对接地面测试系统模拟仿真星间链路传输信息,信息传输目标为被测导航卫星。传输的信息内容以导航电文信息为主,包括目标卫星需要播发的基本导航信息、星历、电离层、时间同步信息等。卫星接收以上信息后,完成信息解析,并通过导航信号向用户播发。星地对接测试系统将星间链路的传输信息与L导航信号中相应的电文信息进行正确性比对。

2)作为节点星的星间信息接收处理及转发正确性验证

作为节点星时,接收的星间链路信息用于向其他节点星或目标星星间转发。

试验时,星地对接测试系统需要设置为两种状态,一是作为星间链路转发信息的发起点,产生信息向导航卫星发送,另一是作为星间链路转发信息的接收点,接收卫星转发的星间链路信息。作为信息发起点时,还需仿真节点卫星和地面站两种信息方式,仿真节点卫星时需要按照星间链路的信息协议进行信息产生,而仿真地面站时需要按照星地的协议进行信息产生。

星地对接地面测试系统模拟仿真星间链路传输信息,信息传输目标为被测导航卫星,由于卫星只是作为节点星,信息接收后直接向其他星转发,因此对信息内容可以不做要求,既可采用真实仿真数据,也可采用固定数。卫星接收星地对接测试系统送来的星间链路转发信息后,将星地对接测试系统作为目标星进行转发。星地对接测试系统完成星间链路信息的解析并完成与发送信息的正确性比对。

6.2.4.3 星地时间流程试验

星地时间流程试验侧重于导航卫星与时间相关的流程的验证。导航卫星运行是建立在一个高精度的时间体系上的,各项业务需要具有严格的时序关系。

卫星与地面时间流程试验比对的主要方法是将卫星的星上时间与地面的时间直接进行测量。在此需要引入时间基准的概念。导航系统是一个以时间测量为基础的卫星应用系统,整个卫星导航系统在统一的时间基准的建立与维持下运转。导航系统的时间基准由地面运行控制系统进行维持,卫星则由自身搭载的原子钟进行时间产生与维持。地面与卫星通常将系统特定1PPS信号的末端作为自身时间基准点。

导航系统的时间系统由地面控制段中心站进行维持,因此星地时间同步的目的是实现在轨卫星时间向地面控制段维持的导航时间的同步。卫星进行时间同步需要经过粗同步和精同步过程。卫星时间粗同步过程将星地时间同步到毫秒(ms)级,精同步过程将卫星时间同步到纳秒(ns)级[1]。

卫星具备自主时间同步和指令时间同步两种方式来实现粗同步至毫秒级的能力。自主时间同步是卫星导航载荷开启或复位时,卫星自主根据接收到的地面控制段上行注入信号进行的时间同步。卫星导航载荷开启或复位时,卫星时间会恢复到默认的初始时刻,当接收到地面控制段发出的上行注入信号后,根据其中的时间信息,扣除星地预设距离值后,得到星上时间,并自主完成卫星周计数与周内秒计数的设置与维持,并将时间信息发送至导航载荷各单机。具体计算流程为

$$T_s = T_e - \Delta\rho$$

式中:T_e 为地面上注时间;T_s 为卫星时间;$\Delta\rho$ 为星地预设距离值(ns)。

卫星指令时间同步采用与自主初同步相同的策略,实现卫星时间的粗同步。由

于同步精度 $\Delta\rho$ 星地预设值为地面站与卫星间距离的平均值,因此在进行初同步时,不同的星地距离会得到不同的时间同步结果,对 MEO 卫星,时间同步误差最大不超过 10ms。

星地时间精同步通过对卫星基准时频信号的相位与频率调整实现。调相采用突变的方式进行卫星时间的调整,实现星地时间大幅度偏差的调整。调频采用缓变的方式进行卫星时间的调整,实现星地时间偏差的缓慢调整。

星地时间流程试验主要内容包括:

(1) 星地时间初同步功能试验;

(2) 卫星钟相位控制功能试验;

(3) 卫星钟频率控制功能试验;

(4) 卫星钟切换后的相位频率保持功能试验。

星地时间流程试验连接如图 6.9 所示。

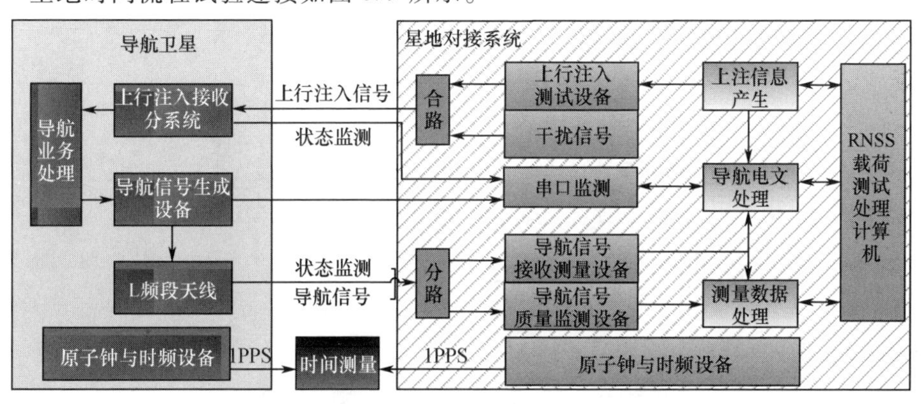

图 6.9　星地时间流程试验连接图(见彩图)

星地对接地面测试系统与卫星采用有线方式连接,同时将星地对接地面测试系统时频基准 1PPS 信号与卫星时频基准 1PPS 信号引入时间测量设备直接进行星地钟差的测量。

1) 星地时间初同步功能试验

开启卫星导航载荷,打开星地对接地面测试系统上行注入信号,卫星接收到上行注入信号后,根据其中的时间信息自主完成卫星时间的同步与维持。从时间测量设备直接读取星地时间同步结果。时间测量设备采用时间间隔计数器,常用型号为斯坦福的 SR620 计数器,测量读数为秒以内的时间同步结果,对于周计数及秒计数的正确性,需要通过星地信息的参数读取进行判读。

向卫星发时间同步的业务遥控指令,用相同方法评判星地时间同步功能的正确性。

2) 卫星钟相位控制功能测试

卫星钟相位控制是对卫星时间基准 1PPS 信号的相位调整,相位调整的幅度是通过对产生 1PPS 信号的基准频率信号计数的增加或删减来实现的。卫星时间基准

1PPS 信号由星上 10.23MHz 基频信号产生，当基频信号计数增加 1 时，时间基准 1PPS 信号将滞后一个 10.23MHz 周期，而基频信号计数减少 1 时，时间基准 1PPS 信号将超前一个 10.23MHz 周期，因此，卫星进行相位调整控制的步进为 10.23MHz 的一个周期，即约 97.75ns。

星地对接地面测试系统向卫星发卫星钟相位调整指令，从时间测量设备直接读取星地时间钟差测量结果，读取指令生效时刻前后的钟差测量结果，计算卫星钟相位调整幅度。

3）卫星钟频率控制功能测试

卫星钟频率控制是对卫星基准频率信号频率的调整。频率调整后，卫星钟时间将随之加快或减缓，使卫星时间实现与系统时间的缓慢调整与同步。由于导航卫星钟多采用高精度铷钟，频率调整变化量也较小，因此需要采用更高精度的原子钟进行频率测量，如图 6.10 所示。

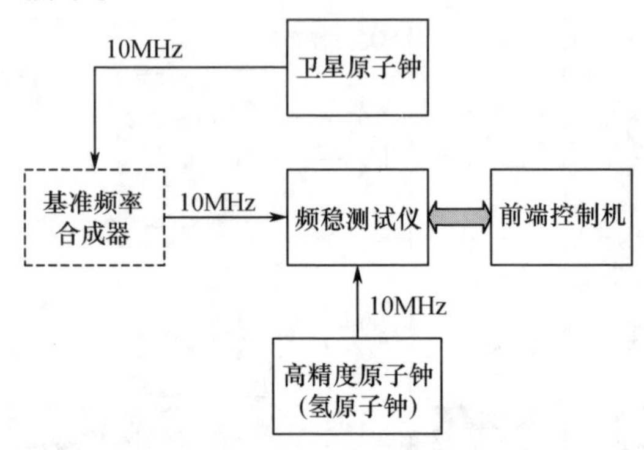

图 6.10　卫星钟频率调整功能测试框图

利用高精度氢原子钟作为频率基准，标定卫星时频分系统基准频率合成器输出的基准频率信号的频率。星地对接地面测试系统向卫星发卫星钟频率调整指令，指令生效后，再次标定卫星钟输出基准频率值，判读频率调整的幅度正确性。

4）卫星钟切换后的相位频率保持功能试验

导航系统需要向用户提供连续稳定的导航信号，卫星钟切换后的相位频率保持性能的目的是确保导航卫星主原子钟出现故障后，可平稳切换至备份原子钟，同时保持星上时频及时间系统的连续性。导航卫星时频分系统实时对主、备钟时频基准信号的相位频率进行标定，根据标定结果对备份原子钟的频率及相位进行修正，以保持备份原子钟始终跟随主份原子钟，保持频率和相位的一致。

主、备份钟切换后的相位保持功能采用高精度伪距测量的方法进行。时间测量设备实时标定星地时间基准 1PPS 信号间的钟差，星地对接地面测试系统接收卫星播发的导航信号，进行伪距测量，并扣除对应时刻的钟差值，以消除星地钟漂移对伪距测量值的影响。星地对接地面测试系统向卫星发卫星主、备份钟切换指令，指令生效后，通过比对指令生效前后伪距测量值的跳变情况评估卫星主、备份钟切换后的相

位保持功能。

利用高精度氢原子钟作为频率基准，标定卫星时频分系统基准频率合成器输出的基准频率信号的频率。星地对接地面测试系统向卫星发卫星主、备份钟切换指令，指令生效后，通过比对指令生效前后卫星钟基准频率值评估卫星主、备份钟切换后的频率保持功能。

主、备份钟切换后的频率保持功能采用高精度氢原子钟标定的方法进行。利用高精度作为频率基准，标定卫星时频分系统基准频率合成器输出的基准频率信号的频率。星地对接地面测试系统向卫星发卫星主、备份钟切换指令，指令生效后，通过比对指令生效前后卫星钟基准频率值评估卫星主、备份钟切换后的频率保持功能。

6.2.4.4　星地设备时延测量

1）RNSS 载荷星地时间比对载荷时延稳定性检核

利用正样卫星和星地对接地面测试系统进行 24h 连续观测，获取上、下行伪距数据，该伪距数据扣除星地钟差，即为星地设备的时延。通过卫星上行接收通道的设备时延数据，统计分析星地时间比对载荷的时延稳定性；通过星地下行组合时延数据，统计分析 RNSS 载荷时延稳定性。

2）星地设备上、下行链路组合时延测试

时延测试试验目的是考核星地设备在开关机和信号功率电平变化时，上、下行组合时延变化的特点，以及静态条件下，星地设备组合时延的绝对值。

首先，标定卫星和星地对接地面测试系统 1PPS 信号的电缆时延，然后利用时间间隔计数器实时测量出卫星与星地对接地面测试系统引出的 1PPS 时标信号的时延差，该时延差即为星地钟差。星地对接地面测试系统向卫星星地时间比对载荷发射信号，卫星接收信号，并进行伪距测量，该伪距值扣除电缆时延和星地钟差，即可得到上行链路组合时延。通过地面运控系统的接收终端接收信号进行伪距测量，该伪距值扣除电缆时延和星地钟差，得到下行链路组合时延。

改变信号功率电平，重复进行试验，获取星地设备在信号功率电平变化条件下的上、下行组合时延特性；星地设备进行开关机，重复进行试验，获取星地设备在开关机条件下的上、下行组合时延特性。

3）卫星上行链路绝对时延检核

测得星地上行链路组合时延，减去电缆时延和地面发射时延，得到卫星上行链路接收绝对时延，对卫星系统自测的接收链路绝对时延进行检核。

4）卫星下行链路绝对时延检核

测得卫星下行链路组合时延，减去电缆时延和地面接收时延，得到卫星下行链路发射绝对时延，采用示波器测试卫星发射链路的绝对时延，将两种方法测得的结果进行比对。

5）卫星发射相位一致性检验

RNSS 载荷以扩频调制方式发射三个频点的下行导航信号，通过有线连接的方式将扩频信号送到地面运控系统的接收设备,地面的接收通道分别对卫星播发的三个频点信号进行处理并完成伪码测距。通过统计不同接收通道间伪距互差值的变化,即得到卫星发射相位的一致性结果。

参考文献

[1] 朱祥维,李星,孙广富,等. 卫星导航系统站间时间同步方法研究[C]//全国时间频率学术交流论文集. 南京:中国天文学会,2005.

第7章　卫星导航系统性能测试与评估

卫星导航系统作为星基无线电导航系统，其基本功能是向地面和近地空间的广大用户提供全天时、全天候、高精度的定位、导航和授时服务。对于导航定位用户而言，不但关注其基本功能，还十分关注系统提供这些功能的水平或质量，也就是导航系统性能。随着 GNSS 的不断改进和创新，其应用范围也越来越广，用户对 GNSS 的性能要求也越来越高。虽然各个卫星导航系统基本功能相近，但都还有各自特点，例如，北斗系统包含 GEO、IGSO 和 MEO 卫星的混合星座，因此需要对现有卫星导航系统的性能评估技术进行研究。

本章首先介绍了卫星导航系统性能及指标体系，然后回顾了测试评估技术发展现状，接着对系统服务和应用性能测试评估方法进行分析研究，最后介绍系统服务性能测试设备及组成。

7.1　GNSS 性能指标体系

根据国外卫星导航系统建设和测试经验，结合我国自主北斗卫星导航系统建设实际，从系统提供服务和用户应用两个角度，将 GNSS 性能分为两类：①GNSS 服务性能；②GNSS 应用性能。下面分别对于两种性能指标的概念进行描述。

7.1.1　GNSS 服务性能指标

卫星导航系统服务指标是指由卫星系统和地面运控系统联合运行状态下提供给用户的服务性能，主要包括服务区域、星座性能、空间信号可用性、空间信号精度、空间信号完好性、空间信号连续性等。

7.1.1.1　服务区域

服务区域是指定位、导航、授时等各项服务功能及性能符合系统指标要求的信号服务覆盖范围与区域。我国北斗系统采用 GEO、IGSO 和 MEO 混合星座，提供 RDSS 与 RNSS 两种服务，按照先区域后全球的方案进行系统研制建设，同时北斗系统采用基本导航服务与广域差分服务一体设计，有别于其他系统分离设计方案，因此不同类型卫星导航系统在服务区性能上既有区域要求区别，也有服务类型区别。总体来说，卫星导航系统服务区域根据服务类型不同可以划分为 RNSS 服务区域、RDSS 服务区域和广域差分服务区域三类。

7.1.1.2 星座性能

星座性能是指导航星座提供正常服务的卫星数量及其轨位,整个星座包括正常规划星、备份星、试验卫星等,卫星类型包括 GEO、IGSO、MEO,体现出导航星座提供服务的空间观测构型。

7.1.1.3 空间信号精度

空间信号精度是指由导航卫星轨道预报误差、卫星钟预报误差等因素引起的卫星至用户距离、速度、加速度、卫星钟测量精度,通常用 95% 误差范围表示。主要包括以下四个指标:

(1) 空间信号精度(SISA)。

(2) 空间信号速度精度(SISRA)。

(3) 空间信号加速度精度(SISAA)。

(4) UTC 时差精度(UTCOA)。

7.1.1.4 空间信号完好性

空间信号完好性是指空间信号及信息正确性标识,包括两类信息:一是标识空间信号误差容忍限值;二是空间信号正确性标识信息,即告警信息。性能包括:①瞬时空间信号误差(SISE)超出误差容忍限值的概率小于标称值;②告警时间,即从故障发生到用户接到告警信号的时间间隔。

7.1.1.5 空间信号连续性

空间信号连续性是指导航卫星在一个时间段内提供没有非计划中断的可用信号概率,通常情况下其性能指标用空间信号连续性风险表示,即在平均意义下的 1h 内一个导航信号被非计划中断的概率,统计周期为 1 年。

7.1.1.6 空间信号可用性

空间信号可用性是指导航卫星或导航星座提供正常服务的时间百分比,即 100% 扣除中断服务和不满足服务的时间百分比。空间信号可用性可以分为单星空间信号可用性和星座空间信号可用性。单星空间信号可用性是指单颗卫星提供正常导航信号服务的时间百分比;星座空间信号可用性是指系统所承诺提供最低正常工作卫星数的系统服务时间所占全部时间百分比。统计时间为 1 年。

7.1.1.7 RDSS 服务性能

RDSS 服务性能包括系统容量、通信频度等指标。系统容量包括系统出站容量和系统入站容量,其中系统出站容量是指通过系统计算出每个用户的定位结果,并能播发给用户的通信广播能力,系统入站容量是指系统在单位时间内接收处理用户发射入站信号的能力;通信频度是指用户机进行定位、定时或短报文通信时服务申请的最小时间间隔,通信频度由用户等级决定。

7.1.2 GNSS 应用性能指标

GNSS 应用性能是用户接收系统导航信号进行导航、定位、授时、RDSS 位置报告

与通信所实现的能力，通常包括PVT精度、导航完好性、导航连续性、导航可用性等。

7.1.2.1 PVT精度

PVT精度是卫星导航定位应用最为常用的性能指标，反映用户位置、速度、时间的参数估计值与真实值之间的符合或是偏离程度，通常使用95%误差范围或均方根(RMS)误差表示。

7.1.2.2 导航完好性

导航完好性是确保导航安全性的指标，即当卫星导航系统空间信号误差过大或发生故障而引起用户定位误差超限时，具备及时告警的能力，通常包括告警门限(AL)、完好性风险概率、告警时间三个指标。

告警门限：用户对定位误差的最大允许值。

完好性风险概率：卫星导航系统空间信号发生故障而引起用户定位误差超限时，用户没有收到告警而引起使用风险的概率。

告警时间：从卫星导航系统空间信号发生故障到用户得到告警信息的时间延迟。

卫星导航系统的完好性通过两个方面保障：一是通过接收系统播发的完好性信息实现用户端完好性性能；二是在用户端进行接收机自主完好性监测(RAIM)实现用户端完好性性能。系统测试中以系统完好性性能测试为主。

7.1.2.3 导航连续性

导航连续性是指用户接收导航信号，在规定的导航需求下进行连续导航的能力，通常指标包括连续性风险概率，其是指在一个时段内由于导航精度或完好性性能不满足导航需求而被迫中断导航的概率。

7.1.2.4 导航可用性

导航可用性是指在相应的导航需求下，系统能为用户提供满足导航精度、完好性、连续性的时间百分比。可用性是建立在精度、完好性和连续性性能满足基础上的。

7.1.2.5 导航安全性能

导航安全性能是指用户在导航过程中具备的抗干扰能力和防欺骗能力等。

7.1.2.6 兼容互操作性能

兼容性是指不同导航系统、不同导航信号之间不干扰、不损害。互操作性是指不同系统、不同导航信号之间互利、共赢。导航兼容互操作性能是指，相对于仅使用单一的公开信号提供服务而言，联合使用多个导航系统为用户提供更好服务的能力。

7.2 GNSS测试评估技术发展现状

7.2.1 主要GNSS服务模式与应用性能

7.2.1.1 GPS系统服务模式

早期GPS Ⅱ定义了标准定位服务(SPS)和精密定位服务(PPS)两种服务模式。

SPS 面向广大民用用户，配置了 L1C/A 码一种信号和 NAV 电文（50bit/s）；PPS 面向美国及其盟国的军用或特许用户，配置了 L1P（Y）码、L2P（Y）码两种信号，电文并没有公开说明。

现代化 GPS Ⅱ 对 SPS 和 PPS 的服务模式和性能进行了扩展和提升。SPS 除配置 L1C/A 码，还增配了 L2C（CM/CL）码和 L5I/Q 码，形成了三频服务能力。L2C 的 CM 上可控制调制 NAV（50b/s）、NAV（25b/s）、CNAV（25b/s）三种电文；L5 的 I 支路上调制 CNAV 电文（50b/s）。L2C 码与 L1C/A 码构成了双频民用，以满足商业应用需要。L5 和 L1 均在航空无线电导航服务（ARNS）频段，形成了双频生命安全服务，但只提供了信号基础，并没有形成全面的完好性服务能力。PPS 增配了 L1M 码、L2M 码两种信号，将在未来取代 L1P（Y）码、L2P（Y）码，电文并没有公开说明。

GPS Ⅲ 为了使得 SPS 满足 GNSS 互操作服务需要和生命安全服务需要，进一步增配 L1C（CP/CD）码，在 CD 分量上调制 CNAV2（50b/s）电文。另外，GPS Ⅲ 还在 L1C 和 L5 的电文中提供全球完好性参数，以满足生命安全服务需求。

WAAS 是对 GPS、GLONASS 等提供生命安全服务而建设的广域增强系统，利用 GEO 卫星发射 L1C/A 码信号，电文为 500b/s 的信息包，包括广域差分与完好性服务信息，达到 I 类精密进近服务性能。随着现代化 GPS 建设，WAAS 将增加对 L5 信号的完好性服务。

此外，一些商业机构还针对 GPS 的高精度商业服务（CS），建设了相应的广域精密定位系统，可通过 GEO 进行服务信息的广播，更大量的是通过地面网络提供信息服务。

由上述发展过程看，虽然目前 GPS 服务模式还是起初定义的 SPS 和 PPS，没有对服务模式成体系地给出统一的新的定义描述，但实际上在 SPS 基础上已扩展形成了生命安全服务、商业服务等。

7.2.1.2 Galileo 系统服务模式

在 Galileo 系统需求定义中，对服务模式和性能进行了较完整的成体系的规划和定义。其定义按两级体系：第一级分为仅 Galileo 卫星的导航服务、星基增强服务、局域增强服务、组合服务等；第二级分为公开服务、生命安全服务、商业服务以及公共管制服务等。

(1) 仅 Galileo 卫星的导航服务指仅由 Galileo 系统卫星独立提供的全球性服务。分公开服务（OS）、生命安全（SOL）、商业服务（CS）、公共管制服务（PRS）以及搜救服务等。

公开服务（OS），提供能够免费接收的定位、导航和授时信号，适用于大众市场导航应用。公开服务与生命安全服务除了完好性性能外，其他服务性能一致。公开服务配置了E5-a信号（F/NAV 电文）；另外用于生命安全服务的 E5-b 信号（I/NAV 电文）和 E1 信号（I/NAV 电文）也可用于公开服务，提供基本导航数据，加密完好性数据不可用。公开服务定位精度单频为水平 15m、垂直 35m，双频为水平 4m、垂直 8m，可用性为 99.5%。

生命安全(SOL)服务,通过在公开服务电文中增加全球级完好性信息实现,完好性数据在公开服务信号上加密,受控接入。主要针对航空用户需求增加完好性增强服务,并能涵盖其他载体(陆地、铁路、海运等)需求。生命安全服务配置了 E5-b 信号(I/NAV 电文)和 E1 信号(I/NAV 电文),提供基本导航数据和完好性数据。生命安全服务双频定位精度为水平 4m、垂直 8m,完好性和精度的可用性分别为 99.5% 和 99.8% 。

商业服务(CS),提供相对于公开服务的增值服务,主要基于以下几点:在公开服务基础上的第四频率;在公开信号上分发加密增值数据;基于公开信号(选择性加密)进行精确局部差分应用(分米级),覆盖 E6 上的 PRS 信号;更高的室内定位性能、更高的数据率;进行服务保证承诺等。商业服务通过 Galileo 卫星播发商业服务信号,分发完好性数据、区域差分改正数、地图、数据库等。商业数据受商业密码保护,能进行收费控制。

公共管制服务(PRS),致力于欧盟及其他授权成员国的国家安全应用,为欧盟及其成员国提供连续性更好的服务。公共管制服务抗干扰、抗恶意攻击等能力强,限制接入使用。公共管制服务配置了 E6 和 E1 信号(G/NAV 电文),提供受政府密码保护的 PRS 数据,电文内容没有公开说明。公共管制服务双频定位精度为水平 6.5m、垂直 12m,可用性为 99.5% 。

SAR 服务,Galileo 系统搜救服务与已有的国际搜救卫星系统 COSPAS-SARSAT 联合提供服务,并与全球海上遇险与安全系统(GMDSS)和泛欧洲运输网兼容。相对于现有搜救系统的性能,Galileo 将改善遇险信标的侦查时间和定位精度。每颗卫星能够同时接收 300 个信标的信号;信标到 S&R 地面站的通信少于 10min。遇险位置由 COSPAS-SARSAT 基于 Galileo 系统搜救服务信号和数据确定。目前信标的位置确定精度在 5km 范围内,安装 Galileo 接收机的位置确定精度将优于 10m。搜救服务与生命安全服务共用 E1 信号,并通过 I/NAV 电文播发 SAR 数据。

(2) 星基增强服务即欧洲静地轨道卫星导航重叠服务(EGNOS),可提供 GPS、GLONASS 信号在欧洲大部分地区的完好性和精确性。EGNOS 提供三种服务,包括公开服务、生命安全服务和商业服务。

公开服务,定位精度 1m,免费使用,2009 年 10 月起可用。生命安全服务,定位精度 1m,适应航空标准。2011 年 3 月 2 日,EGNOS 正式提供生命安全服务,为大部分交通提供授时与定位信号,尤其是在航空领域当导航系统性能减弱将会危及生命安全时。商业服务定位精度小于 1m,通过地面网提供改正数,2008 年试运行服务,2011 年正式提供服务。

除 Galileo 系统与 EGNOS 外,Galileo 系统还有局域增强服务和兼容组合服务。局域增强服务是指通过增加局部基准站,加强卫星服务能力,性能由服务供应商设定,包括不加密服务、加密收费提供商业服务、加密控制提供公共管理服务。兼容组合服务包括两方面服务内容:一是 Galileo 系统与 GPS、GLONASS 等在互操作频点上为用户提供组合导航服务;另一是 Galileo 系统与已有的无线、陆地或卫星通信网络互联，提供全球、高可用性和高可靠性的位置报告服务，以及用户与服务中心之间的准实时短消息服务。

Galileo 系统服务性能见表 7.1。

表 7.1　Galileo 系统服务性能指标

<table>
<tr><td colspan="2" rowspan="3">应用指标</td><td colspan="5">指标要求</td></tr>
<tr><td colspan="2">开放服务</td><td rowspan="2">生命安全服务
（双频）</td><td rowspan="2">商业服务
（双频）</td><td rowspan="2">公共管制服务
（双频）</td></tr>
<tr><td>单频</td><td>双频</td></tr>
<tr><td colspan="2">服务区域</td><td>全球</td><td>全球</td><td>全球</td><td>全球</td><td>全球</td></tr>
<tr><td colspan="2">定位精度(95%)</td><td>水平 15m
垂直 35m</td><td>水平 4m
垂直 8m</td><td>水平 4m
垂直 8m</td><td>水平 4m
垂直 8m</td><td>水平 6.5m
垂直 12m</td></tr>
<tr><td colspan="2">测速精度(95%)</td><td>0.5m/s</td><td>0.2m/s</td><td>0.2m/s</td><td>0.2m/s</td><td>0.2m/s</td></tr>
<tr><td colspan="2">授时精度(95%)</td><td>50ns</td><td>50ns</td><td>50ns</td><td>50ns</td><td>50ns</td></tr>
<tr><td rowspan="3">完好性</td><td>告警门限</td><td rowspan="3">—</td><td rowspan="3">—</td><td>水平 12m
垂直 20m</td><td>—</td><td>水平 20m
垂直 35m</td></tr>
<tr><td>告警时间</td><td>6s</td><td>—</td><td>10s</td></tr>
<tr><td>风险概率</td><td>3.5×10^{-7}/150s</td><td>—</td><td>3.5×10^{-7}/150s</td></tr>
<tr><td colspan="2">连续性</td><td>—</td><td>—</td><td>1×10^{-5}/15s</td><td>—</td><td>1×10^{-5}/15s</td></tr>
<tr><td rowspan="2">可用性</td><td>完好性</td><td rowspan="2">99.5%</td><td rowspan="2">99.5%</td><td>99.5%</td><td rowspan="2">99.5%</td><td rowspan="2">99.5%</td></tr>
<tr><td>精度</td><td>99.8%</td></tr>
<tr><td rowspan="2">首次定位时间</td><td>冷启动</td><td colspan="5">100s</td></tr>
<tr><td>温启动</td><td colspan="5">30s</td></tr>
<tr><td colspan="2">重捕获</td><td colspan="5">5s</td></tr>
<tr><td colspan="2">安全性</td><td colspan="5">测距码和导航数据加密</td></tr>
</table>

EGNOS 系统应用性能指标如表 7.2 所列。

表 7.2　EGNOS 系统应用性能指标

<table>
<tr><td colspan="2">应用指标</td><td>指标要求</td></tr>
<tr><td colspan="2">服务区域</td><td>欧洲的核心区以及所有欧洲民航组织国家</td></tr>
<tr><td colspan="2">定位精度(95%)</td><td>水平 3m，垂直 4m</td></tr>
<tr><td colspan="2">测速精度(95%)</td><td>—</td></tr>
<tr><td colspan="2">授时精度(95%)</td><td>—</td></tr>
<tr><td rowspan="3">完好性</td><td>告警时间</td><td>6s</td></tr>
<tr><td>告警门限</td><td>水平精度 40m，高程精度 20～10m</td></tr>
<tr><td>风险概率</td><td>2×10^{-7}/150s</td></tr>
<tr><td colspan="2">连续性风险</td><td>8×10^{-5}/150s</td></tr>
<tr><td colspan="2">可用性</td><td>99%</td></tr>
</table>

7.2.1.3　GLONASS 服务模式

早期 GLONASS 定义了标准精度服务和高精密服务两种服务模式。标准精度服务面向广大民用用户,配置了 L1 信号和速率为 50b/s 的导航电文;高精度服务面向经俄罗斯国防部批准的用户,配置了 L1、L2 两种信号,电文并没有公开说明。

从 2003 年起,GLONASS 开始增发 GLONASS-M 卫星,并对服务模式和性能进行了扩展和提升。GLONASS-M 卫星增发了 L2 民用信号,L2 上未调制电文,但能够和军用用户一样,配合 L1 信号作双频电离层延迟改正[1]。

作为 GLONASS 现代化的重要内容,俄罗斯新一代卫星将发射 L3/L5 民用信号,使民用信号达到 3 个,同时,在 L3/L5 民用信号中,将增加全球差分星历和卫星钟改正数和完好性信息。L3/L5 信号的可靠性与精度都更高,能够与 L1 信号共同实现双频生命安全服务。另外,还将与已存在的 COSPAS-SARSAT 一起,提供搜索救援服务。

GLONASS 积极开展国际合作,在信号设计中添加码分多址(CDMA)信号,以保证 GLONASS 与 GPS 以及 Galileo 系统的兼容与互操作性,也是 GLONASS 现代化的措施。

由上述发展过程看,GLONASS 的服务模式将在起初定义的标准精度服务和高精度服务的基础上,扩展形成生命安全服务、搜索救援服务、兼容组合服务等。

GLONASS 服务性能指标如表 7.3 所列。

表 7.3　GLONASS 服务性能指标

应用指标		指标要求		
		第Ⅰ阶段	第Ⅱ阶段	第Ⅲ阶段
服务区域		俄罗斯联盟	全球	全球
定位精度(95%)		水平 5m,垂直 9m	水平 3.5m	水平 1.4m
测速精度(95%)		0.14m/s	0.1m/s	0.07m/s
授时精度(95%)		50ns	20ns	6ns
完好性	告警时间	—	—	—
	告警门限	—	—	—
	风险概率	—	—	—
连续性		—	—	—
可用性		—	—	—
首次定位时间		40s	40s	40s

7.2.2　GPS 性能测试评估现状

GPS 联合计划办公室(JPO)对 GPS 所做的测试与 GPS 的研制计划相匹配,分为 3 个阶段:第 1 阶段是用以支持 GPS 概念验证阶段的测试;第 2 阶段是用以支持全规模研制阶段的测试;第 3 阶段是用以支持批准运行阶段的测试。参与 JPO 组织的测试人员有空军官员和在编人员,尤马试验场器材测试指挥部制定的非军人和军人,宇航公司人员,视需要而定的其他部门代表以及国防测绘局。除了 JPO 组织对 GPS 进行的系统测试外，在 GPS 批准运行后，其他相关军用或民用部门针对一些典型应用也进行了一系列相关的测试或试验。

7.2.2.1 概念验证阶段的测试

该阶段的测试主要在 1972—1979 年间完成。当时，轨道上并没有卫星，测试过程中使用了 4 部地面发射机（即伪卫星）提供模拟星座。该阶段的测试和试验项目大多是在位于沙漠地形中的美国陆军尤马试验场完成的，还包括美国海军在圣迭戈附近进行的试验。尤马试验场气候条件好，能见度广，降雨量少，具有大量的设备和空中禁区，几乎能够确保完成不间断的测试。主要测试目标包括：

（1）导航精度：包括位置、速度等导航精度以及动态对精度的影响。

（2）军用价值演示：包括精确武器投放、着陆进近、空间会合、摄制空中地图、静态定位、联合作战、越野作战、舰载作战等。

（3）威胁性能：抗阻塞干扰、精度抑制。

（4）环境影响：螺旋桨和旋翼调制、树叶衰减、多径抑制、电离层和对流层校正。

（5）系统性能：卫星、时钟和星历精度，捕获与重捕时间，时间传递，信号电平和信号结构。

参试运载体形式包括机动式测试车、人（背负式）、登陆艇、护卫舰、装甲运兵车、吉普车、直升机、飞机等，载体动态范围涵盖静态、中低动态、高动态。

在测试场中，安装了 6 部激光器。真实轨迹的测定主要依靠激光跟踪器。每部跟踪器均以 100Hz 的速率进行距离、方位和仰角测量。在 200m ~ 10km 范围内，距离测量的精度规范为 0.5m（RMS），10 ~ 30km 范围内则为 1m（RMS）。方位和仰角测量的精度为每轴 0.1mrad。

另外，在 1979—1982 年等待第 2 阶段的测试开始期间，武器投放试验和差分试验一直在进行中。武器投放试验通过记入飞机的姿态、轰炸位置、轰炸动态、抛投速度和有关风的信息等，来调整飞行员的显示器，为飞行员提供更优的驾驶信息。差分试验旨在验证使用差分校正信息对定位误差的改善。

7.2.2.2 全规模研制阶段的测试

该阶段的测试主要在 1982—1985 年间完成，当时，在轨卫星有 6 ~ 10 颗。测试扩展到了世界范围内，但尤马试验场仍是 JPO 测试的核心场地。美国军方的测试人员将 GPS 接收机带到了全世界许多地方；作为 JPO 的一个组成部分，北大西洋公约组织的人员在他们各自国家对 GPS 设备做了测试；运输部等部门也做了相应的测试来支持这一阶段。

该阶段的主要测试目标包括：

（1）验证反应时间到首次定位时间，以及再捕获、再定位的时间；

（2）验证静态、动态条件下的位置、速度精度；

（3）鉴定惯导对准和陀螺阻尼能力；

（4）确定对电子战和核威胁的敏感性；

（5）使用 GPS 投弹机构评估精密武器投放；

（6）确定对于飞机着陆进近，点到点和航线导航，空间会合，武器投放和航母舰载机对准及坐标锁定的任务性能改善；

（7）评价人的因素方案；

（8）评估可靠性、可用性、可维护性和后勤支持；

（9）识别和跟踪故障并改进；

（10）鉴定因水表面多径而产生的对系统的影响；

（11）评估特定的军事专家的胜任能力、技能等级和培训需求；

（12）评价在不利的环境条件下，包括 EMC、温度、湿度、高度和振动等对性能的影响；

（13）确定水下天线的探测能力；

（14）评估在电子战环境中多径/遮挡等对性能的影响；

（15）确定防化学、生物和放射性污染的简便性。

7.2.2.3 批准运行阶段的测试

该阶段的测试主要在尤马测试场进行，主要测试目的是验证对设备所做的修改。

7.2.2.4 其他相关测试

在系统批准运行后，各军用部门、民用部门等均基于 GPS 进行了一些面向典型应用的特别测试，以下给出几个典型的例子。

1）局域差分性能测试

通过近距离差分、远距离差分、动态载波相位差分等试验，测试不同基准站距离条件下的差分校正效果。

2）伪卫星增强性能测试

基于 FAA 提出的研究和开发计划，进行了伪卫星干扰及信号覆盖性能测试、伪卫星数据链测试等，验证伪卫星增强局域导航性能。

3）广域差分性能测试

利用配置在北美和夏威夷的 7 个外场站中的均匀分布为圆形的 6 个外场站作为差分监测站，另外 1 个位于圆心的作为用户。目的是验证广域差分全球定位系统（WADGPS）的性能。

4）基于伪卫星增强完善性进场试飞测试

FAA、美国联合航空公司等组织完成了上百次自动交联进场、自动着陆试验。检验基于伪卫星的增强完善性信标着陆系统。在 160 次进场试飞中没有出现虚警率和漏检率。

7.2.3 Galileo 系统性能测试评估现状

Galileo 系统作为正在研制建设中的全球卫星导航定位系统，目前测试评估技术研究主要针对系统和分系统研制建设过程中的分系统指标测试。虽然尚未进行系统、全面的大系统层次指标测试评估技术研究，但在测试系统、测试场的建设中统筹考虑了大系统指标测试需求。

Galileo 系统主要的测试和仿真系统有 GSTB、Galileo 系统仿真平台、Galileo 信号验证平台等。GSTB 是 Galileo 系统的模型以及 Galileo 系统设计发展和验证阶段的重要组成部分,可以完成 Galileo 系统关键技术的验证,例如时钟特性、空间信号试验、导航算法验证、Galileo 系统传感器配置性能测试等,以降低系统建设的风险。Galileo 系统仿真平台支持 Galileo 项目全生命周期内系统功能与性能的仿真。通过 Galileo 系统仿真平台,可以实现可见性、精度衰减因子(DOP)值分析以及多系统几何分析等。Galileo 信号验证平台能够准确模拟接收机原型机将接收到的在轨 Galileo 卫星播发的空间信号,用于支持 Galileo 接收机的开发、试验与验证等。

Galileo 系统主要测试场有 GATE、GTR 以及 CGTR(中国伽利略测试场)等。GATE 位于德国东南部一城镇(贝希特斯加登),是 Galileo 卫星导航系统接收机开发以及系统应用和服务的地面真实测试环境,也是 Galileo 卫星导航测试基础实验设施,能够支持新的 Galileo 信号结构与特性试验验证、接收机算法测试、用户应用测试等。GTR 是意大利拉齐奥大区和 ESA 合作的一项卫星导航领域科研创新计划,作为一个多功能测试研发平台,支持评估 Galileo 性能,支持系统演进与未来 GNSS 及多 GNSS 之间的互操作性评估,支持科研机构和中小企业的 GNSS 应用研发活动,以及未获得在轨 Galileo 卫星信号之前,在受控环境中测试 Galileo 接收机和相关应用[2]。CGTR 基于中国与欧盟卫星导航科技合作,在中国建设的 Galileo 测试认证环境,目标是建立 Galileo 接收机及应用系统的综合测试、试验和演示环境。

7.3 GNSS 性能测试与评估技术

如上所述,从系统服务和用户使用两个角度将卫星导航系统性能分为系统服务性能指标和用户应用性能指标。前者反映的是卫星系统和地面运控系统联合运行下的服务能力,需要进行较为严格的测试;后者由于引入了不同用户接收机设备性能、算法实现、观测环境等不确定性因素,较难以真实、可靠地反映系统实际服务性能,因而可进行相对宽松的系统应用性能评估。

7.3.1 GNSS 服务性能测试方法

7.3.1.1 服务区域测试方法

根据实际在轨卫星:对服务区按 1°×1°间隔进行几何分析,并结合空间信号精度综合确定;结合定位、测速、授时测试项目,将整个服务区划分为 5°×5°格网,将格网点作为实际测试点选择的基本依据,通过精度分布情况考核服务区覆盖范围。RDSS 服务区测试评估方法是:根据 GEO 卫星对服务区单重和双重波束覆盖情况进行分析,并结合实际测试点的定位、授时、报文通信性能综合确定。

7.3.1.2 空间信号精度测试方法

空间信号精度是对导航信号及电文性能的综合评价,是定位精度的决定性因素。

监测评估数据采集利用运控系统监测站接收机,根据导航电文钟差参数各向同性和广播星历参数各向异性特点,通过计算监测站对卫星轨道所能形成的最大覆盖性能,需选择服务区内均匀分布的监测站进行测试。

由于北斗系统采用独立星地时间同步体制,卫星钟差测定与轨道测定分别处理,所以无法采用 GPS URE 方式实现空间信号精度评估。按照导航电文参数定义不同、差分完好性参数定义不同、卫星钟差参考点和群时间延迟(TGD)/频间偏差(IFB)使用模式不同、电离层延迟模型不同等特征,通常利用接收机用户等效测距误差(UERE)来评估系统定位精度。UERE 评估模型设计如下:

$$\begin{aligned}\mathrm{UERE} = \mathrm{PC} - |\boldsymbol{R}^{\mathrm{sat}} - \boldsymbol{R}_{\mathrm{rcv}}| - c\,(&\Delta t_{\mathrm{rcvclk}} - \Delta t_{\mathrm{satclk}} - \Delta D_{\mathrm{phs}} - \Delta D_{\mathrm{rel}} - \Delta D_{\mathrm{trop}} - \\ &\Delta D_{\mathrm{ion}} - \Delta D_{\mathrm{ecc}} - \Delta D_{\mathrm{gtide}} - \Delta D_{\mathrm{plm}} - N - \varepsilon_{\mathrm{c}} - \varepsilon_{\mathrm{p}}\end{aligned} \tag{7.1}$$

式中:PC 为伪距数据的无电离层组合;$\boldsymbol{R}^{\mathrm{sat}}$ 和 $\boldsymbol{R}_{\mathrm{rcv}}$ 分别为卫星和接收机位置矢量;c 为光速;$\Delta t_{\mathrm{rcvclk}}$ 和 $\Delta t_{\mathrm{satclk}}$ 分别为接收机钟差和卫星钟差;ΔD_{phs} 为卫星天线相位中心偏差;ΔD_{rel} 为相对论效应引起的延迟;ΔD_{trop} 为对流层延迟;ΔD_{ion} 为电离层延迟;ΔD_{ecc} 为测站偏心改正;$\Delta D_{\mathrm{gtide}}$ 为测站潮汐改正;ΔD_{plm} 为测站位移引起的测距偏差;N 为相位数据模糊度;ε_{c} 和 ε_{p} 分别为伪距和相位的多径与噪声。

7.3.2 GNSS 应用性能评估方法

7.3.2.1 PVT 性能评估方法

定位和测速性能的测试评估方法相同,以下以定位测试为例说明。定位功能及性能测试涵盖 RNSS 单频、双频、三频、差分以及 RDSS 等定位模式。其测试方法包括已知点静态比对法和移动线路高精度动态比对法。动态测试的比对基准采用高精度 GNSS 单点或差分定位模式实现,差分定位模式采用 GNSS 实时动态(RTK)定位或利用事后 IGS 精密星历处理实现,以确保厘米量级的比对标准要求。北斗系统和 GNSS 定位结果在比对处理过程中,需利用姿态测量数据进行严格点位归心计算,并通过插值计算进行测量时刻对齐处理。定位测试原理图见图 7.1。

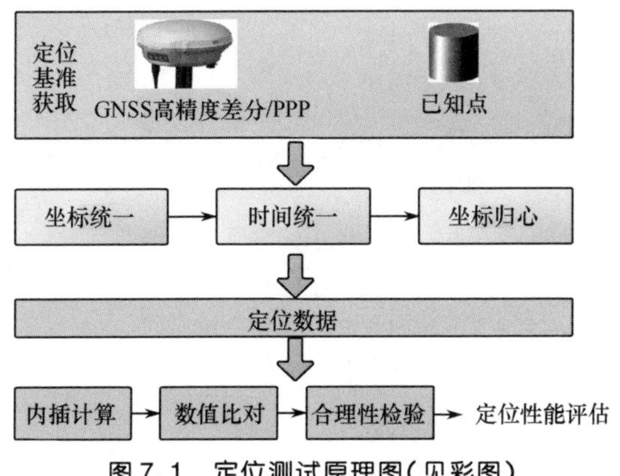

图 7.1　定位测试原理图(见彩图)

授时功能及性能测试涵盖 RNSS 单频、双频、三频、差分及 RDSS 单向和双向授时模式。其测试方法采用静态已知时间源和移动传递时间源比对法。静态已知时间源比对法利用地面运控系统时间同步注入站,包括三亚、成都等。移动传递时间源比对法,通过卫星双向时间传递法,将主控站北斗时信号实时传递到外场测试点。授时测试终端输出的1PPS 信号与传递到测试点的北斗时 1PPS 信号的差值,即为该测试点的授时结果。其原理如图 7.2 所示。

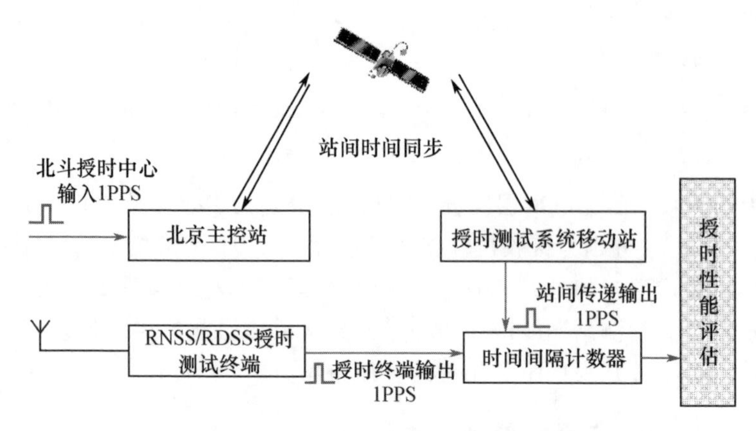

图 7.2　移动授时测试原理图(见彩图)

7.3.2.2　导航完好性评估方法

导航完好性性能评估涵盖完好性告警时间、危险误导信息概率等内容[3]。

危险误导信息(HMI)概率取决于两类基本参数:真实定位误差(PE)和计算保护级(PL)。当定位误差大于保护级时,二者比值大于1,解释为误导信息(MI)函数;若 PL 超过告警门限(AL)时,认为系统不支持该阶段完好性性能需求,给予完好性报警。若 PE 超过 AL,且 PL < AL,则认为是一个危险误导信息,此时会导致完好性风险。以垂直方向为例,HMI 概率的积分元素如图 7.3 所示。

计算公式如下:

$$
\begin{cases}
P_{\mathrm{MI}} = \int_{1}^{\infty} P_{\mathrm{MI}}\left(\frac{\mathrm{PE}}{\mathrm{PL}}\right) \mathrm{d}\left(\frac{\mathrm{PE}}{\mathrm{PL}}\right) \\
\mathrm{d}P_{\mathrm{HMI}} = \int_{\frac{\mathrm{AL}}{\mathrm{PL}}}^{\infty} P_{\mathrm{MI}}\left(\frac{\mathrm{PE}}{\mathrm{PL}}\right) \mathrm{d}\left(\frac{\mathrm{PE}}{\mathrm{PL}}\right) \times \mathrm{dPL} \quad (\text{黄色积分区域}) \\
P_{\mathrm{HMI}} = \int_{0}^{\mathrm{AL}} P_{\mathrm{PL}}(\mathrm{PL}) \int_{\mathrm{AL}}^{\infty} P_{\mathrm{MI}}\left(\frac{\mathrm{PE}}{\mathrm{PL}}\right) \mathrm{dPE} \times \mathrm{dPL} \\
P_{\mathrm{MI(PL>AL)}} = \int_{\mathrm{AL}}^{\infty} P_{\mathrm{PL}}(\mathrm{PL}) \int_{\mathrm{PE=AL}}^{\infty} P_{\mathrm{MI}}\left(\frac{\mathrm{PE}}{\mathrm{PL}}\right) \mathrm{dPE} \times \mathrm{dPL} \\
P_{\mathrm{MI(PL<AL)}} = \int_{0}^{\mathrm{AL}} P_{\mathrm{PL}}(\mathrm{PL}) \int_{\mathrm{PE=PL}}^{\infty} P_{\mathrm{MI}}\left(\frac{\mathrm{PE}}{\mathrm{PL}}\right) \mathrm{dPE} \times \mathrm{dPL} - P_{\mathrm{HMI}}
\end{cases}
\tag{7.2}
$$

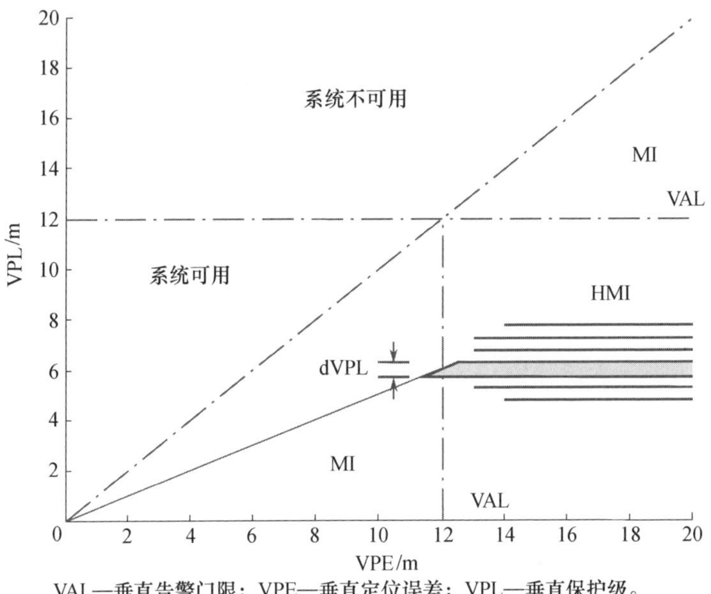

VAL—垂直告警门限；VPE—垂直定位误差；VPL—垂直保护级。

图7.3　获取HMI概率的积分元素(见彩图)

7.3.2.3　导航连续性评估方法

系统连续性性能主要针对定位精度的连续性进行评估,主要考核在规定的时间T_{op}内按照规定的定位精度要求完成其功能的概率。精度的连续性按照下式计算:

$$COA = \frac{\sum_{t=t_{start},inc=T}^{tend-T_{op}}\left\{\prod_{u=t,inc=T}^{t+T_{op}}Bool(t) = True\right\}}{\sum_{t=t_{start},inc=T}^{tend-T_{op}}\{Bool(t) = True\}} \tag{7.3}$$

式中:T为固定的历元时间间隔,通常为1s;如果当前历元x的定位精度满足对应要求,则$Bool(t)=1$,否则$Bool(t)=0$。

测试中,采集了不同时段、不同地点的定位测试数据m组,每组数据对应的历元数分别为$n_1,n_2,n_3,\cdots,n_m$,每组数据计算的连续性概率分别为$P_1,P_2,P_3,\cdots,P_m$。利用m组测试数据统计系统定位精度的连续性[4]为

$$P_{COA} = \frac{n_1 \cdot P_1 + n_2 \cdot P_2 + n_3 \cdot P_3 + \cdots + n_m \cdot P_m}{n_1 + n_2 + n_3 + \cdots + n_m} \tag{7.4}$$

7.3.2.4　导航可用性评估方法

可用性是指系统能为用户提供可用的导航服务的时间百分比。可用性是建立在精度、完好性和连续性基础上的。

根据不同的用户需求层次,有三种可用性。①满足精度需求的可用性:系统能为用户提供满足精度服务需求的时间百分比。②满足完好性需求的可用性:系统能为用户提供满足完好性需求的时间百分比。根据完好性监测的实现方法,又分为自主完好性监测的可用性和系统完好性监测的可用性。③满足服务连续性需求的可用

性：系统能为用户提供满足连续性需求的时间百分比。

系统可用性性能主要针对定位精度的可用性进行评估，主要考核系统能为用户提供满足定位精度需求的时间百分比。精度的可用性按照下式计算：

$$\mathrm{AOA} = \frac{\sum_{t=t_{\mathrm{start,inc}=T}}^{\mathrm{tend}} \{\mathrm{Bool}(t) = \mathrm{True}\}}{1 + \dfrac{t_{\mathrm{end}} - t_{\mathrm{start}}}{T}} \tag{7.5}$$

式中：T 为固定的历元时间间隔，通常为 1s；如果当前历元 x 的定位精度满足对应要求，则 $\mathrm{Bool}(t)=1$，否则 $\mathrm{Bool}(t)=0$。

测试中，采集了不同时段、不同地点的定位测试数据 m 组，每组数据对应的历元数分别为 $n_1,n_2,n_3,\cdots,n_m$，每组数据计算的可用性分别为 $P_1,P_2,P_3,\cdots,P_m$。利用 m 组测试数据统计系统定位精度的可用性为

$$P_{\mathrm{AOA}} = \frac{n_1 \cdot P_1 + n_2 \cdot P_2 + n_3 \cdot P_3 + \cdots + n_m \cdot P_m}{n_1 + n_2 + n_3 + \cdots + n_m} \tag{7.6}$$

7.3.2.5 导航安全性评估

抗干扰能力测试主要是针对用户端抗干扰能力进行。干扰类型包括单频干扰（连续波干扰）、扫频连续波干扰、脉冲信号干扰以及干扰信号与被干扰信号具有相似的功率谱和相关的扩频码的匹配干扰等。抗干扰指标，包括抗压制式干扰指标，抗转发式干扰指标。抗压制式干扰指标包括抗不同方向干扰源的数目、强度；抗转发式干扰指标包括抗欺骗干扰信号相对于卫星导航信号的强度、相对于卫星导航信号的时延等。

测试原理：抗干扰性能测试依托干扰源系统和测试数据综合处理系统完成，在专用干扰测试场内进行，主要测试在特定干扰环境下的综合应用效能。抗干扰测试流程如图 7.4 所示。

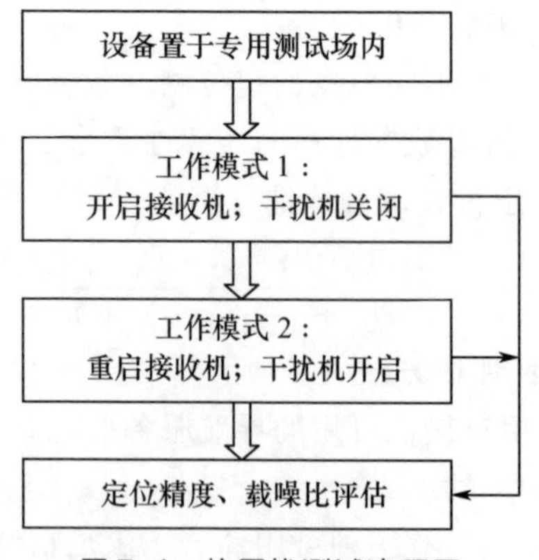

图 7.4　抗干扰测试流程图

在实施测试时，接收机工作模式采用 RNSS 单频定位模式。每种干扰测试模式结束后，关闭接收机，在下一种干扰测试模式开始时，重新启动接收机。

7.3.2.6　短报文通信性能测试方法

短报文通信性能测试是考核不同信息类型、不同电文长度的通信成功率。其测试方法是：在不同波束覆盖区内测试点接收卫星信号，以其他测试终端为收信方，分别发送不同长度的汉字、代码等信息；读取并记录测试终端接收的信息，并与发送电文比对；测试终端在收信成功后自动向中心控制系统发送回执，并在总监控台查对。测试中，需要对各通信类别遍历不同电文长度。

参考文献

[1] 王梦丽，金国平，马志奇. 卫星导航系统民用信号设计需求分析[J]. 无线电工程，2013，43(1)：29-32.

[2] 蔚保国，甘兴利，李隽. 国际卫星导航系统测试试验场发展综述[C]//第一届中国卫星导航学术年会论文集. 北京：中国卫星导航学术年会组委会，2010.

[3] 宋美娟，唐荣龙. 北斗卫星导航系统完好性性能测试方法与分析[J]. 北京测绘，2015(1)：109-113.

[4] 申俊飞，郑冲，何海波，等. 北斗卫星导航系统民用单频定位性能分析[J]. 全球定位系统，2014(2)：30-33.

第 8 章　导航系统设备时延测试

随着卫星导航系统对伪距测量与时间同步精度要求的不断提高，信号在设备中的传输时延已成为卫星导航系统中不可忽略的重要误差因素。设备时延测量的精确度成为影响卫星导航系统星间、星地联合定轨和时间同步的关键要素，也是影响卫星导航系统服务性能的重要因素[1]，因此在卫星导航系统工程建设与应用实践中具有重要意义。卫星导航系统中设备时延测试的主要对象为射频(RF)、中频(IF)、基地信号在有线收发链路中的传输与处理时延，具体有线收发链路可划分为空间段卫星设备中下行信号发射链路、上行信号接收链路，控制段地面站设备中各类上行信号发射链路、下行信号接收链路以及用户段接收机中下行导航信号接收链路的链路时延，每个信号收发链路又由天线、功率放大器、低噪声放大器、变频器、电缆以及终端设备等部分组成。

本章内容主要探讨卫星导航系统中信号收发设备链路时延测量与标校技术，首先阐述设备时延的基本定义及特性分析、国内外研究现状以及卫星导航系统中设备时延测试需求，然后介绍基本时延测试原理与技术体系，最后根据卫星导航系统设备时延测试的特点，分为时延基准测试、时延漂移监测、时延准确性检核三个方面详细开展卫星导航设备时延测试技术研究。

8.1　设备时延定义与特性分析

设备时延的定义和时延特性是时延测量和标校技术研究的基础和前提。设备时延的定义是信号通过某一传输系统或某一网络时，输出信号相对于输入信号的滞后时间间隔。假设系统或网络的时延是非色散的，那么设备传输时延为一常数；然而几乎所有的信号传输系统(真空除外)都是有色散和时变的，其时延不是常数，它随信号频率、环境温度湿度等因素变化，时延与信号频率[1]、环境温度湿度等因素之间的关系称为设备的时延特性。

在信号发射与接收链路中，部分设备内的信号传输过程具备明确的物理起点与物理终点，这类设备的时延值可以进行绝对测量，比如电缆、变频器、功率放大器、低噪声放大器、天线内的信号传输时延，称为绝对时延。而在基带接收终端和基带发射终端内的信号传输与处理中，信号受本地时钟驱动下进行调制生成或者相关解调，信号在此过程中没有明确的物理起点或者没有明确的物理终点，此类时延无法进行绝

对测试,具体时延量值与本地时间参考点的选择息息相关,称为相对时延。按照信号链路传输的方向划分,相对时延又可分为发射时延、接收时延与组合时延。在卫星导航系统中,无论是信号发射链路还是接收链路,都是由多个设备串联组成,其完整链路的传输时延一般都是相对时延,只有其中与时间参考点选择无关的部分设备时延是绝对时延。

8.1.1 设备绝对时延

当信号在传输设备中具有明确的传输物理起点和物理终点时,信号在设备中的传输时延就是绝对时延。设备绝对时延构成模型如图8.1所示。

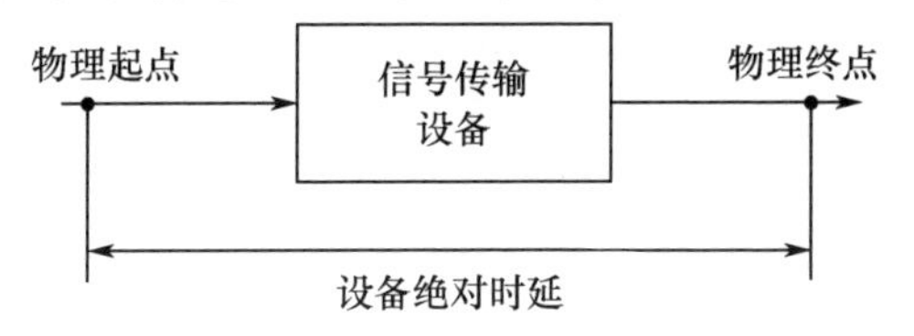

图8.1 设备绝对时延构成模型

设备的绝对时延具有色散性,使得一个系统或网络不能笼统地用一个时延术语或时延特性来描述,需要采用不同的时延术语和时延特性描述同一个网络和系统,如相时延、包络时延、群时延等[1]。其中群时延表征衡量信号能量在设备网络中的传输时延,不仅表示信号在系统中的传输时延大小,也表示信号在系统中的传输失真情况,是通信与电子工程中重要的技术指标,也是最重要、最有用的绝对时延概念。

8.1.1.1 群时延

群时延是指群信号通过线性系统或网络传播时,系统或网络对信号整体产生的时延,表示波群的信号能量从系统的输入端传到输出端所需的时间。数学表达式为

$$\tau_g(\omega) = -\frac{\mathrm{d}\varphi(\omega)}{\mathrm{d}\omega} \tag{8.1}$$

这里“群”的含义有两方面。一方面指传输信号必须是群信号,单色波传输无群时延可言。所谓群信号是由频率彼此非常接近的许多频率分量按一定方式或规律组成的复杂信号或波群。用基带信号对高频载波进行调制产生的各种已调信号(如AM、FM、PM)都是群信号。另一方面是指系统时延必须是波群整体的时延,既不是其中某一个频率分量的相时延,也不是各分量的相时延平均值。

因为群时延代表波群整体的时延,所以它表示波群的信号能量从系统的输入端传到输出端所需的时间,它具有信号整体传播意义上的时延含义。

8.1.1.2 相时延

相时延表示单一频率的信号或群信号中某个单一频率分量通过系统时,系统输出信号相对输入信号的滞后时间,它是系统在该频率上的相位移与理论信号的角频率之比。其数学表达式为

$$\tau_p = \frac{\varphi(\omega_c)}{\omega_c} \tag{8.2}$$

相时延是网络相移的时域表示，而相位值决定振荡瞬时值大小。所以，相时延表示网络输出信号与输入信号的瞬时值之间的相对时间关系。

8.1.1.3 包络时延

如果通过网络的信号不是简单的正弦波，而是经过一群频率（例如，声波或视频）调制后的已调波，那么包络产生的失真称为包络失真，所产生的时延称为包络时延，也就是传输系统输出信号的包络对输入信号的包络的延迟时间。

假设调制频率为 Ω，载波频率为 ω_c，调制后在载频左右形成上边频 $\omega_c+\Omega$ 和下边频 $\omega_c-\Omega$，这三个频率成分通过网络产生的相移分别为 $\varphi(\omega_c)$、$\varphi(\omega_c+\Omega)$、$\varphi(\omega_c-\Omega)$。根据相移与角频率之比的关系，得到包络时延的数学表达式如下：

$$\tau_e = \frac{\varphi(\omega_c+\Omega)-\varphi(\omega_c-\Omega)}{(\omega_c+\Omega)-(\omega_c-\Omega)} = \frac{\varphi(\omega_c+\Omega)-\varphi(\omega_c-\Omega)}{2\Omega} \tag{8.3}$$

即包络时延是包络相移与包络角频率之比。

8.1.1.4 三种绝对时延的关系

相时延、群时延和包络时延的几何关系如图 8.2 所示。

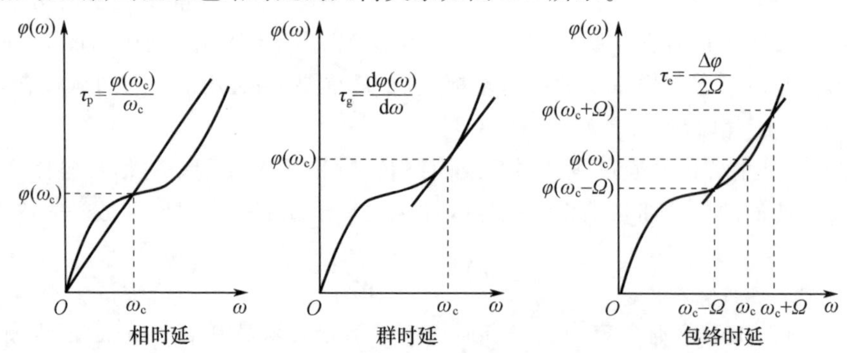

图 8.2 相时延、群时延和包络时延的几何关系

通过以上对三种设备时延概念的描述，以及从图形可以看出：相时延的几何含义是坐标原点与 $\varphi(\omega_c)$ 曲线上对应频率点之间连线的斜率，包络时延的几何含义是 $\varphi(\omega_c)$ 曲线上对应于 $\omega_c\pm\Omega$ 两个频率点的割线之斜率，群时延的几何含义是 $\varphi(\omega_c)$ 曲线在该点频率上的切线之斜率。同时，三种时延概念存在如下相互关系：

（1）在描述一个网络时延特性时，不能仅用一种时延量表示，而应该使用多种时延量，这样才能尽可能完整地表示一个系统网络的时延特性。

（2）针对网络特性的不同情况，应使用不同的时延特性。例如，包络时延主要用于调制系统，为了保证调制系统信号的传输质量，应使网络在信号频谱范围内的包络

时延变化最小,即包络时延最小。

(3) 各种时延特性在一定条件下是相等的。当已调制波占用频带内的相移特性是线性关系时,包络时延在数值上等于群时延。当被测件是理想的线性网络时,其时延特性表现为相时延、群时延与包络时延在数值上相等[2]。

8.1.2　设备相对时延

传统文献中一般将设备时延直观地理解为收发设备中信号传输和处理的物理时延,这说的其实只是设备绝对时延。在卫星导航系统中,时间基准参考点的选择特别重要,选择不同的时间参考点,设备中时延测试值会有所不同,这种时延即为相对时延。相对时延不仅指信号在介质中传输的物理时延,还包含了在特定收发链路硬件、信号处理算法以及时钟参考点等条件下的等效设备时延。

设备相对时延按信号链路传输方向分为发射时延、接收时延、组合时延。通常将发射时延或者接收时延称为单向时延,将发射时延与接收时延的和称为组合时延。发射时延测量起点为发射端的时间基准点,终点为发射天线的相位中心;接收时延与发射时延是一个相反的过程,测量起点为接收天线的相位中心,终点为接收端的时间基准点;组合时延是将发射设备和接收设备闭环,测得回路收发设备的总时延[3]。

8.1.2.1　设备发射时延

卫星导航信号发射设备的核心功能是把本地保持的时间信息通过扩频信号发送出去。设备发射时延的构成模型可以用图 8.3 说明。图中:τ_{s0}为信号发射基准点相对本地时间参考的时延,通常包括滤波、放大、变频、信号传输波导与电缆的时延,以及数字信号处理时延等;τ_{s1}为输出秒脉冲基准点相对本地时间参考的时延;τ_{s2}为输入秒脉冲基准点相对本地时间参考的时延。当发射设备同步于外部输入时标信号时,发射设备时延应归算到输入秒脉冲基准点,即 $\tau_{s0}-\tau_{s2}$;当发射设备不具备外部输入时标信号而具备输出秒脉冲信号时,发射设备时延归算到输出秒脉冲基准点,即 $\tau_{s0}-\tau_{s1}$。

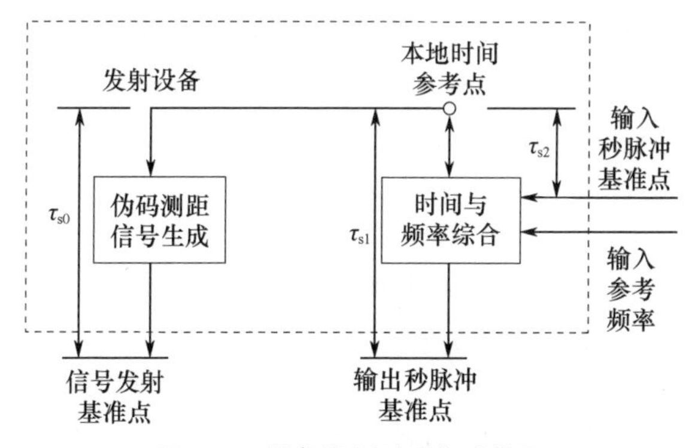

图 8.3　设备发射时延构成模型

以伪距测量手段来度量设备发射时延,设备发射时延定义为信号离开发射天线

相位中心时刻的本地钟面时与所发射信号伪码相位所表征时刻值之差。若以 A 站标记发射端，设备发射时延可以表示为

$$\tau_A^e \equiv T_A(t_A^e) - T_A^c(t_A^e) \tag{8.4}$$

式中：$T_A^c(t_A^e)$ 为 t_A^e 时刻 A 站发射天线相位中心发射信号伪码相位所携带的表征时刻值；$T_A(t_A^e)$ 为 t_A^e 时刻 A 站本地钟面时。

由以上定义看出，这里的"设备发射时延"并不一定是码发生器到发射天线相位中心的信号传播时间，而是取决于本地时间参考点的选择。如果将发射站的时间参考点定义在码发生器输出端口，那么是码发生器到发射天线相位中心的信号传播时间。实际上，选择设备内部的某一点作为时间参考点很不方便。由于码发生器输出端口在设备内部，一般不具备可测试性，因此若将它定义为时间参考点，尽管能使发射时延具有较明确的物理含义，但从可测试性上讲并非一个好的选择。原则上讲，时间参考点是可以任意选定的。如果定义发射设备的本地时间参考点为 1PPS 的输出端口，那么设备就可以具有很好的测试性。因此在广义上 t_A^e 可以是正值，也可以是负值，并不一定是真正意义上的物理时延。从这种意义上讲，也可以将其称为设备发射零值[3]。

8.1.2.2 设备接收时延

卫星导航测距接收设备的核心功能是从接收到的扩频信号中恢复出时间信息并与本地保持的系统时间进行比对，二者之差即为接收机获得的伪码测距值。设备接收时延的构成模型可以用图 8.4 说明。图中：τ_{r0} 为信号接收及预处理部分时延，通常包括滤波、放大、变频、信号传输波导与电缆的时延，以及数字信号处理时延等；τ_{r1} 为输出秒脉冲基准点相对本地时间参考的时延；τ_{r2} 为输入秒脉冲基准点相对本地时间参考的时延；τ_{r3} 为参考伪码相对本地时间参考的时延；τ_{r4} 为伪码测距值。对接收设备而言，信号接收基准点与本地时间参考点之间的时延可以表示为 $\tau_{r0} - \tau_{r3} + \tau_{r4}$。当接收设备同步于外部输入时标信号时，接收设备时延应归算到输入秒脉冲基准点，即 $\tau_{r0} - \tau_{r3} + \tau_{r4} + \tau_{r2}$；当接收设备不具备外部输入时标信号而具备输出秒脉冲信号时，接收设备时延归算到输出秒脉冲基准点，即 $\tau_{r0} - \tau_{r3} + \tau_{r4} - \tau_{r1}$。

仍以伪距测量手段来度量设备接收时延，设备接收时延定义为接收机标称的信号接收时刻(本地钟面时)与信号实际到达接收天线相位中心时的本地钟面时之差。若以 B 站标记接收端，设备接收时延可表示为

$$\tau_B^r \equiv T_B^r - T_B(t_B^r) \tag{8.5}$$

式中：$T_B(t_B^r)$ 为信号到达接收天线相位中心时的 B 站钟面时；T_B^r 为 B 站标称的信号本地钟面接收时刻。与设备发射时延相类似，这里的"设备接收时延"也不一定是接收天线相位中心到码采样时钟之间的信号传播时间，它同样取决于接收机本地时间参考点的选择。如果接收设备的时间参考点不是定义在码采样时钟与接收信号的作用点上，那么其值也不是真正意义上的时延，也是可"正"可"负"。因而广义上也可以将其称为设备接收零值[4]。

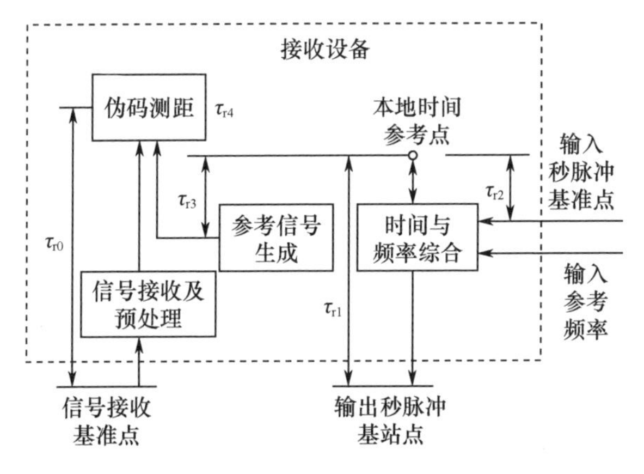

图8.4 设备接收时延构成模型

8.1.2.3 设备组合时延

在卫星导航信号收发过程中，扩频信号从发射机产生到接收机测距完成的传输时间可分为三部分：发射设备单向时延、接收设备单向时延和测距信号空间传输时延。其中发射设备单向时延与接收设备单向时延之和称为设备组合时延。在利用卫星转发器转发信号进行的测距系统中设备组合时延还应包含卫星转发器时延。卫星导航系统对于设备时延的实际应用都使用组合时延，卫星轨道确定需要卫星发射与监测接收机的组合时延，星地钟差测定需要卫星发射与地面接收、地面发射与卫星接收的组合时延，站间时间比对需要 A 站发射与 B 站接收、B 站发射与 A 站接收的组合时延，接收机定位、授时需要卫星发射与接收机接收的组合时延等。因此，卫星导航系统中设备时延测试实际是针对信号有线传输链路中的各类组合时延进行测量和标定。

下式为测距接收机伪距观测量：

$$\rho = (T_R + t_R) - (T_E + t_E) = \tau^e + \tau^{e,r} + \tau^r + \Delta t \tag{8.6}$$

式中：T_R 为接收端接收信号的系统时刻；T_E 为发射端发射信号的系统时刻；t_R 为接收端本地钟与系统钟的钟差（超前为正，滞后为负）；t_E 为发射端本地钟与系统钟的钟差；$T_R + t_R$ 为接收端接收到信号的本地时刻；$T_E + t_E$ 为发射端发射信号的本地时刻；τ^e 为发射设备单向时延；τ^r 为接收设备单向时延；$\tau^{e,r}$ 为测距信号空间传输时延；Δt 为接收设备与发射设备钟差。

则收发设备组合时延表示为

$$\tau = \tau^e + \tau^r = \rho - \tau^{e,r} - \Delta t \tag{8.7}$$

式中：τ 为设备组合时延；ρ 为测距接收机伪距测量值。

8.1.3 设备时延特性影响因素

卫星导航设备在工作过程中，一些部件如电路传输线、模拟滤波器等对工作环境的变化较为敏感,噪声或温度环境的变化将会对这些部件传输时延特性造成一定影响,设备自身特性不理想也会引起信号的失真,从而影响设备的传输时延特性[1]。影响设备时延特性的因素有外部环境温度、湿度、器件老化、阻抗失配、线缆多径等,其中温度的变化对设备时延的影响最大。

8.1.3.1 温度的影响

温度变化是短期内卫星导航设备时延不稳定的主要因素。衡量环境温度对设备时延的影响可用时延温度系数 k 描述,时延温度系数描述的是时延随温度变化而变化的速率,如下所示:

$$k = \frac{1}{n-1}\sum_{i=1}^{n-1}\left(\frac{\rho_{i+1}-\rho_i}{T_{i+1}-T_i}\right) \tag{8.8}$$

式中:n 为温度点数;ρ 为所测系统的时延测量数据;T 为温度。

为了解温度对设备时延的影响,对设备进行高低温变化实验,温度范围取 -40℃ ~ +60℃,温度变化间隔为 20℃,每个温度下保持 1h,设备时延采样设置为 1s,则时延随温度变化如图 8.5 所示。

美国国家标准与技术研究院的研究者对地面站的信号设备收发时延进行了测量,尤其是室外设备,结果显示温度系数一般为 -85ps/℃,测量的结果显示,接收时延温度系数为(-150 ± 10)ps/℃,发射时延温度系数为(-50 ± 10)ps/℃,系统温度系数为(-100 ± 10)ps/℃[5]。

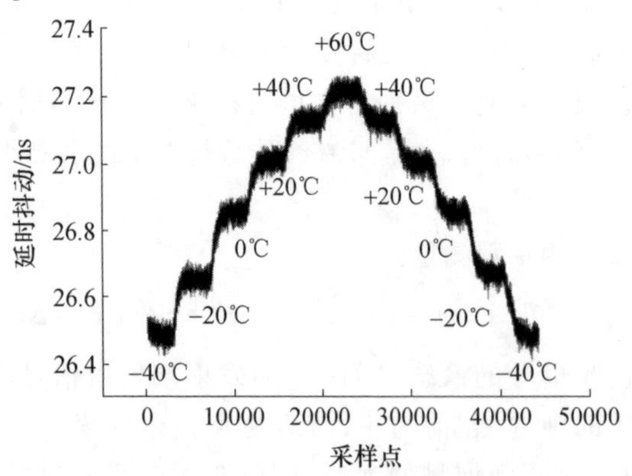

图 8.5 设备时延随温度变化关系图

8.1.3.2 器件老化的影响

器件老化是卫星导航设备时延不稳定的主要因素。为了解器件老化对设备时延的影响,下面分别对相同测试环境实验数据进行整理和分析。

1) 器件选择对设备时延影响实验

为验证不同器件对设备时延老化的影响,对新生产的两件卫星导航设备进行比较实验,实验结果如图 8.6 所示。

从图 8.6 中可以看出,随着时间的增加,设备时延震荡变大并趋于稳定,不同设

备老化引起的时延变化趋势基本相同。由于不同产品选用的器件不同,设备时延变化大小也不同。因此,通过控制器件选取可以减小设备老化对时延的影响。从单设备时延结果分析,通过器件预先老化可以控制设备时延的变化。

2）器件老化对设备时延影响实验

为验证器件老化对设备时延的影响,对国内某单位研制生产的同批次产品(该批次设备已投入使用两年多时间)进行老化实验,实验结果如图 8.7 所示。从图 8.7 中可以看出,同批次产品表现出了基本相同的变化规律。与图 8.6 实验结果比较,时延呈震荡下降的趋势,且时延变化幅度比较小。经分析,由于该设备为使用两年多的老设备,实验数据应该是设备已进入震荡平稳阶段的时延[6]。

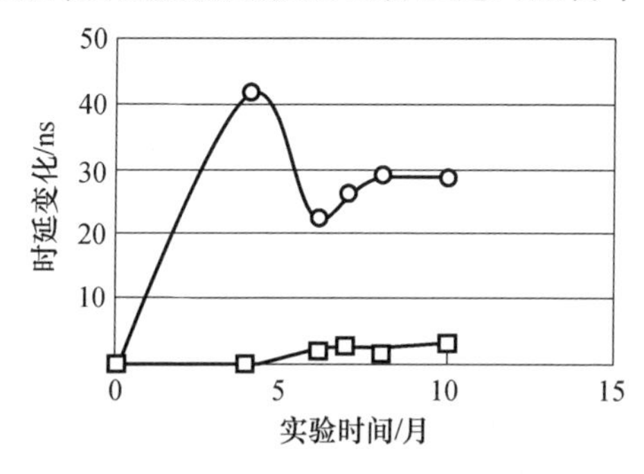

图 8.6 不同器件对时延的影响

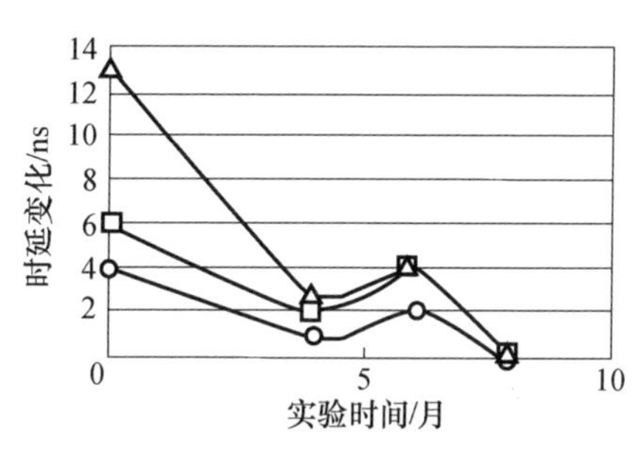

图 8.7 器件老化对设备时延的影响

8.1.3.3 阻抗失配的影响

信号收发链路射频段采用的信号传输线为射频电缆线,当其存在弯折或是其他导致阻抗不匹配的情况时,其驻波比很难为零。当电缆的驻波比不为零时,信号在电缆内部存在多径反射,该多径反射将导致传输信号的群时延变化。其近似公式为

$$\Delta\tau_g = \frac{L}{c_a} \times \frac{\text{VSWR}-1}{\text{VSWR}+1} \times \cos\left(2\pi f_{\text{carry}} \frac{L}{c_a}\right) \tag{8.9}$$

式中:L 为电缆线的长度;c_a 为电缆线中的光速;VSWR 是驻波比(需要从 dB 换算到绝对量),可得到传输电缆线驻波比不为零时导致的反射多径对传输信号群时延的影响,如图 8.8 所示。可以看出,1dB 的驻波比能导致 0.16ns 的群时延零值变化。

8.1.3.4 其他设备时延影响因素

设备传输特性不理想而导致的信号失真也会对设备时延测量造成影响,主要体现为信号传输设备中的模拟器件非线性引起的信号失真,通过实测实验分析了信号失真所引起的时延测量的变化,结果显示最大可能引起 8ns 的测量误差[5]。

在卫星导航设备时延测试和检测过程中,还发现外部信号多径、干扰等都对设备时延测量结果有影响。实际上外部信号多径、干扰确实带来了卫星导航伪距测量值的变化,导致伪距测量值的不准确,但这只是测距误差的影响因素,并不是影响设备时延的因素,因此本章对此不进行详细分析。

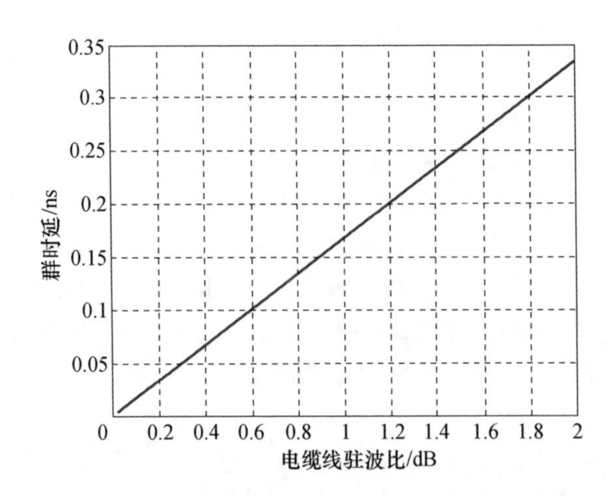

图 8.8　传输电缆线反射多径对信号群时延的影响

8.2　卫星导航系统中设备时延测试需求

卫星导航系统为用户提供高精度连续实时的定位、导航与授时(PNT)服务,决定PNT 服务精度的卫星段—控制段核心指标有系统卫星轨道确定、卫星钟差测定以及地面站间时间同步性能等,而卫星导航设备时延准确性则是影响卫星轨道确定、卫星钟差测定与地面站间时间同步性能的关键因素;另外,在用户段接收机进行单星授时、双频电离层校正过程中接收机的接收时延、通道时延差对最终计算也起了重要作用。

在卫星轨道确定处理过程中要同时使用多个地点监测接收机的伪距测量值,伪距测量值是包含卫星与监测接收机间钟差、卫星发射时延、监测接收机接收时延、电离层和对流层延迟等误差项的距离量,相应都扣除后才是监测接收机与卫星间的真实距离。在卫星钟差测定过程中则要使用地面站发射和卫星接收、卫星发射和地面站接收的组合时延[7]。在站间时间同步处理过程中,地面站 B 的伪距观测量是接收到地面站 A 发射的测距信号的伪噪声测距码相对于本地站 B 产生的伪噪声测距码的时间延迟,测距值中包含了站间钟差、地面站发射时延及接收时延等主要不确定量。在用户段接收机进行单星授时过程中,需准确扣除伪距测量值中本地接收时延;在用户段接收机进行双频电离层校正过程中,需准确扣除接收通道对不同频点接收时延差的影响。可见,卫星导航系统的时延测试技术是直接服务于卫星轨道确定、卫星钟差测定与站间时间同步三大导航核心业务以及接收机精确计算的关键技术,设备时延测量准确性是关系到卫星导航系统服务精度的关键要素。

随着卫星导航系统中星间链路的建设,对时延标定与测量技术产生了更高的需求,包括时延无线标定、星间链路设备时延标定与测量等,系统时间同步精度指标也

在不断提高，设备时延的高精度标定和测量技术成为制约系统性能的一项关键技术。

综合而言，卫星导航系统中需精确测定的设备时延主要分为以下四类：①卫星轨道测定处理过程中设备组合时延；②卫星钟差测定处理过程中设备组合时延；③站间时间同步处理过程中设备组合时延；④单星授时处理过程中设备接收时延。

8.2.1　卫星轨道测定中设备时延测试需求

卫星导航系统通过导航电文向用户播发卫星位置信息，该位置信息是根据地面控制段多个监测接收机测距推算得到的，监测接收机接收某一颗卫星信号的伪距测量值为

$$\hat{\rho}^j(t) = \sqrt{[X^j(t) - x(t)]^2 + [Y^j(t) - y(t)]^2 + [Z^j(t) - z(t)]^2} + c(\mathrm{d}t^j - \mathrm{d}T) + d^j_{\text{ion}} + d^j_{\text{trop}} \tag{8.10}$$

式中：$X^j(t)$、$Y^j(t)$、$Z^j(t)$、$\mathrm{d}t^j$ 分别为第 j 个地面监测接收机在时元 t 时刻的三维位置坐标、与系统时钟的钟差，已由地面控制段准确测定，即为已知数；$x(t)$、$y(t)$、$z(t)$、$\mathrm{d}T$ 分别为被观察卫星在 t 时刻的三维位置坐标、与系统时钟的钟差，这是待求解的未知数；d^j_{ion} 为第 j 个地面监测接收机对待测卫星的伪距观测量中电离层效应引起的距离偏差；d^j_{trop} 为第 j 个地面监测接收机对待测卫星的伪距观测量中对流层引起的距离偏差。该测距值中同样包括卫星发射设备时延和监测接收机接收时延，即需要卫星发射与监测接收机接收的组合时延已知。

地面控制段利用监测接收机观测量解算卫星位置时，至少需要 4 台不同地点的监测接收机同时观测 1 颗卫星。在式(8.10)中：$\mathrm{d}t^j$ 为归算到监测接收机接收天线相位中心的本地钟与系统时钟基准点间的时差，其中包含了监测接收机本地钟基准与系统钟基准间的物理钟差和接收机接收设备时延两部分；$\mathrm{d}T$ 为卫星归算到发射天线相位中心的卫星钟与系统时钟基准点间的时差，其中包含了卫星钟基准与系统钟基准间的物理钟差和卫星发射设备时延两部分[7]。为此有

$$\mathrm{d}t^j - \mathrm{d}T = (\mathrm{d}t^j_{\text{真}} + \tau^j_{\mathrm{u}}) - (\mathrm{d}T_{\text{真}} - \tau_{\mathrm{s}}) = (\mathrm{d}t^j_{\text{真}} - \mathrm{d}T_{\text{真}}) + (\tau^j_{\mathrm{u}} + \tau_{\mathrm{s}}) \tag{8.11}$$

式中：$\mathrm{d}t^j_{\text{真}}$ 为第 j 个监测本地钟与系统时钟的真实钟差；$\mathrm{d}T_{\text{真}}$ 为卫星钟与系统时钟的真实钟差；τ^j_{u} 为第 j 个监测接收机接收设备时延；τ_{s} 为卫星发射设备时延。

根据以上分析可知，卫星轨道解算中需要知道卫星发射时延和监测接收机接收时延之和，即需要卫星发射和监测接收机接收的组合时延已知。

8.2.2　卫星钟差测定中设备时延测试需求

卫星钟差测定需要地面站发射上行伪码测距信号，卫星接收解算；同时卫星发射下行伪码测距信号，地面站接收解算；因此卫星钟差测定中的设备时延分为上行时延与下行时延。

8.2.2.1 卫星钟差测定设备上行时延

上行时延是指地面站向卫星发射伪码测距信号，卫星测距接收机接收信号，完成伪码测距时产生的组合时延。

卫星测距接收机的伪距观测量公式为

$$\rho_{i,A} = (T_R^i + t_R^i) - (T_E^A + t_E^A) = \tau_A^e + \tau^{i,A} + \tau_i^r + \Delta t^{i,A} \tag{8.12}$$

由式(8.12)得上行组合时延为

$$\Delta\tau^{i,A} = \tau_A^e + \tau_i^r = \rho_{i,A} - \tau^{i,A} - \Delta t^{i,A} \tag{8.13}$$

式中：$\Delta\tau^{i,A}$为星地时间同步上行组合时延；$\rho_{i,A}$为卫星 i 测距接收伪距测量值；τ_A^e 为地面站发射设备单向时延；$\tau^{i,A}$为地面站至卫星测距信号空间传输时延；τ_i^r 为卫星 i 测距接收机单向时延；$\Delta t^{i,A}$为卫星测距接收机与地面站发射设备钟差。

根据以上分析可知，卫星钟差测定上行时延是指地面站发射设备单向时延与卫星测距接收站接收设备单向时延之和。

8.2.2.2 卫星钟差测定设备下行时延

下行时延是指地面站接收卫星发射的伪码测距信号，完成伪码测距时产生的组合时延。

地面站监测接收机伪距观测量公式为

$$\rho_{A,i} = (T_R^A + t_R^A) - (T_E^i + t_E^i) = \tau_i^e + \tau^{A,i} + \tau_A^r + \Delta t^{A,i} \tag{8.14}$$

由式(8.14)得下行组合时延为

$$\Delta t^{A,i} = \tau_i^e + \tau_A^r = \rho_{A,i} - \tau^{A,i} - \Delta t^{A,i} \tag{8.15}$$

式中：$\Delta t^{A,i}$为星地时间同步下行组合时延；$\rho_{A,i}$为地面站 A 伪距测量值；τ_i^e 卫星 i 发射设备单向时延；$\tau^{A,i}$卫星至地面站测距信号空间传输时延；τ_A^r 为地面站 A 接收设备单向时延；$\Delta t^{A,i}$为地面站 A 与卫星发射设备钟差。

根据以上分析可知，卫星钟差测定设备下行时延是指卫星发射设备单向时延与地面接收站接收设备单向时延之和。

8.2.3 站间时间同步中设备时延测试需求

站间时间同步中时延测试是指地面控制段地面站之间利用 GEO 卫星透明转发器进行站间时间同步时产生的组合时延。

站间时间同步地面站 B 发射测距信号，地面站 A 接收测距信号的伪距观测量公式为

$$\rho_{A,B} = (T_R^A + t_R^A) - (T_E^B + t_E^B) = \tau_B^e + \tau_s^{A,B} + \tau_A^r + \tau^s + \Delta t^{B,A} \tag{8.16}$$

由式(8.16)得站间时间同步地面站 B 至地面站 A 组合时延为

$$\Delta\tau^{A,B} = \tau_B^e + \tau_A^r + \tau^s = \rho_{A,B} - \tau^{A,B} - \Delta t^{B,A} \tag{8.17}$$

同理，站间时间同步地面站 A 发射测距信号，地面站 B 接收测距信号的伪距观

测量公式为

$$\rho_{B,A}=\tau_A^e+\tau_s^{B,A}+\tau_B^r+\tau^s+\Delta t^{A,B} \tag{8.18}$$

根据式(8.16)与式(8.18)求两地面站钟差为

$$\Delta t^{B,A}-\Delta t^{A,B}=(\rho_{A,B}-\rho_{B,A})-(\tau_B^e+\tau_A^r)+(\tau_A^e+\tau_B^r)-(\tau_s^{A,B}-\tau_s^{B,A})$$

$$\begin{aligned}t^{A,B}&=\frac{1}{2}(\Delta t^{B,A}-\Delta t^{A,B})=\\&\frac{1}{2}[(\rho_{A,B}-\rho_{B,A})-(\tau_B^e+\tau_A^r)+(\tau_A^e+\tau_B^r)-(\tau_s^{A,B}-\tau_s^{B,A})]=\\&\frac{1}{2}[(\rho_{A,B}-\rho_{B,A})-\tau^{A,B}+\tau^{B,A}-(\tau_s^{A,B}-\tau_s^{B,A})]\end{aligned} \tag{8.19}$$

式中：$t^{A,B}$为地面站 A 与地面站 B 钟差；τ_A^e 为发射地面站 A 发射设备单向时延；τ_B^r 为接收地面站 B 接收设备单向时延；$\tau^{B,A}=\tau_A^e+\tau_B^r$ 为发射地面站 A 与接收地面站 B 组合时延；τ_B^e 为发射地面站 B 发射设备单向时延；τ_A^r 为接收地面站 A 接收设备单向时延；$\tau^{A,B}=\tau_B^e+\tau_A^r$ 为发射地面站 B 与接收地面站 A 组合时延；$\tau_s^{A,B}$、$\tau_s^{B,A}$ 为信号在地面站 A、B 之间空间传输时延。

通过式(8.17)可以看出，由于站间时间同步卫星转发器时延在计算中予以消除，因此对于进行站间时间同步业务中所涉及的组合时延为发射地面站发射设备与接收地面站接收设备的组合时延 $\tau^{A,B}$、$\tau^{B,A}$。

8.3　设备时延测试技术研究现状

设备时延测量技术起源于 20 世纪 30 年代，美国的 H. Nyquist 和 S. Brand 等人最先发表了关于时延测量的论文，发展至今已有七十多年的历史。设备时延测量技术所针对的测量对象也由原先简单的导线、传输线缆发展到今天的设备器件、无线信道乃至整个系统[2]。在卫星导航领域，国内外专家对设备精密时延的测量技术也进行了大量研究，研究内容包括与时延测量有关的信号产生、信号传输、信号接收处理各个环节，研究范围涵盖了器件级、设备级和系统级，总结出相应的测量方法和标定方法，进行了长时间的试验验证，并形成一系列的时延测量与标定产品。

8.3.1　通用设备时延测量技术的研究现状

随着电子技术的发展和工程实践对测试精度的要求，世界上主要的仪器公司如 Agilent 公司、Anritsu 公司等都相继推出了各自的群时延测量仪器和解决方案，当前国内外绝大多数群时延测量方法，也都是采用这些公司生产的仪器和提出的测量方案进行的。

目前对于群时延测量方法的研究，可以分为两类。第一类是基于测量仪器的静态群时延测量方法，主要是采用矢量网络分析仪进行测量，根据群时延的定义，通过测量器件的相频响应函数，微分得到群时延。但是该种方法存在频率分辨率与测量精度不可兼得的矛盾，即使可以通过不同的数据拟合方法对测量数据进行处理，也不难发现该类群时延测量方法的精度，很大程度依赖于测量仪器的精度。第二类是基于信号调制的动态群时延测量方法，该类方法是为了解决变频器件的群时延测量而提出的，通过测量调制信号的包络时延或信号时延，来获得群时延特性[2]。

卫星导航收发设备时延精确测量是进行伪距测量精度标校的前提，在实际测量中需要根据被测信道的时延特性采用合适的测量方法。目前国内外已经提出了多种时延测量方法，可以归纳为静态法和动态法两大类。

静态法是根据时延定义，通过搭建静态连接的测量测试系统，使用仪器对相关物理量的测试间接得到时延特性的精确测量方法，因此也称为间接测量法。使用的仪器如矢量网络分析仪（VNA）、示波器、相位计、时间间隔测量仪等。高速存储示波器具有高带宽、高采样率、高存储深度、通道一致性好等特点，非常适合时延测量，能够测量时频信号与射频信号之间的时延测量，但需要人工调节示波器的时间轴，通过人眼估计射频信号的起始位置，可能会引入几百皮秒（10^{-12}s）到几纳秒（10^{-9}s）的误差；矢量网络分析仪是通过测量被测对象的相位-频率特性曲线，计算出被测对象的群时延特性，只能工作在单载波状态，不能在调制状态下测量设备时延；时间间隔计数器是专用的时间间隔测量仪器，主要是用来测量两个相同的脉冲信号之间的时间间隔[2]。这类方法中应用最为广泛的是基于矢量网络分析仪的方法，在时延静态测量技术的研究方面，Agilent、Anritsu 等精密测量仪器公司引领着先进测量技术的潮流。

动态法是根据信号时延估计原理，直接对被测系统的整体时延特性进行估计的方法。载波在一段频率上进行扫频，或将载波调制后通过被测器件，在输出端对信号进行解调后与参考信号，可计算出某一频点的时延估计值，例如正弦调制法、扩频调制法等。

8.3.2 卫星导航专用设备时延测量技术的研究现状

卫星导航系统中大多链路时延的绝对量测量缺乏直接测量手段，国内外研究者大都采用高速示波器采集携带设备时延信息的时标信号与 1PPS 信号进行比对的方法。该方法的标定精度取决于示波器采样频率和比对信号处理技术的处理精度，国外相关文献报道的试验中，使用 GPS C/A 码进行有线标定的精度约为 1.1ns。

8.3.2.1 设备时延有线标定技术的研究现状

时间同步设备时延的在线测量和校正技术目前主要有两类技术体制：基准差分法和模拟转发器法。

1）基准差分法

J. A. Davis、S. L. Shemar、S. R. Jefferts、F. G. Ascarrunz 及 Miho Fujieda 等国外研

究者都在自己的研究报告中描述了基准差分法时间同步设备时延在线测量和校正技术的实现方法性能。基准差分法使用时延值以绝对标定的时间同步设备作为基准设备与被测发射设备组成测量环路,通过对环路时延进行测量,可获得被测设备的时延值,并依据校正算法对其进行校正。通过基准差分法时间同步设备时延在线测量和校正技术的运用,美国海军天文台(USNO)、日本信息与通信技术研究所等时间同步站均获得了1ns左右的时间同步精度。

国内外研究者大都采用高速示波器采集携带设备时延信息的时标信号与1PPS信号进行比对的方法进行设备时延有线精确标定。J. F. Plumb 和 G. Petit 等人讨论了对GPS接收机的时延有线绝对标校,在信号模拟器和接收机之间实际距离已知的前提下,利用GPS信号模拟器可对接收机设备时延进行绝对标校。该方法的标定精度取决于示波器采样频率和比对信号处理技术的处理精度,J. F. Plumb 等人在其进行的试验中使用GPS C/A码进行有线标定的精度约为1.1ns。

对于接收机天线、馈源等小口径天线,大多在微波暗室内进行时延的测量和标定。对于大口径天线,国外采取的模拟转发器构建冗余无线回路的方法将在下面进行论述。

2)模拟转发器法

模拟转发器法时间同步设备时延在线测量和校正技术是国外研究者G. de Jong提出的一种设备时延测量技术。该方法通过在时间同步地面站增加模拟转发器和相应测量设备,在地面站增加了额外的测量环路,多环路测量值的联合解算获得时间同步设备时延值。该方法在荷兰的VSL、法国的BNM及中国台湾的TL等时间同步站均有应用,实验结果显示通过该技术的使用能获得1ns左右的时间同步精度。德国TimeTech公司有系列的产品,已经比较成熟。

8.3.2.2 设备时延无线标定技术的研究现状

目前,国外的时间同步系统时延的无线精确标定技术主要是一种基于移动式基准站(portable station)的技术。该技术利用可移动式的基准时间同步站作为标准测量设备,分别与被测的时间同步地面站组成同源零基线的无线双向时间传递链路,传递结果扣除掉移动式基准站的设备时延后即为被测的时间同步地面站设备时延,此种标定方法能获得包含天线的全链路设备时延值。

美国海军天文台(USNO)设计实现了车载的移动式基准站。USNO的研究者使用该移动式基准站对多个双向时间同步地面站进行了长达4.9年的试验,最终获得0.38ns的测试精度。

奥地利格拉茨技术大学于20世纪90年代开发了格拉茨技术大学移动式基准站,如图8.9所示。利用TUG移动式基准站,欧洲于2004年进行了卫星双向时间传递精度测试实验,获得了0.9ns的测试精度。

在GPS中,精密定轨与钟差解算采用统一同步解算的体制,利用有偏估计钟差的方法自洽地解决绝对设备时延的问题,即卫星钟差包括了所有除信道以外的硬件

(a) 德国物理技术研究院　(b) 法国巴黎天文台　(c) 英国国家物理研究室　(d) 荷兰国家计量院

图 8.9　车载移动式基准站及试验

延迟。轨道解算结果中，卫星钟差中还吸收了卫星频率间偏差对电离层延时改正造成的误差；接收机钟差则吸收了接收机绝对设备零值以及接收机频率间偏差对电离层延时改正的影响。对 GPS 用户而言，卫星的设备时延问题，就转化为卫星频率间偏差问题，包括 P2、P1 码延迟偏差和 C/A-P1 码偏差，或者群时间延迟（TGD）与 C/A、P1 码偏差，二者是等价的。

8.3.2.3　卫星设备在轨时延标定的研究现状

在 GPS 中，精密定轨与钟差解算采用统一同步解算的体制。卫星信号在基准信道中的延迟定义为 TGD，它是卫星频率间偏差与 $1/(1-\gamma)$ 的乘积，γ 为 $(f_{L1}/f_{L2})^2$。因为 GPS 定轨数据处理使用的观测量一般为无电离层组合的多频观测量，在轨道解算结果中，卫星钟差中吸收了卫星频率间偏差对电离层延迟改正造成的误差；接收机钟差则吸收了接收机绝对设备时延以及接收机频率间偏差对电离层延迟改正的影响。对用户而言，卫星的设备时延问题，转化为卫星频率间偏差问题。GPS 基于双频数据的信息处理体制与双频用户机主用模式对设备时延的要求和使用方式是一致的，能够保证用户段设备时延使用的自洽性，TGD 仅供单频用户使用。TGD 在 JPL 数据处理中心单独解算，GPS 卫星 P 码延迟偏差的表现形式为一个常量偏差加随机变化量，常量值不超过 15.0ns，可正可负，其随机变化的范围一般不超过 3.0ns（2σ）。CODE 解算的 GPS 卫星 P 码延迟偏差结果的 RMS 在百分之一纳秒量级。

在 GPS 中，P1 码只能是很少高端双频接收机才能跟踪的，对于某些非授权的 GPS 用户而言，只能观测到 C/A、P2 观测数据，这样对于高精度的 GPS 用户而言，需要在获取 GPS 卫星广播的卫星 TGD 的情况下，通过求解 C/A-P1 的码偏差，间接求出 C/A、P2 的码偏差。C/A、P1 码偏差并没有在广播星历中播出，IGS 数据处理中心对其进行独立解算，从公报的结果来看，其偏差幅度可超过 2ns，解算结果的 RMS 在百分之一纳秒级（见 CODE2000 年后提供的数据产品）。

在卫星频率间偏差已知的情况下，利用双频观测数据改正电离层延迟时，接收设备绝对时延和频率间偏差造成的误差能被接收机钟差吸收。但是在采用星间观测量

组差定轨时，接收机 IFB 会对利用双频数据修正电离层延迟值造成明显的系统误差。因此，IFB 也需要独立解算，目前，CODE 解算的 IGS 站接收机 IFB 大小可达数十纳秒(可正可负)，解算结果的 RMS 在百分之一纳秒到十分之一纳秒量级。

GLONASS 中，卫星设备时延确定精度为 8ns(普通卫星)和 2ns(GLONASS-M 卫星)，这是 GLONASS-M 卫星广播星历精度高于普通 GLONASS 卫星 2 倍以上的重要原因之一。

8.4　设备时延测试基本方法与技术体系

8.4.1　设备时延测试基本方法

设备时延测试的基本原理有基于传输相位-频率特性、基于时域波形到达时间差以及基于信号调制码相位估计三种。基于上述三种测试原理，具体测试方法有采用通用测试仪器和专用收发测距设备两类，其中通用测试仪器主要有矢量网络分析仪、宽带高速示波器、矢量信号分析仪、时间间隔计数器等。矢量网络分析仪是基于传输相位-频率特性测试原理，时间间隔计数器是基于时域波形到达时间差测试原理，专用收发测距设备是基于信号调制码相位估计测试原理，宽带高速示波器则可基于时域波形到达时间差、信号调制码相位估计两种不同原理使用不同的测试方法。

8.4.1.1　矢量网络分析仪法

矢量网络分析仪测量被测件的相位-频率特性曲线，通过对相频响应曲线按式(8.1)计算出被测件的群时延特性，其原理如图 8.10 所示，其中：线性相移分量被变换成平均时延(average delay)，代表信号通过被测件的平均渡越时间的度量；高次相移分量被变换成群时延波动(GDR)，代表对平均时延的偏离。测量扫线描述的是每个频率经过被测件所花的时间[9]。

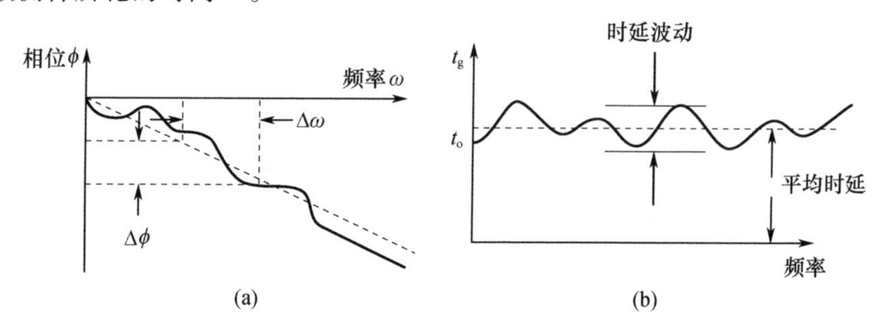

图 8.10　矢量网络分析仪测量时延原理图

群时延为

$$\tau = -\frac{d\phi}{d\omega} = -\frac{1}{360} \times \frac{d\theta}{df} \quad (s)$$

式中：ϕ 的单位是 rad；ω 的单位是 rad/s；θ 的单位是°；f 的单位是 Hz。

群时延测量期间,网络仪对两个紧邻频率上的相位进行测量,然后计算相位斜率。两个相位测量点之间的频率间隔(频率增量)称为孔径,见图 8.11。

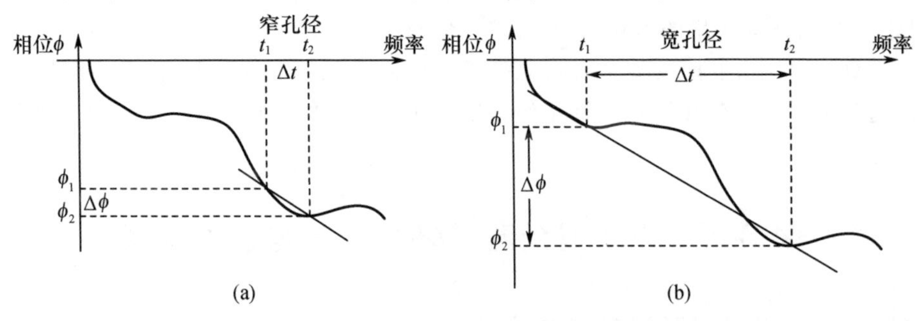

图 8.11 群时延测量孔径

当被测件的传输相位随频率变化而呈现非理想线性时,改变孔径可能导致不同的群时延值。由于在确定群时延时,网络仪是计算相位波动的斜率,因此可以更精确表示相位失真的情况。

矢量网络分析仪测量时延特性分为线性器件时延测量和变频器件时延测量两种模式。

1）线性器件时延测量

对于如电缆这种线性器件来说,工作频带内的信号通过器件时的相频特性往往是线性变化的。也就是说信号通过理想的线性器件的传输时延 τ 是一个常数。图 8.12 是一个同轴空气线的相频及群时延特性曲线,由图可见该器件具有非常线性的相频特性和十分平坦的时延特性。两个曲线充分反映了该器件的线性特性,即对传输信号不会产生失真。

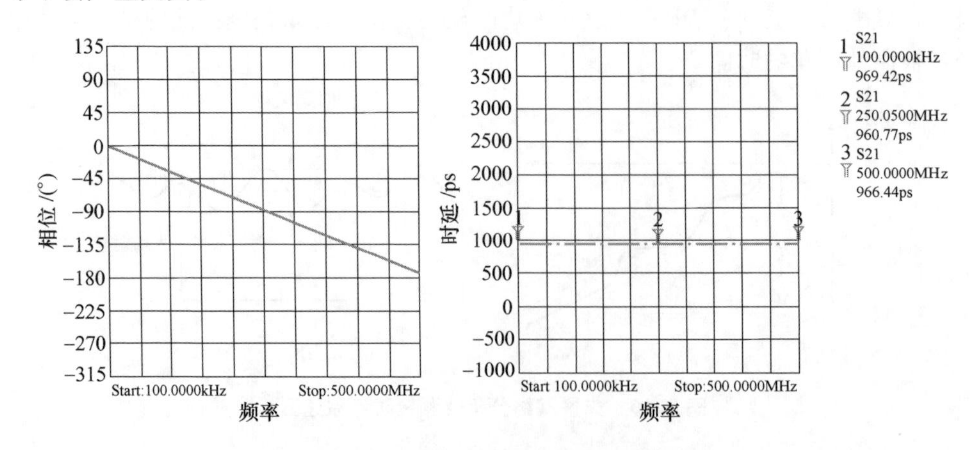

图 8.12 空气线相频特性及群时延特性曲线

由于线性器件在频带内具有平坦的群时延特性,所以为了提高时延测量准确度,可以设置较大的时延测量孔径(smoothing aperture)。以我们研制的具有良好线性特

性的群时延标准装置为例，在选取合适的测量孔径时，群时延定标最佳测量不确定度可达到 0.005ns。

2）变频器件时延测量[5-11]

在实际应用中，往往需要测量整个系统的时延特性。如接收机等都存在频率转换的问题，而网络分析仪的源输出和接收机大多工作在同一频率。对此，网络分析仪可采用以下几种方法进行变频器件时延特性的测量。

（1）使用背靠背法测量。

如图 8.13 所示是此方法的基本测量原理图。以被测件为下变频装置为例，网络分析仪的测量频率设置为被测件的射频输入频率。先在网络分析仪的两个端口间接入两只同型号且互易的宽带混频器。混频器 1 将网络分析仪端口 1 的射频信号转换为中频，中频信号经过中频滤波器输入混频器 2，混频器 2 则将中频信号上变频回射频信号送到网络分析仪的端口 2。先对网络分析仪进行直通校准，校准完后，去掉混频器 1，接入被测件，此时即可得到被测件的时延特性。

背靠背测量法的优点在于对矢量网络分析仪没有特殊的要求，该网络分析仪校准和测量时两个端口都工作在同频状态。但是这种方法测量得到的被测件时延特性实际上是相对于混频器 1 的值，所以这种测量不能准确得到被测件的绝对时延值。而由于采用了宽带混频器，在某段工作频带内其时延特性应该较平坦，所以被测件的相对时延值应能基本反映被测件的时延波动情况。

（2）使用频率偏移模式测量。

某些型号的矢量网络分析仪，如 Agilent8753ES、R/S ZVM、AV3620 等具有频率偏移测量模式。所谓频率偏移模式，是指可以将网络分析仪的源输出和接收机接收设置在不同的频率上，从而使两个端口的频率满足变频器件的输入、输出频率关系。这种网络分析仪在面板上有参考通道的跳线。当工作在频率偏移模式时，需要在参考通道插入参考混频器，用以建立相位参考。在测试通路加入宽带校准混频器进行直通校准。之后取下校准混频器，插入被测件即可测得被测变频器件的时延特性（图 8.14）。

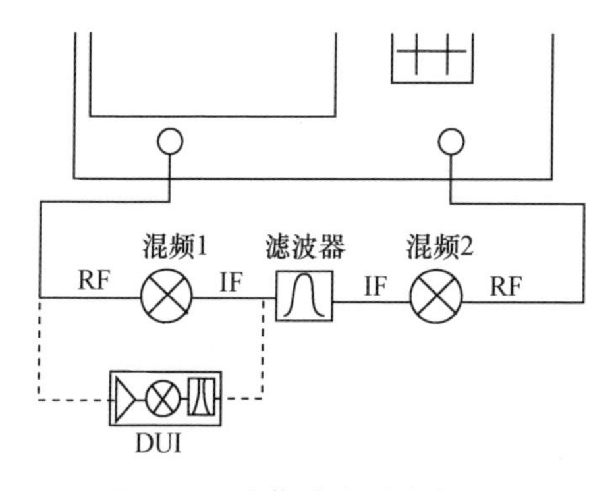

图 8.13 背靠背法测试连接图

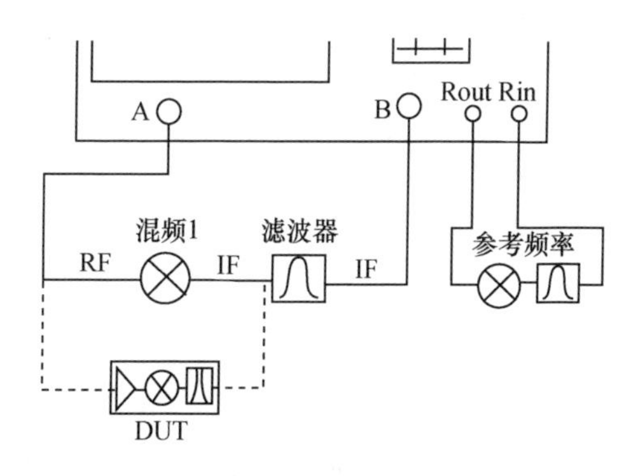

图 8.14 频率偏移模式测量连接图

频率偏移模式的测量,测试连接较为复杂。测得的时延特性同样是相对于校准混频器的相对值,这种方法也不能准确得到被测件的绝对时延值。

(3) 使用矢量混频器校准技术测量。

矢量混频器校准是近几年提出的可以进行变频器件绝对时延测量的新技术,该技术现已经融入 Agilent 公司的 PNA 系列网络分析仪中。此技术主要优点是对校准混频器的量化和全面的矢量误差修正。

矢量混频器校准采用了自身反变频反射测量技术。测量相位时需要一个参考相位,一种方法是用另一混频器将原混频器的输出信号反变频到输入信号的频率来产生参考相位,这种级联方式就是背靠背测量方法,传输系数可以在同频下进行测量。一种采用单个混频器和 IF 滤波器组合来完成变频和反变频的方法可以省略另一混频器,这种矢量混频器校准相对于串行的上下变频方法而言,采用了并行方式产生相位参考。矢量混频器校准要求表征一个混频器的特性参数,这不是普通的表征参考混频器,表征的混频器可以作为标准混频器用于测试系统的校正。一组反射测量可以完成混频器的输入阻抗、输出阻抗和变频损耗及时延标定,这个混频器称为校准混频器。

矢量混频器校准方法可以对校准混频器进行性能标定,利用混频器的互易特性得到校准混频器的变频损耗、群时延(绝对值)和输入/输出反射参数,这正是我们需要的标准混频器。

矢量混频器校准能够精确地表征校准混频器特性。因为混频器的激励(输入)和响应(输出)信号处于不同的频率,不能利用传统的 2 端口校准对变频损耗/增益测量提供误差修正。矢量混频器校准通过利用新的校准误差模型和方程对与 2 端口模型相同的系统误差项进行修正。图 8.15 是矢量混频器校准误差模型。

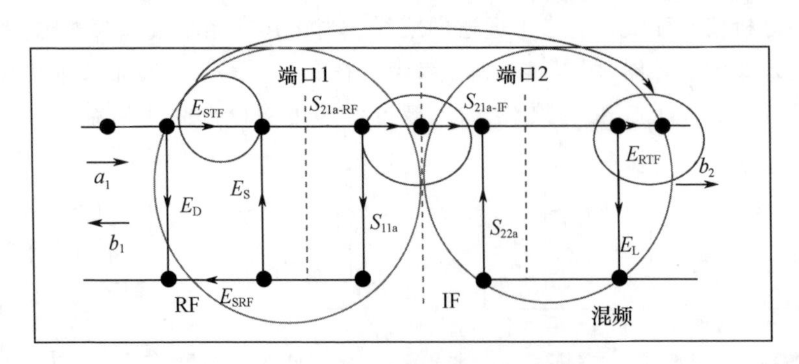

图 8.15 矢量混频器校准误差模型

矢量混频器校准包括 2 端口校准、S_{11} 测量和 S_{21} 测量的组合,用于确定校准混频器的特性和校准测试系统。校准时,在测试端口电缆的终端建立用于在被测件的输入频率范围进行校准的参考面和用于在被测件的输出频率范围进行校准的参考面,分别在网络分析仪的两个测试端口于 RF 和 IF 进行反射校准,再利用网络分析仪的

频偏工作方式，接入经过量化的校准混频器，将校准混频器用作“直通”校准标准并进行传输特性校准。这样经过校准可消除变频两端口网络的各个误差项[9]。

此方法的技术领先表现在对校准混频器特性进行量化，其量化的原理流程可见图8.16。在测试通路上接入一个可互易的校准混频器，通过接入开路器、短路器、负载三次测量，量化了校准混频器的反射和传输（幅度和相位）特性，并把校准混频器当作直通校准件进行网络分析仪的全面矢量误差修正。

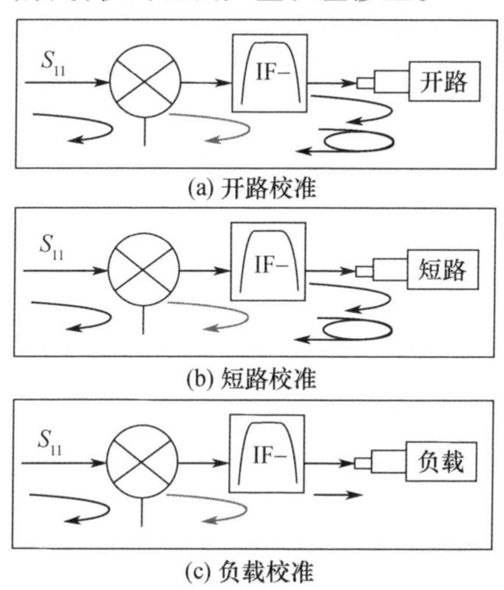

图8.16　校准混频器量化原理图

该方法最大特点是全面的矢量误差修正，被测混频器的测量值不依赖于校准混频器的时延大小，消除了校准混频器的影响，可以直接测量变频器（接收机）的绝对时延值，并以此提高测量准确度。

根据分析和查询，选用安捷伦公司E8362B（或E8363B）型矢量网络分析仪（选件080、081、083）。同频测量时延的校准及测试框图见图8.17，变频测量时延的校准及测试框图见图8.18。

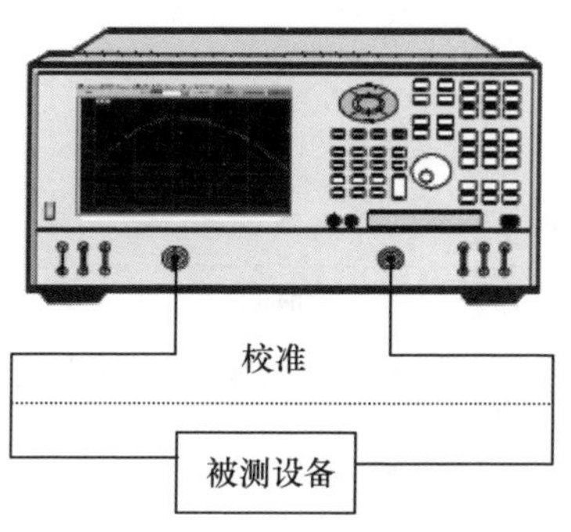

图8.17　同频测量时延特性测试

在校准和测量时，需要设置的重要仪器参数是源频率参数、源输出功率、测量参

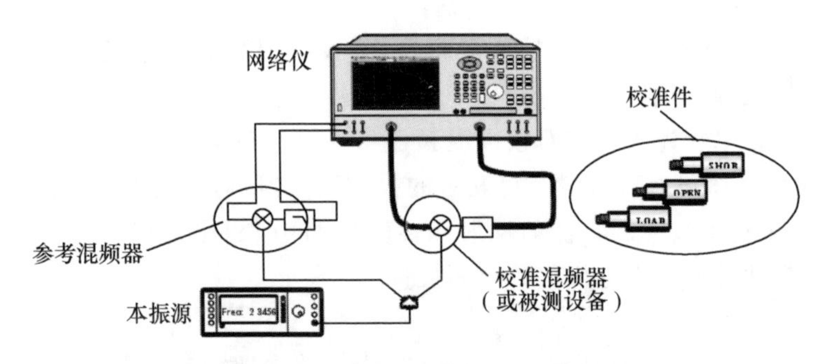

图 8.18　变频测量时延特性测试

数、网络仪中频带宽、测试点数、平滑窗口等。

如果采用最小二乘法进行数据处理,则由于数据采集量大,还需要配置计算机及IEEE488 接口转接板。

8.4.1.2　宽带高速示波器法

由于宽带高速示波器具有采集数据并储存的能力,因此可以通过示波器来测试不同通道间的时间延迟,于是可以利用示波器测量被测件的绝对时延值。目前高档示波器的工作频段已经扩展至 12GHz,因此,在时域直观地观察到信号通过被测件的时延是完全可行的。另外,对调制扩频信号,也可将宽带高速示波器采集储存的数据,采用软件接收机的原理进行到达相位估计,以完成时延测量。

用示波器进行绝对时延测量的原理是[12-13]:将同一射频信号利用功分器分为两路信号,一路直接连接到示波器的通道上,一路经过被测件连接到示波器的另一通道上,然后利用示波器测量这两个通道的通道延迟时间,见图 8.19。

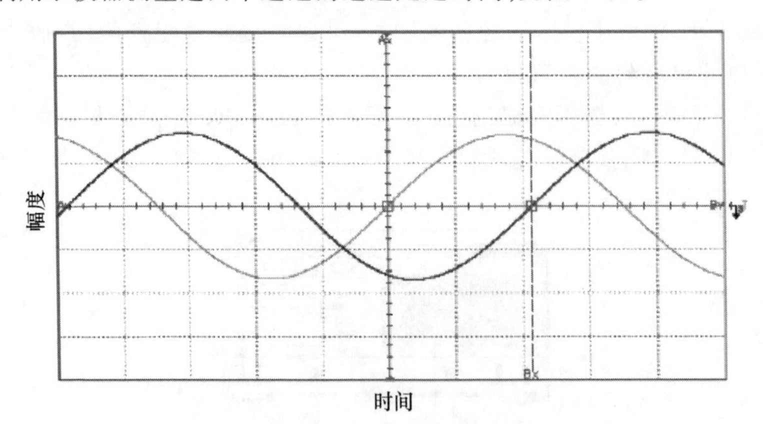

图 8.19　示波器测量时延特性

调制器能够把数字信号调制到载波上。射频载波输入到调制器 in 端后,根据调制器 D 端上数字信号的极性,可以使调制器 out 端输出相位改变 180°。当被测件是调制器时,应使用脉冲源作为调制信号,观察调制信号加入时刻到输出信号出现相位翻转点时刻之间的延迟时间,见图 8.20。

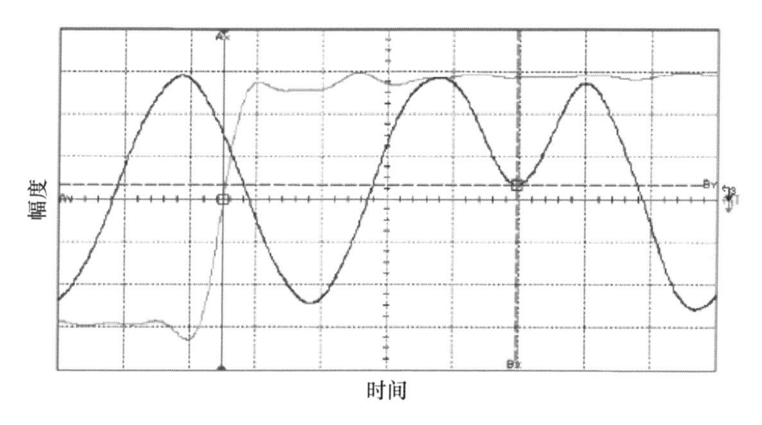

图 8.20　数字调制器时延测量

对混频器时延进行测试时，示波器上的测量结果是相对于校准混频器的时延值。因此，如果需要得到被测件的绝对时延，校准混频器的时延值必须已知，或者小至可以忽略不计。

选用安捷伦公司 E4438A 型矢量信号发生器、54855A 型示波器、8131A 型脉冲源和 8448C 型信号源（本振）。线性器件、BPSK 调制器、混频器的测试连接框图如图 8.21 ~ 图 8.23 所示。

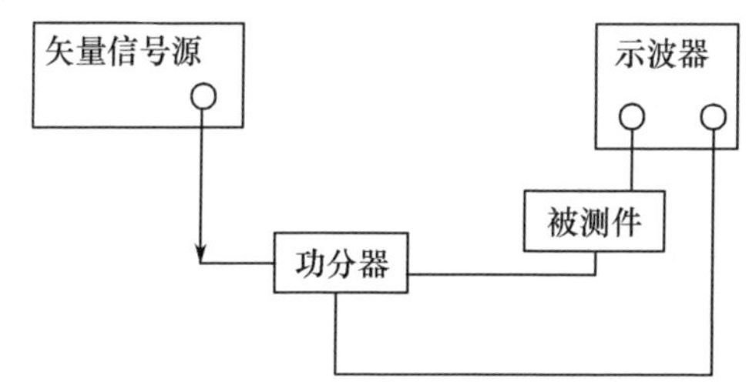

图 8.21　示波器测量线性器件时延特性连接图 1

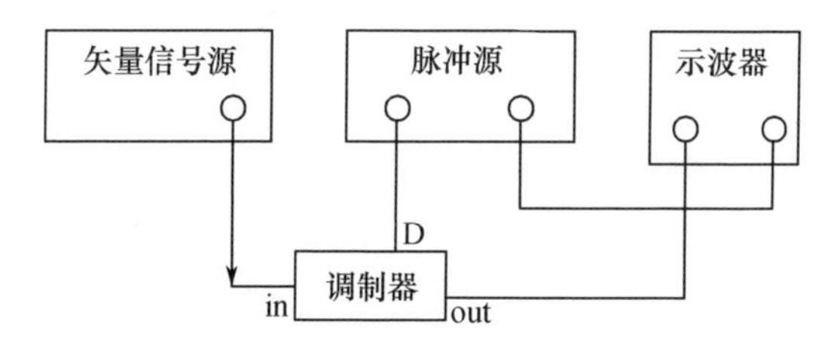

图 8.22　示波器测量 BPSK 调制器时延特性连接图 2

8.4.1.3　矢量信号分析仪法

矢量信号分析仪采用数字取样和数学变换技术来形成信号的傅里叶频谱，可以测量信号的频率、幅度和相位，具有实时信号分析能力。由于矢量信号分析仪能捕获到信号的幅度和相位，可以在两个通道上同时测量各个频率分量的幅度和相位，因此可测出信号的叠加特性、传递函数及两个信号的相互关系，特别适于分析数字调制信号。

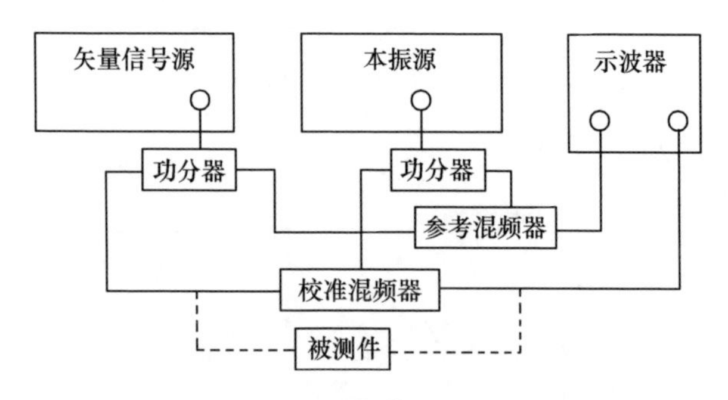

图 8.23 示波器测量混频器时延特性连接图 3

矢量信号分析仪由软件和硬件结合而成。矢量信号分析软件是基于个人计算机的程序包,它与频谱仪、示波器、逻辑分析仪等硬件兼容,通过频谱、调制、时间波形分析工具,描述了随时间变化的调制信号特征。软件可控制和处理两个基带或两个射频通道,可在硬件或仪器外部的计算机上运行。

对于时延测量而言,需要两个通道的信号相干,目前只有安捷伦公司产品:基于 89600S VXI 的矢量信号分析仪和 89600 分析软件与 Infiniium 示波器结合组成的矢量信号分析仪可以实现。

双通道矢量信号分析仪测试时延的原理是利用双通道间的互相关功能,通过互相关运算来确定两路相参信号间的时间关系。通过两路相参信号的互相关运算,在信号时延差的位置上会出现相关数值的峰值。找到相关峰值所在的时间点从而确定时间信息。通过将两个通道的信号在每个时刻相乘,再把乘积值相加。如果两个信号相位相同,乘积的值都是正数,相加后值就变大。然而,如果两个信号不一样,则一些乘积为正,而另一些为负,相加的结果就等于零或趋近于零。实际上,它就是两个序列的反卷积运算。

示波器作为数据采集器采集两通道内的时域信号的数据,再由矢量信号分析软件完成对两通道数据的傅里叶变换并运算,然后对运算结果进行傅里叶逆变换,实现两通道信号的相关运算。

矢量信号源产生具有规定载频频率、功率、调制方式、符号速率、滚降系数、码型及滤波特性的数字调制激励信号,信号经功分器一分为二,一路作为参考通道,另一路作为测试通道。两路信号分别送入矢量信号分析仪的通道 1 和通道 2。

在被测件接入前,先对两通道的时延进行测试得到初始值 t_1,然后将被测件接入测试通道,测出测试值 t_2,两次测试值之差 $\Delta t = t_2 - t_1$ 即为被测件引入的时延。

用矢量信号分析仪的通道互相关功能测试通道间时延,主要功能为傅里叶变换分析及运算。当数据被采集到时间记录中后,在进行傅里叶变换前,对数据加窗是必须完成的一步。加窗的原理简单来说就是将采集的数据与窗口函数相乘。经过加窗的时间数据经傅里叶变换后其频谱更集中。因为加窗处理过程减小了时域信息,因此在频域其分辨带宽也相应减少。加窗对分辨带宽的影响效率取决于所选用的窗口

形式。不同的窗口其频率分辨率、3dB带宽、波形因子、幅度误差、最大旁瓣等各不相同，在测试时需要根据具体情况选取不同的窗口来完成测试，其目的是得到最接近被测件真实值的测量结果。

根据作者所在单位仪器设备的现状，选用了在示波器5485XA系列中安装89600矢量信号分析软件构成双通道矢量信号分析仪，可由PC运行软件加接口卡控制测试仪器，或将软件直接装载在示波器内部具有Windows XP操作系统的PC中。矢量信号源选用E4438C，分别见图8.24和图8.25。

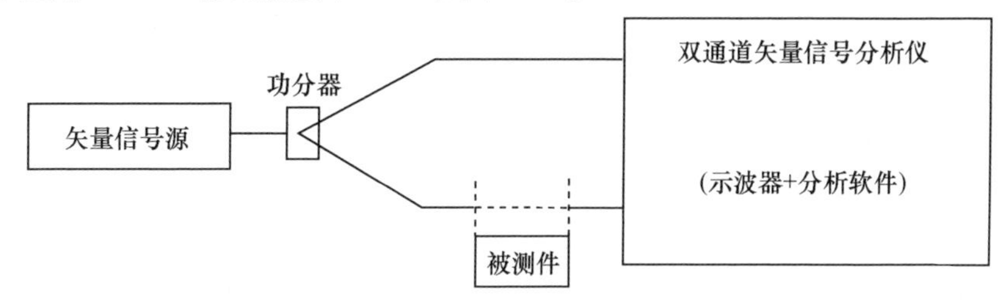

图8.24　矢量信号分析仪测量线性器件时延特性连接图

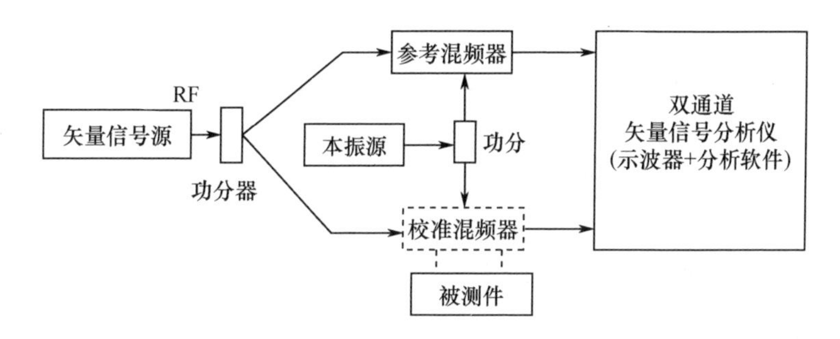

图8.25　矢量信号分析仪测量变频时延特性连接图

8.4.1.4　时间间隔计数器法

时间间隔测量仪是专用的时间间隔测量仪器，可以测量两个信号之间的延迟时间。时间间隔测量仪测量时间间隔的原理框图如图8.26所示。

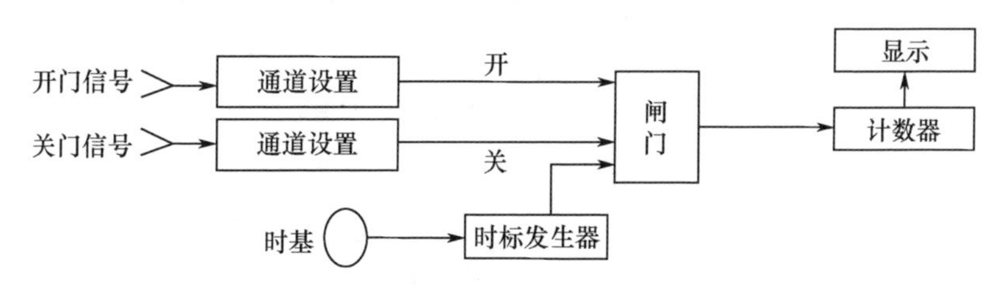

图8.26　时间间隔测量仪测量时间间隔的原理框图

时间间隔测量仪有两个独立的输入通道，可分别设置两个通道的触发沿、触发电平（由通道设置完成）。其中一个通道输入开门信号，另一个通道输入关门信号。

开门信号打开闸门，关门信号关闭闸门，在闸门开通期间，计数器对时标发生器产生的时标信号进行计数,由累计的计数值算出开门信号和关门信号间的时间差。

根据仪器现状,时间间隔测量仪选用 HP5370B,该仪器在测量重复信号间的时间间隔时,其信号重复频率可达 100MHz,可测量时间间隔为 10s。信号源选用 Agilent8663A 和 3325B。为了提高测量的准确度,减小信号源和时间间隔测量仪时基特性引入的不确定度分量,采用外时基的方法,让各仪器均锁定在同一台性能稳定的铷原子频率标准上。连接电缆应采用性能稳定的稳相电缆[9](图 8.27)。

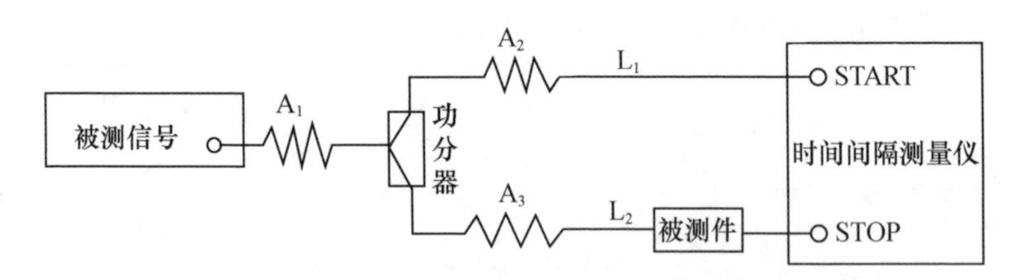

图 8.27　时间间隔测量仪测量时延特性连接图

8.4.1.5　调制信号测量法

基于扩频技术的群时延测量方法,最初是为解决变频器件的群时延测量难题,建立变频器件群时延测量标准而提出的。它本质上属于时延测量的动态方法,使伪码信号通过接收信道后利用扩频测距的原理对信道的群时延进行测量。与矢量网络分析仪法相比,该技术更具有实时性,适合在线测量收发信机信道的整体时延特性。

扩频调制法测量信道的群时延是利用扩频伪距测量的原理,通过估计扩频信号经过被测信道后产生的时延量来获得群时延。测量原理如图 8.28 所示。

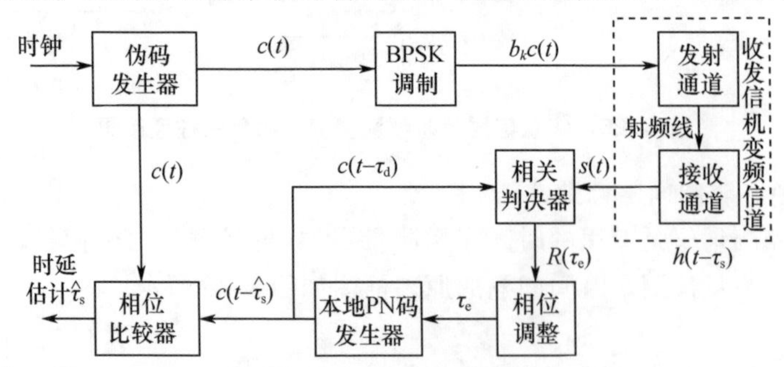

图 8.28　扩频调制法测量信道群时延原理图

首先,利用伪码发生器产生伪随机码序列,经过 BPSK 调制为扩频信号后加入被测信道(收发信机变频信道)的输入端,经过被测信道后的输出信号为

$$s(t) = b_k c(t) * h(t - \tau_s) \tag{8.20}$$

式中:$h(t)$为收发信机信道的等效低通滤波模型(包括接收通道、发射通道和连接两者的射频线);τ_s 为收发通道的时延之和。

将本地伪码发生器产生的伪码序列 $c(t-\tau_d)$与 $s(t)$进行相关运算。这里 τ_d 是本地伪码的时间位移,也是对信道时延 τ_s 的估计。相关函数为

$$R(\tau) = b_k R(\tau_s - \tau_d) * h(t) = b_k R(\tau_e) * h(t) \tag{8.21}$$

式中：$\tau_e = \tau_s - \tau_d$ 为时延估计的误差。

根据 τ_e 对本地伪码发生器输出的 τ_d 进行调整，使其不断靠近 τ_s。当 τ_d 与 τ_s 对齐时，$R(\tau_e) = R(0)$，由伪随机序列的自相关特性可知，相关函数出现峰值，此时本地伪码发生器的输出与 $c(t)$ 进行比相即可得到被测信道时延的估计量。基于扩频调制技术的动态测量方法实时性更好，适合测量收发信机信道的整体时延特性[1]。

8.4.2　卫星导航设备时延测试技术体系

卫星导航设备时延测试根据时延概念定义分为绝对时延和相对时延，相对时延又细化为发射时延、接收时延、组合时延，具体测试对象为信号收发链路中的天线、功率放大器、变频器、电缆线等。

卫星导航射频信号在各类有线链路中的路径时延由于受到环境温度变化、仪器设备老化等因素的影响并非一成不变，存在着一定漂移、振荡变化，因此，卫星导航设备时延测试针对不同对象与不同目标又可划分为时延基准测定、时延漂移监测以及时延准确性检核。时延基准一般只需一次标定或者定期标定，时延漂移则需要在线实时监测，时延准确性检核同样需要定期标定。时延基准测量需针对所有有时延零值校正需求的设备进行，对于设备时延值十分稳定的设备或器件在使用寿命期内进行一次标定即可；时延漂移监测主要针对系统服务精度性能对其时延变化十分敏感的信道设备进行；时延准确性检核主要针对多个时延测试量无法单独分别进行时延真值比对情况，构建测试闭合回路开展闭环复核。根据上述分析，可以总结出卫星导航系统设备时延测试技术体系如图8.29所示。

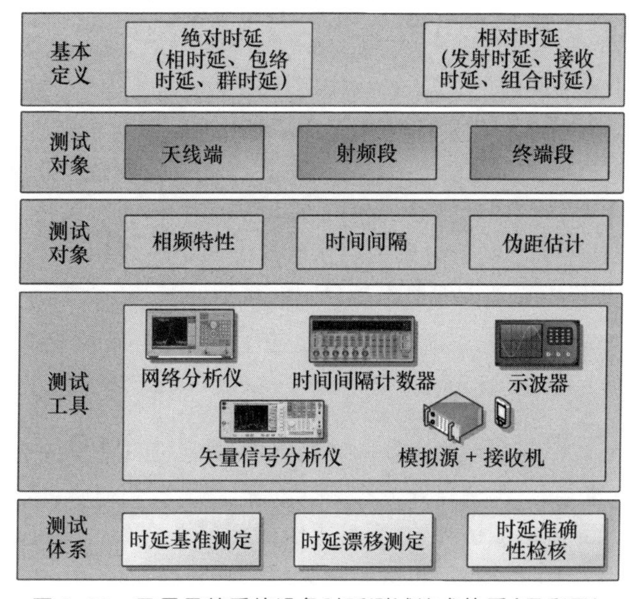

图8.29　卫星导航系统设备时延测试技术体系（见彩图）

8.5 卫星导航系统设备时延基准测试方法

卫星导航系统需要测试标定基准的设备时延,包括卫星钟差测定、卫星定轨计算、地面站间时间同步、接收机单星授时所用到观测量对应的设备时延。在卫星导航系统中,实际使用的都是组合时延,组合时延为发射设备与接收设备时延的和,主要分为卫星发射与地面站接收的组合时延、卫星发射与接收机接收的组合时延、地面发射与卫星接收的组合时延、地面发射与地面接收的组合时延。具体测试对象则为信号接收、发射链路中的天线、低噪声放大器/功率放大器、变频器、滤波器、连接线缆、终端等设备。根据设备时延定义可知其参考点分别是时间基准点和天线相位中心,因为包含天线,所以很难直接对整体时延进行测试,在实际测量中为得到设备时延通常将其分为三部分分开测试:天线时延、信道与连接设备时延、终端设备时延[1],设备时延定义与分解示意如图 8.30 所示。

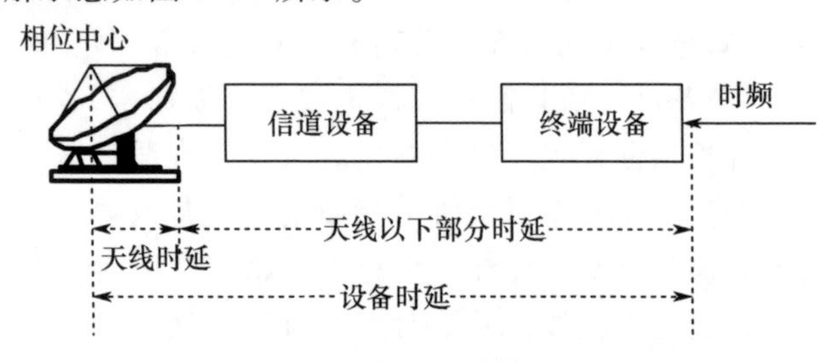

图 8.30　收发链路设备时延定义与分解示意

8.5.1 天线时延测试方法

8.5.1.1 小尺寸天线时延测试

对于卫星导航接收机使用的小尺寸天线可在微波暗室内直接使用矢量网络分析仪等进行测量,测试原理见图 8.31。具体测试方法是首先在微波暗室精确标定两个相同天线的相位中心,然后将经过相位中心标定的两个相同的天线间隔一定距离轴向对准放置,测出两个端口间的时延 t_d。精确测定两个天线相位中心点之间的距离 D,计算出从天线相位中心到天线输出端口间的时延 t。

$$t = \frac{1}{2}\left(t_d - \frac{D}{c}\right) \tag{8.22}$$

式中:c 为光速。

天线相位中心的标定在球面近场微波暗室中进行,通过对天线相位方向图的测量来进行,其基本步骤为:①调整好天线测试系统,将天线架在测试转台上,正确设置球面近场天线测量系统的测试参数,测量天线的相位方向图。②根据相位方向图的形状,调节天线在转台上的位置,再次测量天线的相位方向图。③分析相位方向图,如果相位方向图近似为一条直线,则认为转台的转动中心就是天线在这个方位面的

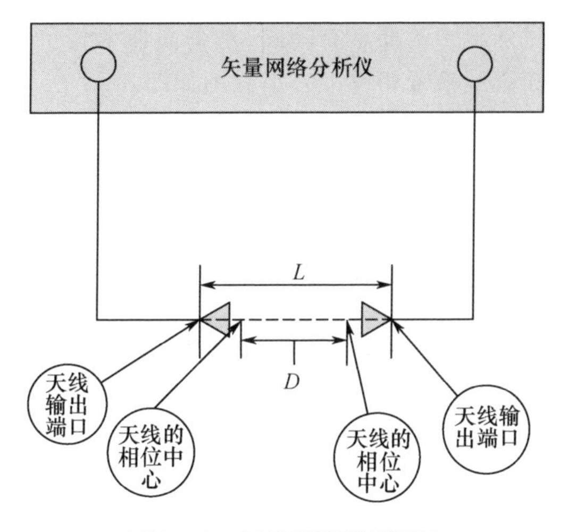

图 8.31 天线时延测试框图

相位中心 P_c,存储相位方向图数据。④保持天线在转台上的位置不变,测量其他方位面上的相位方向图,并存储相位方向图的数据。⑤将天线各个方位面上的相位方向图数据对 P_c 进行归一化处理,得到天线的相位中心校准表[10]。

8.5.1.2 大口径天线时延测试

在卫星导航系统中,控制段地面站通常采用大口径抛物面天线完成对导航卫星星地时间同步上行信号发射和下行信号接收、伪距测量、导航电文注入和遥测遥控信息管理,完成地面主控站与各注入站和监测站的站间时间同步信号发射与接收、伪距测量和数据传输。抛物面天线设备时延标定的准确度和稳定度会影响系统的时间同步性能,从而影响整个导航系统提供的 PNT 业务精度。

对于地面站使用的大尺寸天线无法整体进行测量,通常分别从馈线时延、馈源网络时延和馈源网络至相位中心距离时延 3 个部分获得,馈线时延和馈源网络时延可使用矢量网络分析仪直接测量得到,馈源网络至相位中心距离时延根据天线机械结构计算得到[3]。

对于卫星导航系统而言,抛物面天线需选择一个基准点,此基准点可视为电磁波在空间传播和在地面设备中传播及处理的转换点,以进行星地距离的实时计算和电离层延迟计算等。如果把喇叭馈源的物理相位中心作为基准点,由于电磁波传播的空间路径中包含了主、副反射面的反射路径时延,利用此基准点计算的星地几何距离与电磁波从卫星到此基准点的实际传播距离是不相同的,因此,将喇叭馈源物理相位中心作为天线基准点并不合适。在卫星导航系统中,通常将抛物面天线口面中心选择为电磁波空间传播时延和地面设备时延的基准分界点,而电磁波从馈源相位中心经副、主反射面再到天线口面的电磁波传播时延可视为地面设备时延的一部分。这样,利用此基准点坐标计算得到的星地距离与电磁波从卫星传播到该点的距离是一致的,通常将该基准点定义为抛物面天线的参考相位中心。参考相位中心很好地解决了抛物面天线设备时延起始基准点的问题,抛物面参考相位中心可通过天线结构进行归算标定。抛物面天线参考相位中心示意图如图 8.32 所示。

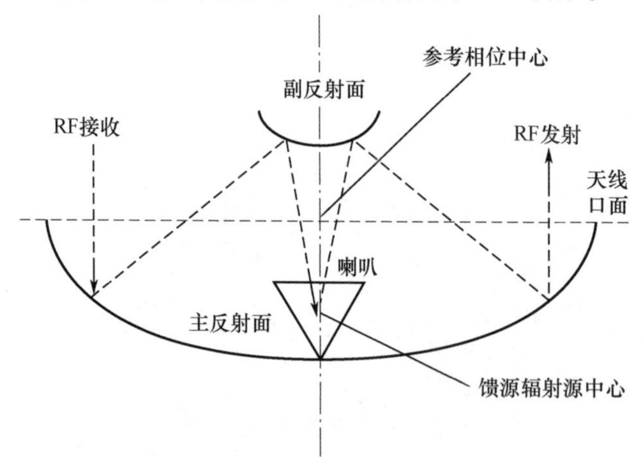

图 8.32　抛物面天线参考相位中心示意图

抛物面天线设备时延定义为电磁波从天线口平面传输到馈源输出口(或从馈源输入口传输到天线口平面)的信号延迟量。根据抛物面天线结构和电磁波传输机理,将信号在天线中的传输路径分为光程段、馈源段和馈线段 3 部分,如图 8.33 所示。

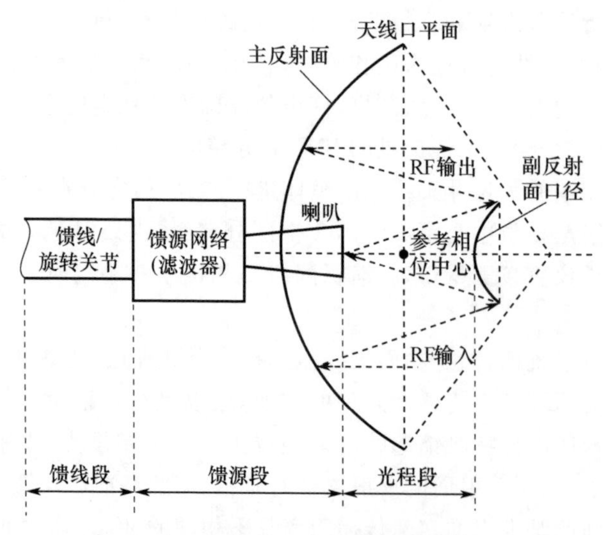

图 8.33　抛物面天线时延组成结构

在光程段,电磁波以开放场形式传播,其传播路径符合光学原理。光程段时延起始点从天线口面到喇叭相心,由馈源相心发出的球面波经主、副反射面反射后在主面口面处形成平面波;从馈源相心(天线焦点)到天线口面的每一条波束都是等长的,这一光程时延特性通过计算可以得到其精确数值。

馈源段包括喇叭、馈源网络和滤波器等重要环节。喇叭时延是从喇叭相心到喇叭输入口;馈源网络时延是馈源网络输出口即喇叭输入口到馈源网络输入口(收发网络),主要由波纹喇叭、跟踪器和极化器等构成。电磁波在这些部件中的传输特性各不相同,而且部件内部和部件之间也会存在耦合和一定的反射,因此不能通过简单的结构计算来获得馈源的时延值,可通过矢量网络分析仪等精密仪器标定测量获得时延值。

馈线段主要由旋转关节和电缆等组成。由于这部分的部件在天线运动过程中要发生相对位移。在卫星导航系统中,通常对馈线部分时延采用事先标定、在线标校及实时监控的方法取得[11]。

8.5.2 射频信道设备时延测试方法

射频信号收发信道中涉及的高功率放大器、低噪声放大器、上变频器、下变频器、连接电缆等的设备绝对时延都可以通过8.4节中介绍的时延测试方法分别独立进行测试,但是对于连接成完整的信号发射或者信号接收链路之后,利用矢量网络分析仪、宽带高速示波器等方法就不再适用,而是采用专用时延测量系统基于扩频测距原理的方法完成射频信道设备组合时延的测试。获得组合时延主要有两种测量方法:分别单向时延测量法、专用测试设备传递法。分别单向时延测量法是使用通用仪器(如高速示波器)根据调制后信号翻转点方式获得发射设备时延,对于接收设备时延测量是先测量一个发射信号源时延,然后将发射信号源与接收设备构成环路测试组合时延后得到[4]。

虽然直接将接收单向时延与发射单向时延相加可以获得组合时延,目前,国内对于设备单向绝对时延测量这一关键技术问题还没有彻底突破;使用高速示波器可以进行发射设备单向时延的测量,但不能保证所测时延即为设备的准确时延。尤其设备时延测试涉及卫星、地面站、接收机等,存在由不同部门和人员分别测量情况,理解和操作上的差异直接影响着测试结果的准确性。对此最好的办法是将所有设备集中在一起进行各种组合时延的测试,实际中地面站分布在不同地点、卫星生产和发射有先后顺序等,不可能将所有设备集中在一起进行组合时延测试。为保证组合时延的准确性,有效的方法是使用一套专用测试设备,分别与卫星、地面站等所有设备进行组合时延测试,通过扣除该专用测试设备自身时延的方式传递获得卫星导航系统所需的设备组合时延。

下面以地面站A发射与地面站B接收组合时延测试为例,介绍传递获得组合时延的方法[5]。专用时延传递测试设备与A站发射设备组合时延测试如图8.34中环路①所示。

测得地面站发射、专用时延传递测试设备接收的组合时延为

$$(\tau_{\text{A站发}}+\tau_{\text{专收}})=\tau_{\text{A站}\to\text{专}}-\Delta t_{\text{计1}}-\tau_{\text{电缆1}}+\tau_{\text{A站发天线}} \tag{8.23}$$

式中:$\tau_{\text{A站发}}$为地面站A发射设备时延(不含天线);$\tau_{\text{专收}}$为专用时延传递测试设备接

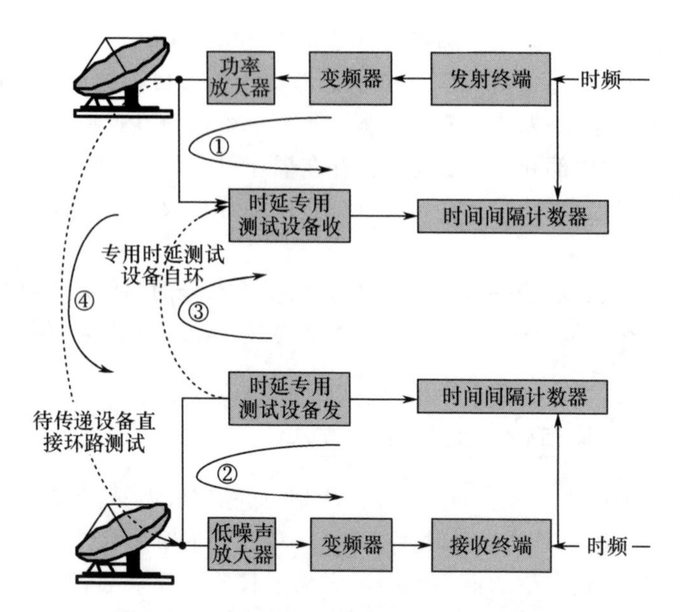

图 8.34　设备时延传递测试原理图(见彩图)

收时延;$\tau_{A站\to专}$为专用时延传递测试设备接收地面站发射的测距值;$\Delta t_{计1}$为计数器测得两设备时间基准间的钟差;$\tau_{电缆1}$为连接电缆的时延;$\tau_{A站发天线}$为地面站 A 发射天线时延。

专用时延传递测试设备与地面站 B 接收设备组合时延测试如图 8.34 中环路②所示。测得专用时延传递测试设备发射、地面站 B 接收的组合时延为

$$(\tau_{专发}+\tau_{B站收})=\tau_{专\to B站}-\Delta t_{计2}-\tau_{电缆2}+\tau_{B站收天线} \tag{8.24}$$

式中:$\tau_{专发}$为专用时延传递测试设备发射设备时延;$\tau_{B站收}$为地面站 B 接收设备时延(不含天线);$\tau_{专\to B站}$为地面站 B 接收专用时延传递测试设备发射的测距值;$\Delta t_{计2}$为计数器测得两设备时间基准间的钟差;$\tau_{电缆2}$为连接电缆的时延;$\tau_{B站收天线}$为地面站 B 接收天线时延。

地面站 A 和地面站 B 天线时延通过馈线、馈源网络、等效光程计算等得到,通过上面两次测量可以得到地面站 A 发射、地面站 B 接收的组合时延为

$$\begin{aligned}(\tau_{A站发}+\tau_{B站收})=&\tau_{A站\to专}+\tau_{专\to B站}-(\tau_{专发}+\tau_{专收})-\\&\Delta t_{计1}-\tau_{电缆1}-\Delta t_{计2}-\tau_{电缆2}+\tau_{A站发天线}+\tau_{B站收天线}\end{aligned} \tag{8.25}$$

式中:$(\tau_{专发}+\tau_{专收})$为专用时延传递测试设备自发自收的组合时延,自环测距就可以得到,从而可以传递得到地面站 A 发射与地面站 B 接收的组合时延。

通过相同的方法,可以传递得到地面站 B 发射与地面站 A 接收、地面站发射与卫星接收、卫星发射与地面站接收、卫星发射与接收机接收、卫星发射与监测接收机接收等的组合时延。

8.5.3 终端设备单向时延测试方法

8.5.3.1 发射终端设备时延

导航信号模拟器能够为导航终端的测试提供仿真环境，提高研发的效率。信号模拟器的通道零值测量与标定是信号模拟器测试中的一项重要内容，通道零值的测量方法也可以直接用在信号伪距精度等指标的测试中，通道零值的测量就是对通道时延的测试，目前对于通道时延的测量大多依赖于高速示波器。

射频采样精密设备时延测量方法的核心思想：通过射频直接采样技术直接对发射设备信号进行采集然后采用软件无线电的信号处理技术来分析卫星导航系统中的设备时延[12]，其原理如图 8.35 所示。

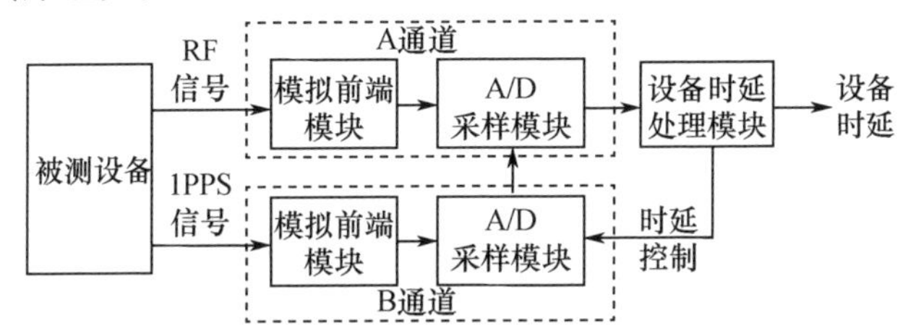

图 8.35 射频采样精密设备时延测量方法原理图

测量原理由两个信号采集通道和设备时延处理模块组成，两个信号采集通道具有相同的模拟前端和 A/D 采样模块，如图 8.35 中 A、B 通道，其中 A，B 通道的时延可以是不相同的。A 通道接入 RF 信号，B 通道接入 1PPS 信号，B 通道根据采集的 1PPS 信号控制 A 通道对 RF 信号的采集，设备时延处理模块计算设备时延，并计算 B 通道的时延调整量，从而控制 A 通道的信号采集，通过多次调整，设备时延处理模块就可以得到高精度的设备时延。当 A、B 通道具有不同时延时，通过交换 A、B 通道接入的信号，即 A 通道接入 1PPS 信号，B 通道接入 RF 信号，信号交换前后两次测量的时延值取平均，则可以消除 A、B 通道的时延差。方法中采用的软件无线电技术基于射频直接采样，因此 A/D 采样模块的频率应能够满足奈奎斯特定律。设备时延处理模块主要是通过信号处理技术对采集的 RF 信号的相位翻转点和发射信号的码相位进行分析，从而得到高精度的设备时延绝对值和设备时延的稳定性[9]。

8.5.3.2 接收终端设备时延

接收终端设备单向时延除了可采用通用仪器测量方法外，一般常使用同源零基线测试方法标定时延基准。

零基线测量法是使用两台监测接收机（一台为需标定零值的接收机，一台为零值已被精确标定的接收机）通过功分器接收同一个天线的射频信号，信号源采用 RNSS 卫星信号源。分别把两台接收机的 1PPS 信号源接入到时间间隔计数器。由于两台监测接收机具有相同的接收链路，而接收机的时延和钟差造成了两台监测接收机伪距测量值的差异。因此以已被标定的监测接收机设备时延为基准通过一定的计算方法即可测出另一台监测接收机的时延值。具体测试如图 8.36 所示。

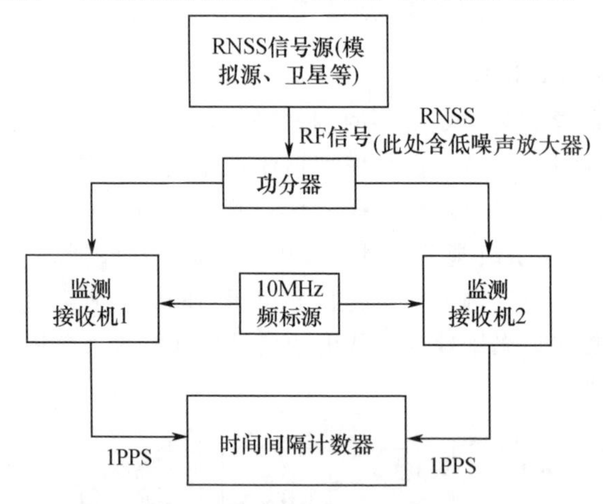

图 8.36　零基线法标定检测接收机设备时延

若监测接收机 1 和接收机 2 的伪距测量值分别为 t_1 和 t_2，两台监测接收机的钟差为 t，监测接收机 1 和接收机 2 的设备时延分别为 t_{01} 和 t_{02}，则以下关系成立：

$$t_2 - t_1 = t_{02} - t_{01} + \Delta t \tag{8.26}$$

先对监测接收机 1 设备时延进行标定并修正零值，则该监测接收机伪距中已不存在设备时延，将其作为基准监测接收机；将监测接收机 2 设备时延值设置为 0，则计算方式如下：

$$t_{02} \equiv t_2 - t_1 + \Delta t \tag{8.27}$$

由式(8.27)可知，监测接收机 2 设备时延值(不含低噪声放大器时延值)应为两台监测接收机伪距测量值的差值与钟差 t 的差值[13]。

8.6　卫星导航系统设备时延漂移监测方法

时延漂移监测主要针对系统服务精度性能对其时延变化十分敏感的信道设备实时进行监测。通过在靠近天线馈源处增加专用时延漂移监测单元的方法，形成多个信号收发回路，利用伪码测距的原理对地面站设备的收发通道时延进行实时校准[3]，如图 8.37 所示。

在卫星导航系统扩频调制信号模型已知的条件下，测量和校准传输信道本身引入的信号传输或处理时延，并通过测量不同链路的时延组合，最终计算获得传输信道的群时延。其中测量发射链路群时延起点为发送终端，结束点为天线发馈源入口的耦合器出口；测量接收链路群时延起点为接收天线的收馈源耦合器出口，结束点为接收终端，具体群时延测量系统的组成如图 8.37 所示。

由图 8.37 可以看出，时延测量系统主要由信标信号生成设备、群时延解算设备

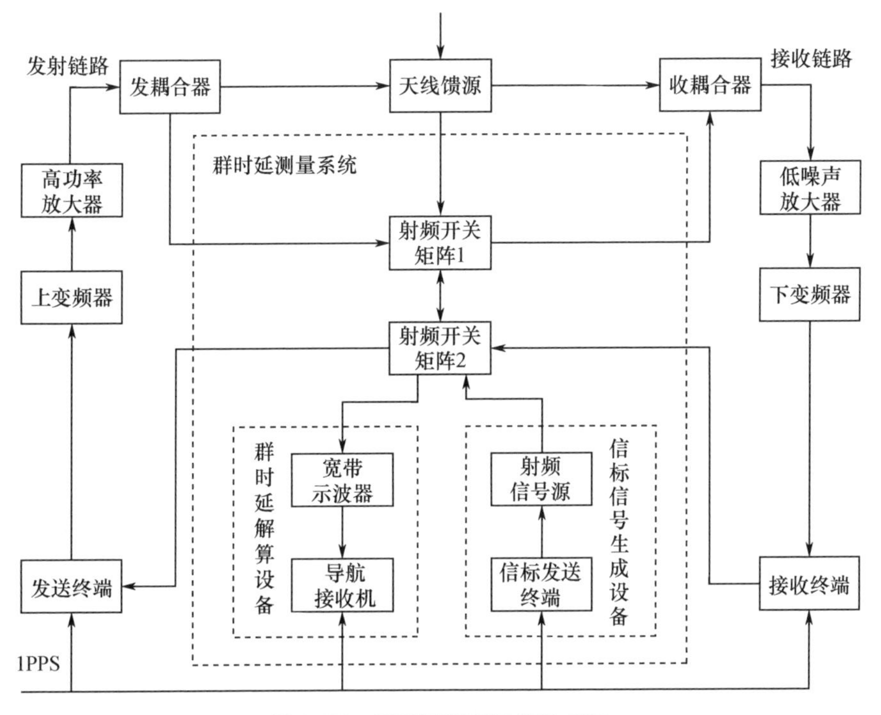

图 8.37　群时延测量系统组成图

及射频开关矩阵三个部分组成。其中信标信号生成设备包括信标发送终端和射频信号源,信标发送终端生成带有伪随机序列的扩频调制信号,经过射频信号源形成具有导航信号载波频率的扩频信标信号;群时延解算设备包括宽带示波器和导航接收机,宽带示波器将接收到的模拟射频信号保存为数字信号,再将这些数字信号导入导航接收机,导航接收机通过测量程序进行时延解算,该导航接收机属于软件接收机的应用范畴;射频开关矩阵用于对不同的信号测试路由进行切换,其开关硬件与控制模块在同一机箱内,设置通过串口网络由群时延测量软件控制,系统一共包含两个射频开关矩阵,一个用于切换信标信号生成设备、群时延解算设备、发送终端和接收终端之间的连接链路;另一个位于天线中心体内,用于切换发耦合器、天线馈源以及收耦合器之间的连接链路。

此外,由于卫星导航系统地面站中,天线与主机房设备之间需要用较长的电缆线相连接,而且这些电缆线安装完成后,会深埋在地沟内,不暴露于地表外,很难再重新连接。具体包括上变频器和发送终端之间,下变频器和接收终端之间以及射频开关矩阵 1 和射频开关矩阵 2 之间需要长电缆线连接。其他设备之间的连线使用的都是短电缆,时延可以忽略不计。

群时延测量系统时延测量的基本原理如图 8.38 所示,根据图中标注的各个时延符号,T_1、T_2、T_3、T_4 都为长电缆的时延,其中 T_1 为天线中心体内的发耦合器与射频开关矩阵 2 之间连接电缆的时延,T_2 为天线中心体内收耦合器与射频开关矩阵 1 之间连接电缆的时延，T_3 为测量机房内与天线中心体内射频开关矩阵 2 之间连接电缆的时延，T_4 为测量机房内射频开关矩阵 1 与群时延测量设备之间连接电缆的时延。$T_{发射}$、$T_{接收}$ 为发射链路和接收链路的时延，$T_{信号}$ 为群时延测量设备的时延。

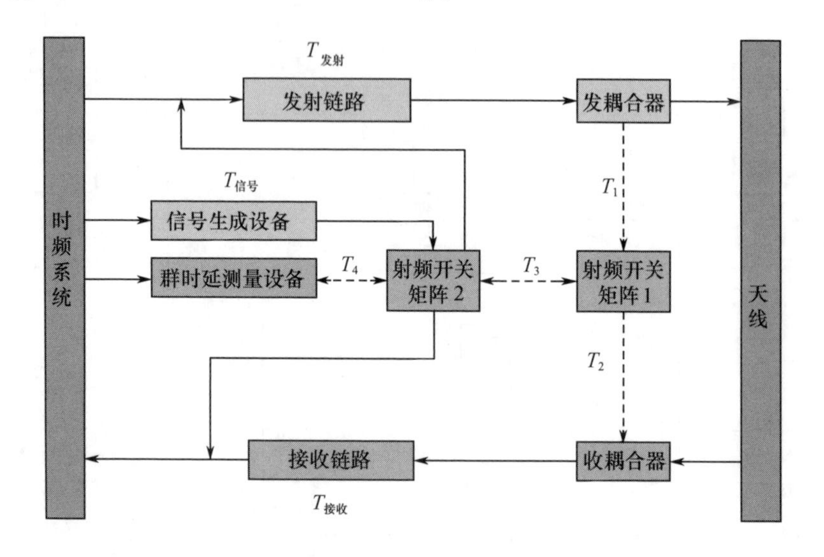

图 8.38　群时延测量系统时延测量原理图（见彩图）

其测量步骤如下：

1）发射通道测量

发射通道测量的信号传输通道为：信标信号生成设备→射频开关矩阵 2→发射链路（含发送终端、上变频器、固态功放）→发耦合器→射频开关矩阵 1→射频开关矩阵 2→时延测量设备。发射通道测量的测量方程表示为

$$t_1 = T_{信号} + T_{发射} + T_1 + T_3 + T_4 \tag{8.28}$$

2）测量系统通道测量

时延测量通道测量的信号传输通道为：信标信号生成设备→射频开关矩阵 2→射频开关矩阵 1→射频开关矩阵 2→时延测量设备。测量系统通道测量的测量方程表示为

$$t_2 = T_{信号} + T_4 + 2T_3 \tag{8.29}$$

3）接收通道测量

接收通道测量的信号传输通道为：信标信号生成设备→射频开关矩阵 2→射频开关矩阵 1→收定向耦合器→接收链路（含低噪声放大器、下变频器、接收终端）。接收通道测量的测量方程表示为

$$t_3 = T_{信号} + T_3 + T_2 + T_{接收} \tag{8.30}$$

那么，$t_1-(T_1+T_3+T_4)$得到发射通道时延$T_{发射}$，$t_3-t_2-(T_3+T_2-T_4)$得到接收通道时延$T_{接收}$，$(T_1+T_3+T_4)$及$(T_3+T_2-T_4)$由通用仪器初始标校得到。其中T_3为长电缆（按机房布局可能为100～200m），受环境因素影响，其时延特性可能存在变化，T_4、T_1、T_2均为不超过3m的短电缆，其时延特性受环境因素影响可以忽略。

系统时间比对中，关注的是收发通道的时延差，其表达如下：

$$T_{发射}-T_{接收}=t_1+t_2-t_3+(T_2-T_1)-2T_4 \tag{8.31}$$

可见，目前测量方案可以解决收发通道时延差的有效测量。对于地面站设备时延可以使用通用仪器配合完成精确的初始标定，初始标定完成后，正常工作的设备时延值将在初始标定值附近缓慢地漂移变化。而上述的基于扩频技术的群时延测量技术可以实时跟踪设备时延的变化规律，因此采用这种技术可以有效地解决通道时延的在线实时校准问题[2]。

8.7　卫星导航系统设备时延准确性检核方法

卫星导航系统时延测试作为一项完整精密的测试工作，在对测试对象完成时延基准标定后，往往还需要进行准确性检核。时延准确性检核主要针对多个时延测试量无法单独分别进行时延真值比对情况，构建测试闭合回路开展闭环复核。卫星导航系统中对于收发链路组合时延测试结果准确性可通过待传递设备直接环路测试、卫星共视下时延差、多边环路闭合等进行检核。

8.7.1　传递测试直接检核方法

设备组合时延是通过专用时延传递测试设备分别测量的方法得到，最直接的检核方法是将待传递设备直接面对面进行环路测试，环路测试结果与传递测试结果比较进行检核，测试与检核原理如图8.34所示。

通过环路①测试得到待传递发射设备与专用测试设备接收设备的组合时延，通过环路②测试得到专用测试设备发射设备与待传递接收设备的组合时延，通过环路③测试得到专用测试设备发射设备与专用测试设备接收设备的组合时延，通过环路④测试得到待传递发射设备与待传递接收设备的组合时延，理论上[(①+②)-(③+④)]=0，根据是否结果偏差0的情况进行检核。

8.7.2　卫星共视下时延差检核方法

对于设备组合时延的另外一种检核方法是检验相互时延差的准确性，单一测距方程中包含组合时延绝对值，实际方程组解算两两作差，往往更需要相互间时延差是准确的。相比有线直接环路测试检核不能包含天线部分，卫星共视下设备时延差检核包含了设备所有部分，更能实现整体的检核。

下面以卫星发射与不同地面站设备接收的组合时延差检核为例,介绍卫星共视下的设备时延差检核方法,原理如图 8.39 所示。

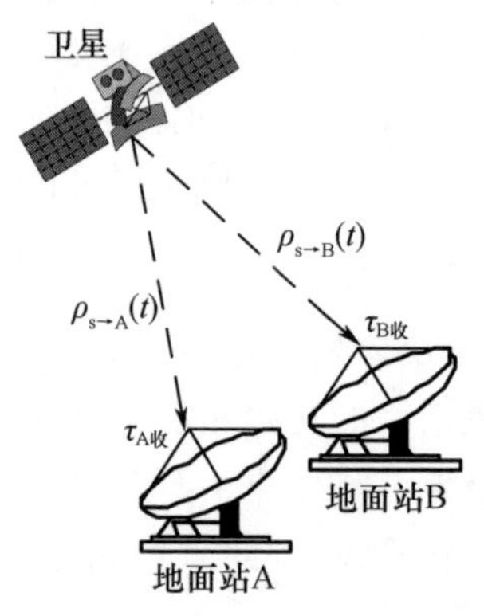

图 8.39　卫星共视下设备时延差检核原理图

两个地面站接收卫星发射信号的测距值为

$$\rho_{s\to A}(t)=\sqrt{[x_s(t)-X_A]^2+[y_s(t)-Y_A]^2+[z_s(t)-Z_A]^2}-c[\mathrm{d}T_s(t)-\mathrm{d}T_A(t)]+c(\tau_{s发}+\tau_{A收})+d_{ion}^{A}(t)+d_{trop}^{A}(t) \tag{8.32}$$

$$\rho_{s\to B}(t)=\sqrt{[x_s(t)-X_B]^2+[y_s(t)-Y_B]^2+[z_s(t)-Z_B]^2}-c[\mathrm{d}T_s(t)-\mathrm{d}T_B(t)]+c(\tau_{s发}+\tau_{B收})+d_{ion}^{B}(t)+d_{trop}^{B}(t) \tag{8.33}$$

式中:$x_s(t)$、$y_s(t)$、$z_s(t)$为 t 时刻卫星的三维位置坐标;X_A、Y_A、Z_A 和 X_B、Y_B、Z_B 分别为地面站 A 和地面站 B 的三维位置坐标;$[\mathrm{d}T_s(t)-\mathrm{d}T_A(t)]$、$[\mathrm{d}T_s(t)-\mathrm{d}T_B(t)]$分别为 t 时刻卫星与地面站 A 和地面站 B 的钟差;$d_{ion}^{A}(t)$、$d_{ion}^{B}(t)$分别为 t 时刻卫星与地面站 A 和地面站 B 的电离层效应引起的距离偏差;$d_{trop}^{A}(t)$、$d_{trop}^{B}(t)$分别为 t 时刻卫星与地面站 A 和地面站 B 的对流层效应引起的距离偏差;$\tau_{A收}$、$\tau_{B收}$分别为地面站 A 和地面站 B 的接收时延。

对位于一个场站的两个地面站设备时延差,与卫星的钟差相同,穿过的电离层、对流层可认为相同,在地面站天线相位中心已知、卫星位置坐标基本准确条件下即可实现接收设备时延差的检核,时延差为

$$(\tau_{B收}-\tau_{A收})=\frac{1}{c}[\rho_{s\to B}(t)-\rho_{s\to A}(t)]-\frac{1}{c}\sqrt{[x_s(t)-X_B]^2+[y_s(t)-Y_B]^2+[z_s(t)-Z_B]^2}+\frac{1}{c}\sqrt{[x_s(t)-X_A]^2+[y_s(t)-Y_A]^2+[z_s(t)-Z_A]^2} \tag{8.34}$$

对于不同卫星发射时延差、不同卫星接收时延差、不同地面站发射时延差等可采

用上述同样的方法进行检验[7]。

8.7.3　多边环路闭合检核方法

在控制段地面站间采用双向时间同步原理进行站间时间同步业务中，为确保设备时延测量合理有效，根据设备时延测量方法和设备时延特性，可采用单边和三角形闭合方法检核设备时延测量的合理性和测量精度。站间时间同步设备时延检核原理如图 8.40 所示。图中："0"代表 A 站，"1"代表 B 站，"2"代表 C 站，"3"代表 D 站；箭头的起始端代表发射站，末端代表接收站；"τ_{ij}"中 i 代表发射站，j 代表接收站。

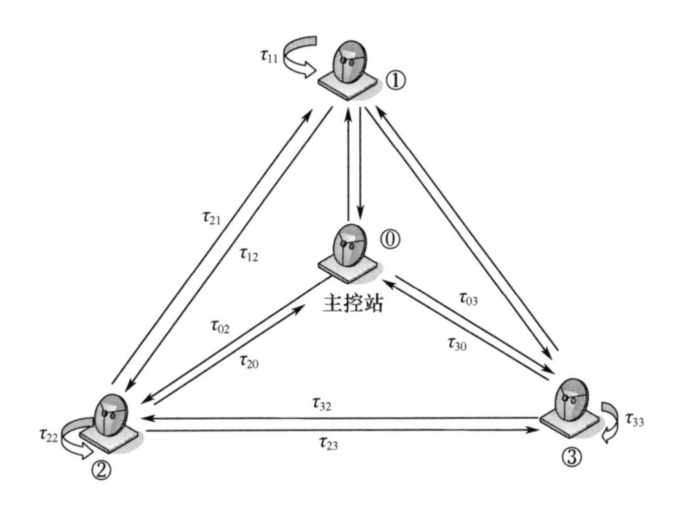

图 8.40　站间时间同步设备时延检核原理图

1）单边闭合检验

由 A 站发射、其他站接收的信号时延值 τ_{0i} + 由外场站发射、主控站接收的 C 频段信号时延值 τ_{i0}应等于由主控站发射、主控站接收的 C 频段路径时延值 τ_{00} + 由外场站发射、外场站接收的 C 频段信号时延值 τ_{ii}，$\tau_{ii}+\tau_{00}=\tau_{0i}+\tau_{i0}$

闭合性检验：

$$(\tau_{ii}+\tau_{00})-(\tau_{0i}+\tau_{i0})=0$$

2）三角形闭合检验

根据双向法时间同步原理可以得出：A 站与其他站 1 间相对时延 T_{01} + 外场站 1 与外场站 2 间相对时延 T_{12} + 外场站 2 与主控站间相对时延 T_{20}之和应等于零，即

$$T_{01}+T_{12}+T_{20}=0$$

其中相对时延定义为

$$T_{01}=\tau_{01}-\tau_{10}$$

参考文献

[1] 徐志乾．导航星座星间链路收发信机时延测量与标校技术研究[D]．长沙:国防科学技术大学,2011.

[2] 沙海．卫星导航系统传输信道的群时延测量方法研究与应用[D]．长沙:国防科学技术大学,2009.

[3] 李星,耿淑敏,李垣陵．双向时间同步系统的设备时延校准技术研究[J]．中国空间科学技术,2011,31(4):23-29.

[4] 韩春好,刘利,赵金贤．伪距测量的概念、定义与精度评估方法[J]．宇航学报,2009,30(6):2421-2425.

[5] 韩华．卫星导航系统中的高精度时间同步误差分析与仿真[D]．秦皇岛:燕山大学,2012.

[6] 王礼亮,王淑芳．影响卫星导航定位系统设备时延的主要因素[J]．无线电工程,2005,35(8):6-8.

[7] 原亮,楚恒林,王宏兵,等．卫星导航设备组合时延测试方法研究[J]．中国科学:物理学力学天文学,2011,41(5):629-634.

[8] 魏海涛,蔚保国,李刚,等．卫星导航设备时延精密标定方法与测试技术研究[J]．中国科学:物理学力学天文学,2010,40(5):623-627.

[9] 黄坤超．时延测试方法研究[D]．成都:电子科技大学,2007.

[10] 原亮,王宏兵,刘昌洁．天线时延标定在卫星导航技术中的应用[J]．无线电工程, 2010,40(10):32-34.

[11] 温日红,冯晓超．温变条件下抛物面天线时延特性研究[J]．无线电工程,2010,40(6):42-44.

[12] 林红磊,牟卫华,王飞雪．卫星导航系统信号模拟器通道零值标定方法研究[J]．导航定位学报,2013,1(4):61-64.

[13] 陶春燕,谷力,乐四海,等．一种适用于外场站接收机设备时延的标定方法[J]．现代导航,2012(4):255-257.

缩略语

1PPS	1 Pulse per Second	1 秒脉冲
AL	Alarm Level	告警门限
ARNS	Aeronautical Radionavigation Services	航空无线电导航服务
AS	Anti-Spoofing	反欺骗
ATE	Automatic Test Equipment	自动测试装备
BDS	BeiDou Navigation Satellite System	北斗卫星导航系统
BDT	BDS Time	北斗时
BPSK	Binary Phase – Shift Keying	二进制相移键控
CDMA	Code Division Multiple Access	码分多址
CGTR	China Galileo Test Range	中国伽利略测试场
CIGTF	Central Inertial and GPS Test Facility	惯性与导航测试场
CMCU	Clock Monitoring and Control Unit	时钟监控单元
CRC	Cyclic Redundancy Check	循环冗余校验
CS	Customer Service	商业服务
DOP	Dilution of Precision	精度衰减因子
EGNOS	European Geostationary Navigation Overlay Service	欧洲静地轨道卫星导航重叠服务
EIRP	Equivalent Isotropic Radiated Power	等效全向辐射功率
EMC	Electromagnetic Compatibility	电磁兼容性
EME	Electromagnetic Environment	电磁环境
ESA	European Space Agency	欧洲空间局
FGUU	Frequency Generation and Up-Conversion Unit	频率产生与上变频单元
FOC	Full Operational Capability	完全运行能力
GACF	Ground Assets Control Facility	地面设施控制单元
GATE	Galileo Test Environment	Galileo 测试环境
GDOP	Geometry Dilution of Precision	几何精度衰减因子
GDR	Group Delay Ripple	群时延波动
GEO	Geostationary Earth Orbit	地球静止轨道

GESS	Galileo Experimental Sensor Station	Galileo 试验监测站
GIOVE	Galileo in Orbit Validation Element	Galileo 系统在轨验证部件(卫星)
GLONASS	Global Navigation Satellite System	(俄罗斯)全球卫星导航系统
GMDSS	Global Maritime Distress and Safety System	全球海上遇险与安全系统
GNMF	Ground Network Management Facility	地面网络管理单元
GNSS	Global Navigation Satellite System	全球卫星导航系统
GPIB	General-Purpose Interface Bus	通用接口总线
GPS	Global Positioning System	全球定位系统
GSS	Galileo Sensor Station	监测站单元
GSTB	Galileo System Test Bed	Galileo 系统测试床
GTR	Galileo Test Range	Galileo 测试场
HDOP	Horizontal Dilution of Precision	水平精度衰减因子
HMI	Hazardously Misleading Information	危险误导信息
HPA	High-power Amplifier	高功率放大器
ICD	Interface Control Documents	接口控制文件
IEC	International Electro Technical Commission	国际电工委员会
IF	Intermediate Frequency	中频
IFB	Inter-Frequency Bias	频间偏差
IGR	Inversion GPS Range	逆推 GPS 测试场
IGS	International GNSS Service	国际 GNSS 服务
IGSO	Inclined Geosynchronous Orbit	倾斜地球同步轨道
ILRS	International Laser Ranging Service	国际激光服务
INS	Inertial Navigation System	惯性导航系统
IOC	Initial Operational Capability	初始运行能力
IOV	In Orbit Validation	在轨验证
IP	Internet Protocol	互联网协议
IPF	Integrity Processing Facility	完好性处理单元
IVQ	Integration Verification and Qualification Environment	集成测试与评估环境
JPO	Joint GPS Planning Office	GPS 联合计划办公室
LNA	Low-Noise Amplifier	低噪声放大器
MBOC	Multiplexed Binary Offset Carrier	复用二进制偏移载波
MEO	Medium Earth Orbit	中圆地球轨道

MERE	Monitor Equivalent Range Error	监测接收机等效测量误差
MGF	Message Generation Facility	电文生成单元
MI	Misleading Information	误导信息
MKMF	Mission Key Management Facility	任务密钥管理单元
MSF	Mission Support Facility	任务支持单元
MTPF	Maintenance and Training Platform	维护和培训平台
MUCF	Mission Uplink Control Facility	任务及上行注入控制单元
NDS	Nuclear Detection System	核爆探测系统
NF	Noise Factor	噪声系数
NSGU	Navigation Signal Generation Unit	导航信号产生单元
NTS	Navigation Technology Satellite	导航技术卫星
NTSC	National Time Service Center	中国科学院国家授时中心
OS	Open Service	公开服务
OSPF	Orbit and Synchronization Processing Facility	轨道与时间同步处理单元
PCO	Phase Center Offset	相位中心偏移
PCV	Phase Center Variation	相位中心变化
PDOP	Position Dilution of Precision	位置精度衰减因子
PE	Positioning Error	定位误差
PKMF	PRS Key Management Facility	公共安全服务密钥管理单元
PL	Protection Level	保护级
PNT	Positioning, Navigation and Timing	定位、导航与授时
PPP	Precise Point Positioning	精密单点定位
PPS	Precision Positioning Service	精密定位服务
PRN	Pseudo Random Noise	伪随机噪声
PRS	Public Regulated Service	公共管制服务
PTF	Precision Timing Facility	精密定时单元
PVT	Position, Velocity and Time	位置、速度和时间
RAFS	Rubidium Atomic Frequency Standard	铷原子频标
RAIM	Receiver Autonomous Integrity Monitoring	接收机自主完好性监测
RDSS	Radio Determination Satellite Service	卫星无线电测定业务
RF	Radio Frequency	射频
RMS	Root Mean Square	均方根
RNSS	Radio Navigation Satellite Service	卫星无线电导航业务
RTK	Real Time Kinematic	实时动态

SA	Selective Availability	选择可用性
SAR	Search and Rescue	搜寻与援救
SCB	S-Curve Bias	S 曲线偏差
SCPI	Standard Controls for Programmable Instruments	可编程仪器标准命令
SISA	Signal in Space Accuracy	空间信号精度
SISE	Signal in Space Error	空间信号误差
SISAA	Signal in Space Acceleration Accuracy	空间信号加速度精度
SISRA	Signal in Space Rate Accuracy	空间信号速度精度
SOL	Safety of Life	生命安全
SPF	Service Product Facility	产品服务单元
SPS	Standard Positing Service	标准定位服务
SSPA	Solid State Power Amplifier	固态功率放大器
TCP	Transmission Control Protocol	传输控制协议
TDOP	Time Dilution of Precision	时间精度衰减因子
TGD	Time Group Delay	群时间延迟
TTFF	Time to First Fix	首次定位时间
UERE	User Equivalent Range Error	用户等效测距误差
UHF	Ultra High Frequency	特高频
ULS	Up-Link Station	上行注入站单元
URE	User Range Error	用户测距误差
USNO	United States Naval Observatory	美国海军天文台
UTC	Coordinated Universal Time	协调世界时
UTCOM	UTC Offset Accuracy	UTC 时差精度
VAL	Vertical Alert Limit	垂直告警门限
VISA	Virtual Instrument Software Architecture	虚拟仪器软件结构
VNA	Vector Network Analyzer	矢量网络分析仪
VPE	Vertical Position Error	垂直定位误差
VPL	Vertical Protection Level	垂直保护及
WAAS	Wide Area Augmentation System	广域增强系统
WADGPS	Wide Area Differential GPS	广域差分全球定位系统
YPG	Yuma Proving Ground	尤马试验场